微机原理与接口技术

主　编　赵洪志　岳明凯　梁振刚
副主编　刘庆泉　张　健　郝永平
参　编　焦志刚　袁志华　胡　明
　　　　赵　林　赵静秋　郭策安
　　　　朱江宁

北京理工大学出版社
BEIJING INSTITUTE OF TECHNOLOGY PRESS

内 容 简 介

本书系统地介绍了计算机的组成原理、程序设计、接口技术等内容。全书共分9章，主要内容包括计算机基础知识、8086微处理器、8086汇编语言程序设计、存储器、微型计算机的输入/输出、微机中断系统、可编程接口芯片、A/D和D/A转换器、常用外围设备及接口。

本书简明扼要，面向系统，注重应用，实例丰富，配有实验和标准化试题，便于读者进行单元测试和复习。

本书可作为高等院校机械、电子、计算机等专业的教学用书，也可供各类培训人员和自学者参考使用。

图书在版编目（CIP）数据

微机原理与接口技术 / 赵洪志，岳明凯，梁振刚主编．—北京：北京理工大学出版社，2017.7

ISBN 978－7－5682－4268－4

Ⅰ．①微… Ⅱ．①赵…②岳…③梁… Ⅲ．①微型计算机－理论②微型计算机－接口 Ⅳ．①TP36

中国版本图书馆CIP数据核字（2017）第155610号

出版发行 / 北京理工大学出版社有限责任公司
社　　址 / 北京市海淀区中关村南大街5号
邮　　编 / 100081
电　　话 / （010）68914775（总编室）
（010）82562903（教材售后服务热线）
（010）68948351（其他图书服务热线）
网　　址 / http：//www.bitpress.com.cn
经　　销 / 全国各地新华书店
印　　刷 / 三河市天利华印刷装订有限公司
开　　本 / 787毫米×1092毫米 1/16
印　　张 / 17.25
字　　数 / 408千字
版　　次 / 2017年7月第1版 2017年7月第1次印刷
定　　价 / 59.00元

责任编辑 / 陈莉华
文案编辑 / 陈莉华
责任校对 / 孟祥敬
责任印制 / 施胜娟

图书出现印装质量问题，请拨打售后服务热线，本社负责调换

前　言

随着微型计算机技术的迅猛发展，为适应高等院校人才培养迅速发展的趋势，本着“厚基础、重能力、求创新”的总体思想，着力提高大学生的学习能力、实践能力和创新能力，根据作者多年来从事高校“微机原理及应用”课程的教学实践和科研开发的切身经验，我们组织编写了本书。本书详细地从概念上讲述了微机的基本组成和工作原理，并加以举例，使学生对计算机的原理和运行机制有较深刻的理解。

1. 关于微机原理与接口技术

“微机原理与接口技术”是理工科院校相关专业一门重要的专业基础课。本书围绕微型计算机系统的各个组成部分，相继介绍了8086微处理器、8086汇编语言程序设计、存储器结构、微型计算机的输入/输出、微机中断系统、微机接口及应用、A/D和D/A转换器、常用外围设备及接口。本书内容丰富、论述清晰，包含了大量的例子，易学易懂。

2. 本书阅读指南

本书由全局到局部，系统、全面地介绍了微型计算机的基本原理和应用技术。全书共分9章，具体内容如下。

第1章主要介绍计算机系统及微型计算机概述，计算机中的数制和编码。

第2章主要介绍8086微处理器的系统结构，8086的各种寻址方式，8086的指令系统构成及各类指令的功能和用法。

第3章主要介绍汇编语言的语句、汇编语言中的伪指令、汇编语言中的运算符、汇编语言程序设计、DOS系统功能调用和BIOS功能调用、宏指令、条件汇编及上机过程。

第4章主要介绍存储器分类、多层存储结构概念、主存储器和存储控制及8086系统的存储器组织。

第5章主要介绍I/O接口概述、CPU与外设通信的特点、I/O方式、CPU与外设通信的接口及8086 CPU的I/O。

第 6 章主要介绍中断原理、中断系统组成及其功能、中断源的识别及中断优先权、8086 中断系统、8086 CPU 的中断管理、8259A 可编程中断控制器及中断服务程序设计。

第 7 章主要介绍可编程接口芯片概述、并行接口芯片 8255A 及其应用、8253 可编程计数器/定时器及其应用及串行通信和可编程接口芯片 8251。

第 8 章主要介绍 A/D 转换器、实现 A/D 转换技术的几种方法及 D/A 转换器。

第 9 章主要介绍常用外围设备及接口基本知识、键盘及其接口、显示器及其接口、打印机及其接口及交互式人机接口。

3. 本书特色与优点

（1）结构清晰，知识完整。内容翔实、系统性强，依据高校教学大纲组织内容，同时覆盖最新知识点，并将实际经验融入基本理论之中。

（2）学以致用，注重能力。以基础理论—举例为主线编写，以便于读者掌握知识的重点及提高实际应用能力。

（3）示例丰富，实用性强。示例众多，步骤明确，讲解细致，突出实用性。

4. 本书读者定位

本书既可作为普通高等院校相关课程的教材，也可供各类培训人员和自学者参考使用。

本书由赵洪志副教授、岳明凯教授、梁振刚副教授共同编写。在本书撰写过程中，刘庆泉、张健、郝永平、焦志刚、袁志华、胡明、赵林、赵静秋、郭策安、陶小刚、李晨蕊、陈青华、杨斯涵、常偶舶、朱江宁等参与了本书的编写与修改工作，在此表示衷心的感谢！同时在编写过程中对参考的大量文献资料的作者一并表示感谢！

限于作者的水平，书中难免存在不当之处，恳请广大读者批评指正。

编　者

2017 年 3 月

目　录

第1章

计算机基础知识

1.1 计算机系统概述

1.1.1 计算机的发展

1946年，世界上第一台电子计算机由美国宾夕法尼亚大学研制成功。尽管它重达30 t，占地170 m^2，耗电140 kW，用了188 800多个电子管，每秒钟仅能做5000次加法，但美国陆军用它计算弹道比人工计算效率提高8 400倍。当时是用改变线路连接的方法来编排程序，因此每解一道题都要依靠人工改接线路，准备时间大大超过实际计算时间，所以它还称不上自动计算机。

与此同时，第一台电子计算机研制时的顾问冯·诺依曼（Von Neumann）教授和他的同事们提出了以二进制和程序存储控制为核心的通用电子数字计算机体系结构原理，确立了计算机的5个基本部件，即输入器、输出器、运算器、存储器和控制器，奠定了当代电子数字计算机体系结构的基础，开创了电子计算机时代。

随着科学技术的发展，计算机先后经历了电子管、晶体管、集成电路和超大规模集成电路为主要器件的4个发展时代。预计在不久的将来，将诞生以超导器件、电子仿真、集成光路等技术支撑的第五代计算机，计算机总的发展趋势是朝着巨型化、微型化、网络化和智能化的方向发展。

下面简要介绍各代计算机的主要特征。

第一代（1946—1958年）的主要特征：主机采用电子管器件，主要用于科学计算，软件采用机器语言和符号语言。

第二代（1958—1964年）的主要特征：主机采用晶体管器件，应用领域涉及科学计算和数据处理两个方面，软件采用高级语言和操作系统。

第三代（1964—1971年）的主要特征：主机采用集成电路，应用领域更加广泛，计算机设计思想已逐步形成标准化、模块化和系列化。

第四代（1971年至今）的主要特征：主机采用中、大和超大规模集成电路，应用领域已涉及各行各业，在系统结构方面多机系统、分布式系统、计算机网络和微型计算机发展迅速，系统软件也朝着智能化方向发展。

1.1.2 微处理器及微型计算机的发展

微型计算机（简称微机）是第四代计算机的典型代表。随着 VLSI（Very Large Scale Integration，超大规模集成电路）技术的发展，构成微型计算机的核心单元 CPU（Central Processing Unit，微处理器）基本上每两三年就有更新产品出现。从 20 世纪 70 年代初诞生第一片 CPU 以来，至今已推出了五代 CPU。

第一代 CPU 是以 Intel 公司 1971 年推出的以 4004/4040 为代表的 4 位 CPU，采用 PMOS 工艺，仅能进行串行的十进制数运算，集成度为每片 2 000 个晶体管左右，主频为 1 MHz 左右，主要用于各类计算器中。

第二代 CPU（1973—1977 年）的典型代表有 Intel 公司的 8080/8085，Motorola 公司的 M6800 以及 Zlog 公司的 Z80。它们都采用 NMOS 工艺，数据宽度为 8 bit，集成度为每片大约 1 万个晶体管，主频为 4 MHz。采用以上 CPU 为核心的单板微型计算机和开发系统被广泛应用于工业控制、智能仪器仪表、数据采集与处理、老产品改造等。

第三代 CPU 是以 16 位机为代表，基本上是在第二代 CPU 的基础上发展起来的。Intel 公司的 8088/8086 是在 8085 的基础上发展起来的，M6800 是 Motorola 公司在 M6800 的基础上发展起来的，Z8000 则是 Zlog 公司在 Z80 的基础上发展起来的。这是因为，在许多应用领域中，8 位微机的性能往往不能满足要求，如图像处理、汉字信息处理、空间信号处理、气象信号处理、神经网络学习算法的仿真等方面的应用都要求具有更大的容量、更快的运算速度和更高的处理能力的微机。16 位微机具备替代部分小型机的功能，其存储容量增加到 1 MB，输入/输出功能增强，芯片上有硬件乘法器和除法器，能处理 8 ~ 32 bit 的数据，有较强的指令功能和灵活多样的寻址能力，集成度为每片 2 ~ 6 万个晶体管，主频达 8 MHz。

1981 年，美国 IBM 公司选用 Intel 公司的 8088 CPU，配置了 10 MB 硬盘驱动器及磁盘操作系统（DOS），推出 IBM PC（Personal Computer）/XT 个人计算机，并以其性能好、功能适用、价格便宜和技术开放而风靡世界。1984 年 8 月，Intel 公司推出高档 16 位微处理机 80286 CPU，工作主频超过 10 MHz，集成度为每片 10 万个晶体管，可以满足多用户和多任务系统的需要，它的运算速度比 8086 CPU 快 5 ~ 6 倍，并支持虚拟存储系统。IBM 公司推出的第二代 PC/XT 就是以 80286 CPU 为核心的微型计算机系统。

第四代 CPU 以 Intel 公司 1984 年推出的 80386 CPU 和 1989 年 4 月推出的 80486 CPU 为代表，它们是 32 bit CPU，集成度达每片几十万至几百万个晶体管，运算速度达 40 MHz。80486 CPU 内还集成了 80487 浮点运算器和 8 KB 的高速缓存，以它们组成的微机系统配备视窗操作系统、大容量内存和硬盘，加之各种适用、有效的应用软件，得到了广大用户的青睐。

第五代 CPU 的发展更加迅猛。1993 年 3 月被命名为 Pentium 的微处理机面世，主频为 60 ~ 66 MHz，集成度为每片 320 万个晶体管。1994 年 3 月，主频为 100 MHz，集成度为 510 万的 Pentium 机被推出。1995 年 3 月，主频为 133 MHz，具有双流水线的 Pentium 机被推出。1996 年，一种具有双 CPU、可以进行并行处理的 Pentium Pro 问世。1998 年，具有 700 MHz 主频速度的 Pentium Ⅱ 处理器又被推向市场。

1.1.3 计算机编程语言的发展

随着计算机硬件的发展，微机系统的功能越来越强，其价格越来越便宜，因而拥有各行各业的用户。用户希望通过计算机方便地解决各自领域中的问题。基于冯·诺依曼体系结构的计算机要求自动完成解题任务，必须事先将问题分解成计算机能够处理的各个步骤，用某种语言将这些步骤描述出来，然后让计算机按规定的步骤控制计算机工作，这种语言被称为计算机程序设计语言。计算机程序设计语言也经过了一个发展的过程。

1. 机器语言

机器语言就是0、1码语言，是冯·诺依曼计算机唯一能够理解且直接执行的语言。用户编写程序时，无论命令（指令）还是数据或其他信息均以二进制码书写。它难读、难懂、难记、难查错、无法交流，给程序设计和计算的推广、应用、开发等带来许多困难。

2. 汇编语言

对机器语言进行改进的第一步是用一些助记符号代替用0和1描述的某种机器的指令系统，如八进制数、十六进制数以及英语单词的缩写等，称为机器语言的助记符号形式（或符号语言）。汇编语言就是在此基础上完善起来的。它改善了机器语言的可读性、可记性，汇编语言指令与机器语言指令一一对应。汇编语言是能够利用计算机所有硬件特征且能直接用来控制硬件的一种程序设计语言，是计算机能够提供给用户的最快且最有效的编程语言。它要求程序设计者必须掌握计算机的硬件知识，这对那些仅对问题感兴趣的用户无疑是一个极大的障碍。

3. 高级语言

面向问题的程序设计语言称为高级语言。用户面向的是自己领域内的问题，如数值计算、工业控制、专家系统、数据管理与数据库等。这些语言属于过程化语言，它们要求程序员为每个应用任务写出如何完成该任务的一系列明确的过程，如适用于数值计算的FORTRAN语言、适用于商用和行政管理的COBOL语言、适用于专家系统使用的PROLOG语言等，还有BASIC、PASCAL、C语言等。用高级语言编写的程序称为源程序，它们必须通过编译或解释、链接等步骤才能被计算机处理。

4. 面向对象语言

随着计算机应用的日益广泛和深入，对快速开发大型应用程序的要求越来越迫切，同时对于那些复杂的应用，单纯从过程角度是很难描述清楚的。面向过程的程序设计方法是一种数学思维或计算机思维方法，和人们认识世界时所习惯使用的方法不同。人们更习惯使用面向对象的方法去认识系统和建立系统。所以，必须有相应的技术来支持这种建造软件系统的方法。

C++和Java等编程语言是面向对象的语言。C++是为适应开发和维护中等及大规模的复杂应用软件的需要而研制的。其目标是为程序员的程序开发提供一个优良设计环境，以产生模块化程度高、再用性和维护性俱佳的程序。Java则是专门为Internet编程而设计的语言，它是一种简单、面向对象、分布式、安全高效、多线程的动态编程语言。美国SUN公司宣称Java语言编程是“编写一次，随处运行”。

5. 基于规则的智能化语言

其包括Visual C++、Visual Basic、PowerBuilder、Delphi、Forte等语言，它们以可视化

编程方法为特征，是一种应用的装配环境。开发人员不必是训练有素的、了解很深的专业人士，只要有好的思路、好点子，这些开发环境会引导他们去实现，但还不具备智能化。

1.1.4 计算机系统

1. 计算机硬件系统

1） 运算器

运算器用于完成算术运算和逻辑运算，是对数据进行加工的部件。具体地讲，其主要功能是进行加、减、乘、除等算术运算，还可以进行逻辑运算。运算器通常由算术逻辑部件（Arithmetic Logical Unit，ALU）和一系列寄存器组成，如图 1.1 所示。ALU 是完成算术和逻辑运算的部件。寄存器既可提供参与运算的操作数，又可用于存放运算结果。

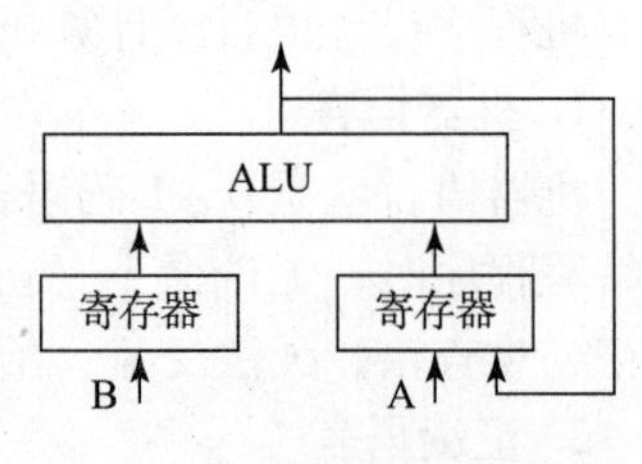

图 1.1 运算器示意图

运算器一次运算二进制数的位数，称为字长，这是计算机重要指标之一。计算的位数越多说明计算的精度越高。但是位数越多，需要的电子器件也越多。因此，常见的计算机字长有 8 bit、16 bit、32 bit 和 64 bit。

2） 存储器

存储器是用来存放程序和数据的。程序是计算机操作的依据，数据是操作的对象。程序和数据在存储器中都必须以二进制的形式表示，这些被统称为信息。这里介绍的存储器通常指主存储器，简称主存或内存。

为实现计算机自动运算，这些信息必须先通过输入设备送入存储器中。存储器由一系列存储单元组成，一个存储单元可以存放若干个二进制位（bit），8 个二进制位称为一个字节（Byte，简写为 B），两个字节称为一个字（Word，简写为 W），每个存储单元存放的内容可以是不同的。每个存储单元都有一个唯一的编号，按字节或字顺序编排，这个编号被称为存储单元地址，也是用二进制编码表示的。存储器所有存储单元的总和称为存储器的存储容量，存储器的最小存储单元是字节。存储容量的单位有 KB，1 KB = 1 024 B；1 MB = 1 024 KB；1 GB = 1 024 MB；1 TB = 1 024 GB。存储容量越大，表示计算机存储的信息越多。

如图 1.2 所示，主存通常由存储体、地址译码器、数据缓冲器和读/写控制电路构成。向存储单元存入信息或从存储单元取出信息，统称为访问存储器。若要访问指定的存储单元时，必须先将存储单元的地址经地址寄存器译码，找到对应的存储单元，再由读/写控制电

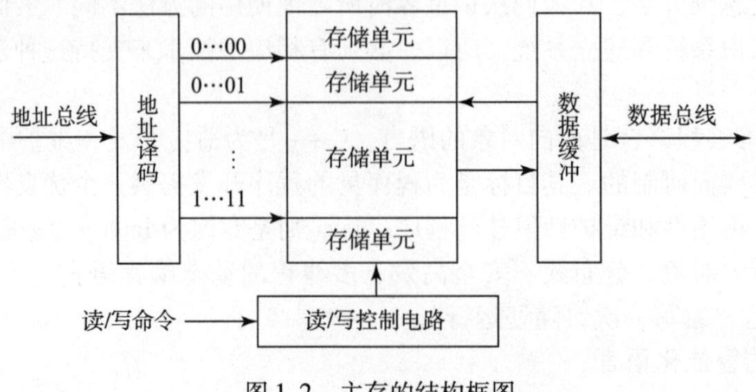

图 1.2 主存的结构框图

路确定访问方式，即取出（读）或存入（写）。数据缓冲器是双向操作的，读操作时向数据总线上输出数据；写操作时从数据总线上获取数据。

通常存储器分为内存和外存两部分。内存采用半导体材料，具有容量小、存取速度快和易挥发性（存储器记忆信息后是否容易丢失）等特征。内存由只读存储器（Read Only Memory，ROM）和随机存取存储器（Random Access Memory，RAM）两种类型构成。ROM 器件在停电后信息不会丢失，但仅能够执行读操作。而 RAM 器件不仅能读也能写，但是停电后信息将丢失。外存又称为辅助存储器（或外存储器），其容量大，数据可永久保存，但存取速度慢。外存储器一般采用磁介质材料，常见的设备有磁盘、磁带以及光盘等。

3）控制器

控制器是计算机的核心部件，用来产生一系列控制信号以指挥计算机系统有条不紊地运行，完成对指令的解释和执行。控制器每次从存储器读取一条指令，经过分析译码，产生一系列的操作命令，控制各部件动作，从而实现指令的功能；然后再读取下一条指令，继续分析、执行，直到整个程序结束。

计算机内部有两股信息流在流动。一股为控制流，这是流向计算机内部的各个部件的操作命令；另一股是数据流，它是从一个部件流向另一个部件时，由控制流在流动的过程中加工产生的。显然，控制器是控制流的发源地。控制流主要来源于以下 3 个方面，如图 1.3 所示。

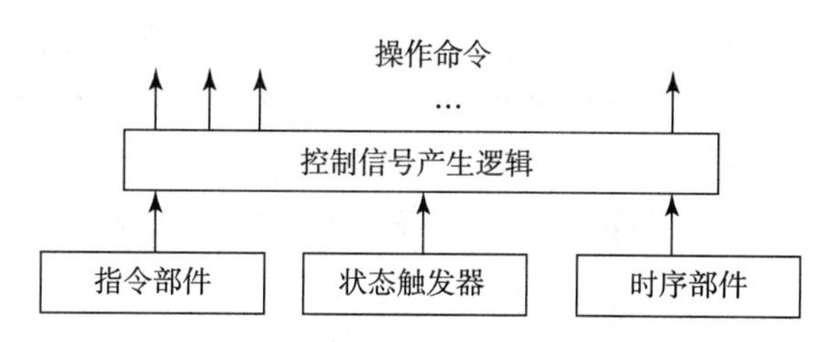

图 1.3　控制器结构示意图

（1）指令部件。指令部件至少应包括程序设计器（Program Counter，PC）、指令寄存器（Instruction Register，IR）和指令译码器（Instruction Decoder，ID）。

程序是有序指令的集合，存放在存储器中的程序通常是按顺序执行的。PC 就是用来存放待执行指令的地址。每当一条指令取出执行时，PC 的内容就自动加“1”，使它始终指向下一条待执行指令的地址。

IR 用来存放当前正在执行的指令内容，它包括指令的操作码和地址码（操作数）两个部分。操作码指出指令进行的操作，地址码指出参加操作数据的地址。其中操作码送 ID、地址码送操作数地址形成电路，以便获取操作数的地址。ID 是指令的分析部件，用来产生相应的操作控制信号。

（2）时序部件。计算机内部的定时、同步信号等都来自于时序部件，它通常由时钟和定时器构成。时序部件产生的各种控制信号使操作命令有序地发送，避免操作冲突或先后次序上的混乱。

（3）控制信号产生逻辑。控制信号产生逻辑也被称为微操作控制部件，它根据指令译码器和时序部件的指示，发送一系列微操作控制信号，完成指令所规定的全部操作。

（4）输入设备和输出设备。输入设备是计算机从外部获取信息的装置，其功能是将人们熟悉的各种形式数据转换成计算机能识别的信息形式，以便计算机接受。这类设备常见的有键盘、光笔、鼠标等。

输出设备的作用是将计算机的运算结果（二进制信息）转换成人们或设备能识别的形式，如字符、文字、图形、图像、声音等。常见的设备有显示器、打印机、绘图仪等。

通常，将辅助存储设备、输入设备和输出设备统称为外部设备，简称外设。外部设备与计算机之间的信息交换是通过接口电路实现的。接口是主机与外设之间进行信息交换的装置。接口的主要作用是：首先用于数据缓冲，解决外设与计算机传输速率之间的差别；其次用于数据格式转换。由于外设与计算机的信息表示形式上的差别，需要将数据转换成二进制信息，以便计算机接受，如键盘输入的字符，就是通过键盘接口转换成二进制 ASCII 码，再拼接成主机的字长输入的；最后用于向主机报告当前外设的工作状况。

2. 计算机软件系统

软件是相对于硬件而言的。计算机硬件系统是计算机的物理实体，而软件系统则是用于指挥计算机硬件系统工作的程序。软件系统是指实现各种算法的程序和文档，包括系统软件和应用软件两大部分。

1）系统软件

系统软件是指负责管理、监控和维护计算机资源的一类软件。包括操作系统、各种程序设计语言、语言处理程序、数据库管理系统、监控程序、调试和故障检查程序等。

操作系统负责控制和管理计算机的各种资源，调度用户作业，是用户与计算机的操作界面。操作系统的规模和功能随应用要求而异，常见的有批处理操作系统、分时操作系统、实时操作系统、网络操作系统等。目前，微机系统中常用的操作系统有 DOS、UCDOS、Windows、Linux 等。

程序设计语言是机器语言、汇编语言和高级语言的总称。直接被机器识别和执行的指令代码（二进制代码）语言称为机器语言，这种语言没有通用性，且阅读、记忆困难，目前很少使用。汇编语言则是对代码指令符号化描述的语言，如微机中常用的 MASM（Macro Assembler Language）汇编语言。高级语言是面向算法过程的计算机程序设计语言，典型语言有 BASIC、COBOL、PASCAL、FORTRAN 等。

用程序设计语言编写的程序，一般被称为源程序。除了用机器语言直接编写的源程序外，其他的源程序是不能直接在计算机上运行的，它必须转换成机器语言程序，即目标程序后才能运行。实现的方法有编译和解释两种。借助解释程序对源程序边解释边执行，不形成目标程序，称为解释执行。而先将源程序翻译成目标程序后才执行的，称为编译执行。为此，编译和解释程序又称为语言处理程序。

2）应用软件

应用软件是指为解决某些实际应用问题而编制的程序和资料，这类软件涉及计算机应用的各个领域，如科学计算和工程计算的软件、各类管理应用软件、过程控制软件、辅助设计软件等。

3. 计算机系统

从整体上看，计算机系统由硬件系统和软件系统两部分组成。计算机系统结构及其各部分之间的关系如图 1.4 所示。计算机硬件系统与计算机软件系统之间存在着相互依存的关系。硬件系统是计算机存在并且能发挥作用的物质基础，软件系统则是计算机发挥效率的手段和方法，只有硬件而没有软件的计算机称为裸机。计算机必须装入程序后才能进行运算处理。如果没有硬件作基础，再好的软件也无用武之地，软件系统和硬件系统两者有机地配合，才能使计算机充分发挥作用。

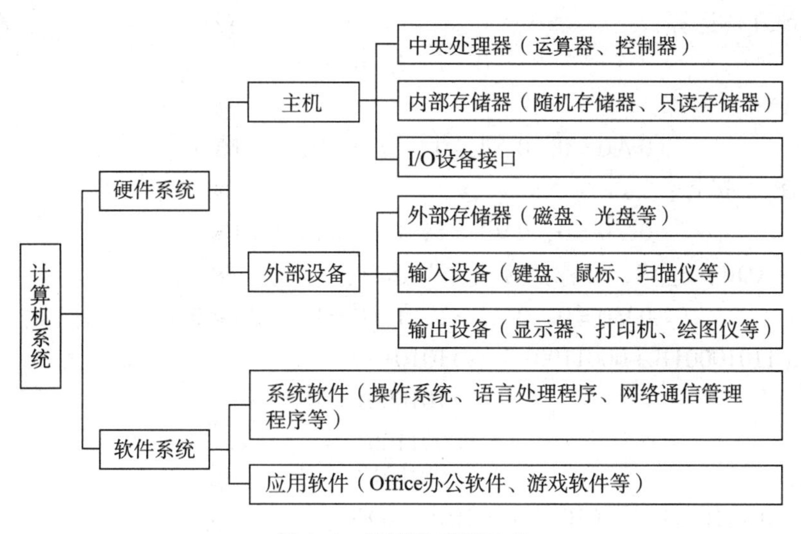

图 1.4　计算机系统组成

1.2　计算机中信息的表示及运算基础

本节讨论计算机是如何存储信息的，以及计算机内部数据是怎样表示的。进行汇编语言程序设计，掌握这些基本知识非常必要。目前使用的计算机是一种电设备，它只认识电信号，如电平的高与低、电路的通与断、晶体管的导通与截止、电子开关的开与关等。将这两种状态用 0 和 1 表示，0 或 1 就是二进制数的一位，称为 bit。因此，在计算机中，任何信息都必须用 0 和 1 的数字组合形式。也就是说，计算机存储和处理的仅仅是二进制信息。

1.2.1　二进制数的表示与运算

1. 二进制数的表示

二进制数仅有两个计数符号，即 0、1。一个 8 位的二进制数由 8 个 0 或 1 组成，如 11000011，计数符号在不同位置有不同的位权：

$$11000011 = 1 \times 2^7 + 1 \times 2^6 + 0 \times 2^5 + 0 \times 2^4 + 0 \times 2^3 + 0 \times 2^2 + 1 \times 2^1 + 1 \times 2^0$$

通常习惯于在二进制数的后面加上字母 B（Binary），如 10010111B、1011B。

2. 二进制数的运算

1）算术运算

加法规则：“逢二进一”。

$$0+0=0，0+1=1，1+0=1，1+1=10$$

减法规则："借1当2"。

$$0-0=0,\ 1-0=1,\ 1-1=0,\ 10-1=1$$

乘法规则：1与1乘为1，其他为0。

$$0\times0=0,\ 0\times1=0,\ 1\times0=0,\ 1\times1=1$$

2）逻辑运算

逻辑非（NOT）运算：

$$0\to1,\ 1\to0$$

逻辑与（AND）运算：

$$0\wedge0=0,\ 0\wedge1=0,\ 1\wedge0=0,\ 1\wedge1=1$$

逻辑或（OR）运算：

$$0\vee0=0,\ 0\vee1=1,\ 1\vee0=1,\ 1\vee1=1$$

逻辑异或（XOR）运算，又称"模2和"运算：

$$0\forall0=0,\ 0\forall1=1,\ 1\forall0=1,\ 1\forall1=0$$

【例1.1】 11010001B＋00011001B＝11101010B。

$$\begin{array}{r} 11010001 \\ +00011001 \\ \hline 11101010 \end{array}$$

【例1.2】 10111001B－00010101B＝10100100B。

$$\begin{array}{r} 10111001 \\ -00010101 \\ \hline 10100100 \end{array}$$

【例1.3】 10011101B∧01101110B＝00001100B。

$$\begin{array}{r} 10011101 \\ \wedge01101110 \\ \hline 00001100 \end{array}$$

【例1.4】 10011101B∨01101110B＝11111111B。

$$\begin{array}{r} 10011101 \\ \vee01101110 \\ \hline 11111111 \end{array}$$

1.2.2 二—十进制数的表示与运算

1. 二—十进制数的表示

十进制数有10个计数符号，即0～9，而计算机仅认识两个符号，即0、1，因而十进制数的10个计数符号需要改用0和1两个符号的编码表示。10个符号必须用4位二进制编码表示。

0	0000	5	0101
1	0001	6	0110
2	0010	7	0111
3	0011	8	1000

4　0100　　　　　　　　9　1001

4 位二进制编码的其他组合不用。这种用二进制编码的十进制数，称为 BCD（Binary Coded Decimal）数。

2. 二—十进制数的加、减运算

BCD 数的运算规则遵循十进制数的运算规则，即“逢十进一”。但计算机在进行这种运算时会出现潜在的错误。

【例 1.5】

BCD 数	十进制数
1000	8
+0101	+5
1101	13

【例 1.6】

BCD 数	十进制数
1001	9
+0111	+7
1 0000	16

例题 1.5 的两个 BCD 数相加后，其结果已不是 BCD 数；而例题 1.6 的运算结果不对。

究其原因是：在计算机中，用 BCD 可以表示十进制数，但其运算规则还是按二进制数进行的。因而 4 位二进制数相加要到 16 才会进位，而不是逢十进位。

为了解决 BCD 数的运算问题，采取调整运算结果的措施。调整规则为：当 BCD 数加法运算结果的 4 位二进制数超过 1001（9H）或个位向十位有进位时，则加 0110（6H）进行调整；当十位向百位有进位时，加 01100000（60H）调整。这是人为地干预进位。

在进行汇编语言程序设计时，只要用一条指令就可实现。其减法调整规则是显而易见的。

【例 1.7】　10001000（BCD）+01101001（BCD）=101010111（BCD）

```
    10001000
+   01101001
------------
    11110001
+   01100110   ← 调整
------------
1   01010111
↑
进位
```

【例 1.8】　10001000（BCD）-01101001（BCD）=00011001（BCD）

```
    10001000
-   01101001
------------
    00011111
-       0110   ← 调整
------------
    00011001
```

1.2.3 十六进制数的表示与运算

1. 十六进制数的表示

十六进制数有16个计数符号，即0~9和A~F。4个二进制位共有16种组合状态，这样每个十六进制数的计数符号可对应4位二进制数的一种组合状态；反之，一个十六进制符号可以替代一种4位二进制数的组合状态。在阅读和编写汇编语言程序时，经常用十六进制数表示数据、存储单元地址或代码等。表1.1列出了十进制数、二进制数、BCD数和十六进制数之间的相互关系。

表1.1 十进制数、二进制数、BCD数、十六进制数之间的相互关系

十进制数（D）	二进制数（B）	二—十进制数（BCD）	十六进制数（H）
0	0000	0000	0
1	0001	0001	1
2	0010	0010	2
3	0011	0011	3
4	0100	0100	4
5	0101	0101	5
6	0110	0110	6
7	0111	0111	7
8	1000	1000	8
9	1001	1001	9
10	1010	×	A
11	1011	×	B
12	1100	×	C
13	1101	×	D
14	1110	×	E
15	1111	×	F

在书写数据时，为了区分不同进制的数据，在十进制数后加字母D或省略；在二进制数后加字母B；在十六进制数后加字母H，对于字母开头的十六进制数，还须在数据前加个0，以表明它是十六进制数而不是其他，如36H、54、46D、0B6H和0BC2AH。

这里要说明的是，采用十六进制数主要是缩短二进制数的表示长度，方便程序书写和阅读，在计算机内的操作仍然是二进制数的形式。

2. 十六进制数的加、减运算

加法运算："逢 16 进 1"。例如：

$$\begin{array}{r}1\\+\ 9\\\hline A\end{array}\quad\begin{array}{r}2\\+\ A\\\hline C\end{array}\quad\begin{array}{r}A\\+\ 5\\\hline F\end{array}\quad\begin{array}{r}E\\+\ C\\\hline 1A\end{array}\quad\begin{array}{r}F\\+\ 1\\\hline 10\end{array}\quad\begin{array}{r}FF\\+\ 1\\\hline 100\end{array}$$

减法运算："借 1 当 16"。例如：

$$\begin{array}{r}12\\-\ 5\\\hline 7\end{array}\quad\begin{array}{r}2B\\-\ 12\\\hline 19\end{array}\quad\begin{array}{r}D4\\-\ 6B\\\hline 69\end{array}\quad\begin{array}{r}AB\\-\ 37\\\hline 74\end{array}$$

1.2.4　数制之间的转换

众所周知，十进制数有 10 个计数符号，即 0 ~ 9，基数为 10；二进制数有两个计数符号，即 0 和 1，基数为 2；十六进制数有 16 个计数符号，即 0 ~ F，基数为 16；八进制数有 8 个计数符号，即 0 ~ 7，基数为 8。

1. 十进制整数转换成任意进制整数

十进制整数转换成任意进制整数，可按进位制的基数照下面的"辗转相除法"进行。

（1）十进制整数转换成二进制整数。

【例 1.9】　将 11 转换成二进制整数。

```
2 | 11
   2 | 5        .........1（最低有效位）
     2 | 2      .........1
       2 | 1    .........0
           0    .........1（最高有效位）
```

故：11 = 1011B。

（2）十进制整数转换成十六进制整数。

【例 1.10】　将 327 转换成十六进制整数。

```
16 | 327
  16 | 20       .........7（最低有效位）
    16 | 1      .........4
          0     .........1（最高有效位）
```

故：327 = 147H。

（3）十进制整数转换成八进制整数。

【例 1.11】　将 628 转换成八进制整数（用字母 Q 表示）。

```
8 | 628
   8 | 78        ………4（最低有效位）
      8 | 9      ………6
         8 | 1   ………1
             0   ………1（最高有效位）
```

故：628 = 1164Q。

2. 任意进制整数转换成十进制整数

任意进制整数到十进制整数的转换，按基数位权展开可以实现。

【例 1.12】 将二进制数 1110110B 转换成十进制整数。

$$1110110B = 1\times2^6 + 1\times2^5 + 1\times2^4 + 0\times2^3 + 1\times2^2 + 1\times2^1 + 0\times2^0$$
$$= 64 + 32 + 16 + 4 + 2$$
$$= 118$$

【例 1.13】 将十六进制数 0A2EH 转换成十进制整数。

$$0A2EH = 10\times16^2 + 2\times16^1 + 14\times16^0$$
$$= 2\,560 + 32 + 14$$
$$= 2\,606$$

【例 1.14】 将八进制数 1372Q 转换成十进制整数。

$$1372Q = 1\times8^3 + 3\times8^2 + 7\times8^1 + 2\times8^0$$
$$= 512 + 192 + 56 + 2$$
$$= 762$$

3. 二进制数和十六进制数之间的相互转换

4 位二进制数可表示一位十六进制数，因此二进制数与十六进制数之间的转换很简单。

【例 1.15】 将二进制数 101011B 和 110001110B 转换成十六进制数。

101011B = 2BH

110001110B = 18EH

从例 1.15 可以看出，将二进制整数从右边开始，每 4 位可分为 1 个十六进制数，左边不够 4 位则用 0 补齐。

【例 1.16】 将十六进制数 8BDH 和 0C5AFH 转换成二进制数。

8BDH = 100010111101B

0C5AFH = 1100010110101111B

从例 1.16 可以看出，将每位十六进制数用 4 位二进制数位表示即可。

注：把以字母开头的十六进制数前面补 0，以区别于字符或名字。

1.2.5 补码和反码

计算机中参加运算数值的“+、-”（正或负）符号也是用二进制表示的，并规定符号位用“0”表示正、“1”表示负，符号位被放置在数值的最高位（即最左边）。此外，对于负数还采用补码或反码表示，这样表示的目的是将负数转化为正数，使减法操作转变为单纯的加法操作。目前，在计算机系统中均采用补码来表示负数。

1. 反码

在计算机中，对于负数来说，反码除了在符号位上表示“1”外，其数值部分的各位都取它相反的数码，即“0”变“1”、“1”变“0”；对于正数，符号位为“0”，数值部分保持不变。

下面是两个 7 位二进制数及其在机器中的反码表示。

（1）正数。

$$X = +1001100 \qquad [X]_{反} = 0\ 1001100$$

（2）负数。

$$X = -1001100 \qquad [X]_{反} = 1\ 0110011$$

2. 补码

补码转换的原则与反码相同，只是在遇到负数时仅仅在反码的最低位加“1”。以上述反码为例，这两个 7 位二进制数的补码表示如下。

（1）正数。

$$X = +1001100 \qquad [X]_{补} = 0\ 1001100$$

（2）负数。

$$X = -1001100 \qquad [X]_{补} = [X]_{反} + 1 = 1\ 0110011 + 1 = 1\ 0110100$$

1.2.6　字符的编码表示

众所周知，要在计算机上通过键盘输入、在显示器上显示或打印的信息，大多都是西文字母、汉字或其他符号。

1. ASCII 码表示

任何信息在计算机内部都被转换成二进制编码。ASCII（American Standard Code for Information Interchange，美国标准信息交换代码）码是将数字、字母、通用符号、控制符号等，按国际上常用的一种标准二进制编码方式对其进行编码。表 1.2 给出了 ASCII 码字符集。

在 ASCII 编码中，规定 8 个二进制位的最高位为 0，其余 7 位可以有 128 种不同的组合，表示 128 个字符，包括 52 个英文大小写字母、数字 0 ~ 9、通用运算符、标点符号和控制符。例如，LF 表示换行，CR 表示回车，BS 表示退格，ESC 表示换码，DEL 表示删除。

表 1.2　ASCII 码字符集

D6 D5 D4 / D3 D2 D1 D0	000	001	010	011	100	101	110	111
0000	NUL	DLE	SP	0	@	P	、	p
0001	SOH	DC1	!	1	A	Q	a	q
0010	STX	DC2	“	2	B	R	b	r
0011	ETX	DC3	#	3	C	S	c	s
0100	EOT	DC4	$	4	D	T	d	t
0101	ENQ	NAK	%	5	E	U	e	u

续表

D6 D5 D4 / D3 D2 D1 D0	000	001	010	011	100	101	110	111
0110	ACK	SYN	&	6	F	V	f	v
0111	BEL	ETB	‘	7	G	W	g	w
1000	BS	CAN	(	8	H	X	h	x
1001	HT	EM	)	9	I	Y	i	y
1010	LF	SUB	*	:	J	Z	j	z
1011	VT	ESC	+	;	K	[	k	{
1100	FF	FS	,	<	L	\	l	|
1101	CR	GS	–	=	M	^	m	}
1110	SO	RS	。	>	N	]	n	~
1111	SI	US	/	?	O	_	o	DEL

2. 汉字编码表示

计算机汉字处理技术对在我国推广计算机应用以及加强国际交流都具有十分重要的意义。汉字也是一种字符，但它是一种象形字，故汉字的计算机处理技术远比拼音文字复杂，且汉字数目多，常用的汉字约 3 000 个，次常用的汉字约 4 000 个。基于目前计算机的键盘，汉字想直接从键盘输入是不可能的，像西文一样用 7 位二进制数对几千个汉字进行编码，也不能满足要求。

为了能在不同的汉字系统之间互相通信、共享汉字信息，我国制定并推行一种汉字编码，即《国家标准信息交换用汉字编码字符集（基本集）》（GB 2312—1980），简称国标码。在国标码中，每个图形字符都规定了二进制表示的编码，一个汉字用两个字节编码，每个字节用 7 位二进制数，高位置 0。国标码在计算机中容易与 ASCII 码混淆，在中西文兼用时无法使用。若将国标码中每个字节的高位置 1，作为表示符，则可与 ASCII 码区分。这种汉字编码又称为内部码。

汉字内部码结构简短，一个汉字只占两个字节，足以表达数千个汉字和各种符号、图形。另外，汉字内部码便于和西文字符兼容，在同一计算机系统中，可从一个字节最高位标识符是 1 还是 0 来区分汉字与西文。当然，计算机内的汉字内部码要经过汉字字库检索后，找到该汉字的字形信息才能输出。

至于其他物理信息，都要通过相应的传感器将物理信息转换成电信号，经过 A/D 转换，通过接口电路进入计算机中。

1.3 微型计算机概述

本节从微型计算机最基本的部件出发，介绍现代微型计算机的工作原理，从而建立一个较完整的系统概念。实际的微型计算机的部件和应用内容，将在以后的各章中分别介绍。

1.3.1　微机的几个概念

1. 微处理器

微处理器一般指中央处理器（CPU）。它由算术逻辑运算部件（ALU）、寄存器、程序计数器、控制器、内部总线等组成。它采用大规模集成电路（LSI）和超大规模集成电路（VLSI）制作，具有体积小、功能强等特点。虽然微处理器具有很强的指令系统，是一种有效的可编程器件，但是，由于微处理器没有相应的存储器和外部设备，因此它只是一个部件，不能单独地运行程序。

典型的微处理器有 Intel 公司的 80X86 系列、Zlog 公司的 Z 系列、Motorola 公司的 68 系列、IBM 公司的 Power PC604 和 PC620、DEC 公司的 Alpha21064 和 21164 等。不同类型的 CPU 其特性不同，如指令系统、运算速度、内部寄存器、存储寻址能力等。这些特性在微机应用系统设计中是经常涉及的。在后面的章节中将重点介绍微机中常用的 8086 微处理器。

2. 微型计算机

微型计算机从名称上看就是很小的计算机，简称微机。它是以 CPU 为中心，再配置上 RAM、ROM、I/O 接口和总线构成的。微型计算机具有运算、存储、与外部设备作数据传输等功能，并配有必要的外部设备，如键盘、显示器等。基于微型计算机的灵巧特点，目前它的应用极为广泛。概括地说，微型计算机可分为单片微处理机、单板机和通用微型计算机三大类。

1）单片微处理机

单片微处理机就是把 CPU、存储器、I/O 端口、D/A 转换等部件都集成在一个电路芯片上，并带有功能很强的指令系统。有些高性能的芯片还能独立地应用在不同场合处理程序，被称为单片机或单片处理机。

典型的单片机有：Intel 公司的 MCS－51、MCS－96 系列，Motorola 公司的 68 系列，Rockwell 公司的 65 系列等。有些高性能的芯片还支持高级语言，它们在家用电器、智能仪器仪表、生产过程控制等领域应用很普遍。

2）单板机

单板机就是将 CPU、存储器、I/O 端口、小键盘和数码显示器等外部设备，装置在一块印制电路板上。单板机具有完全独立的处理程序的能力，但由于 I/O 设备简单，常用于工业测控、教学实验等简单场合。

3）通用微型计算机

将不同用途的外设接口设计为独立的电路板（适配卡），作为微机的接口配件，微机内侧采取总线插槽的形式，为外部设备提供连接的接口。这样，在一台基本主机上就可以根据应用的要求，配置不同用途的外部设备。这种微机称为通用微型计算机，也可称为多板的微机。目前，微型计算机（个人电脑）大多采用这种方式。

3. 微型计算机系统

在通用微型计算机上配上相应的软件系统，就构成了能适应不同应用要求的微型计算机系统。由此可见，微机系统构成十分灵活，对不同的应用几乎没有太大的限制。因此，在科学计算、企业管理、家庭、娱乐等领域使用十分广泛。

1.3.2 微机的基本结构

1. 基本结构

为便于分析微型计算机的基本结构，可将一个复杂的微型计算机结构简化成一个模型结构，然后，再扩展到实际的微型计算机结构。图 1.5 所示为微型计算机结构框图，它由 CPU、存储器、I/O（Input/Output）端口、总线以及相应的外部设备构成。

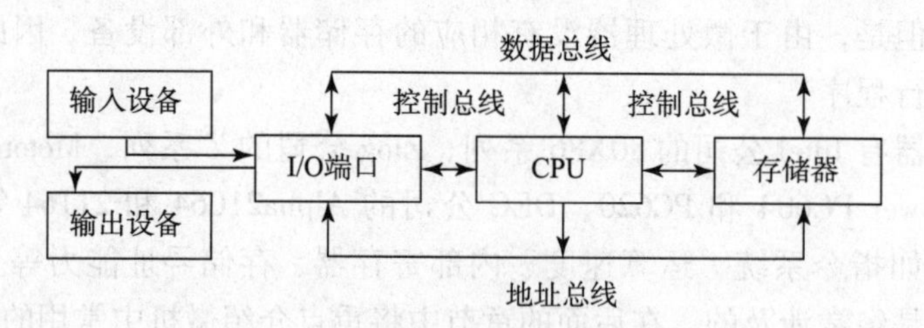

图 1.5 微型计算机的结构框图

1）CPU

CPU 是微型计算机的核心，它在很大程度上决定了计算机的性能。CPU 从存储器中取出二进制代码的指令，并将其译码成一系列操作指令，机器依序地执行这些操作指令。这样周而复始，直到整个程序执行结束。

CPU 除了由运算器和控制器构成外，在每个部件内部还有用于暂存数据的寄存器。其中，控制器中的寄存器，有用于保持程序运行状态的标志寄存器、用于存放下一条待执行指令地址的程序计数器 PC 等；运算器中的寄存器则用于暂存进行运算和比较的数据和结果。显然，CPU 中的寄存器容量十分有限，不能存放运行某一程序所需的全部信息。因此，一部分信息被存储在 ROM、RAM 内存中，而完整的程序和数据还是被存放在外部存储器上。实际上，在外部存储器上的某个正在运行的程序或数据，是根据 CPU 运行需要才调入内存的，而何时调入寄存器，则取决于执行指令的要求。

寄存器的长度是影响 CPU 性能与速度的重要指标。计算机的字长即寄存器的长度与数据总线的宽度是不同的。字长是指 CPU 同时处理二进制的位数，而数据总线宽度则是指数据传送的宽度。例如，Intel 8088 的字长是 16 位，但数据总线的宽度则是 8 位，因此，被称为准 16 位。由于 CPU 的类型不同，需要相关的集成电路芯片配合。由此，微机的主机板也因为 CPU 的要求，设计有相应的芯片。一般地说，不同规格的主机板是不能相互通用的。

2）存储器结构

存储器装入应用程序和数据后，使计算机具有记忆能力。存储器的容量越大，可存放的程序和数据就越多，显然，存储器的容量与计算机系统的处理能力相关。由于 CPU 所处理的程序与数据均储存在存储器内，因此，存储器的存取速度是影响计算机运算速度的主要因素。由此可见，衡量存储器有 3 个主要指标，即容量、存取速度和价格。

目前，常见的存储器有半导体存储器、磁性介质存储器等。由于半导体存储器具有速度快、电路集成度高、功耗小等特点，因此被用作主存储器，如 SRAM（静态 RAM）、DRAM（动态 RAM）、ROM 等器件。而那些速度较慢、存储容量大、数据可长期保存的磁介质存储器，如磁盘、磁带等，被用于外部存储器。

为扩大存储器容量、提高存取速度和降低成本，计算机系统大多采用多种类型的存储器。因为速度快的存储器价格高，容量就不可能很大；而价格低的存储器容量可以很大，但存取速度却比较慢。因此，存储系统设计采用多级存储结构的方案。如微机系统的 Cache－主存－外存储器的存储结构，如图 1.6 所示。CPU 可以直接访问内存，但是 CPU 需要访问外存时，就必须通过专门的设备先将信息装入内存后才可以使用。靠近 CPU 的采用 SRAM，即所说的高速缓冲存储器（Cache）。现在主机板都设计有 Cache，如 80486 CPU 内就带有 8 KB 的 Cache，另外，还支持片外 Cache。

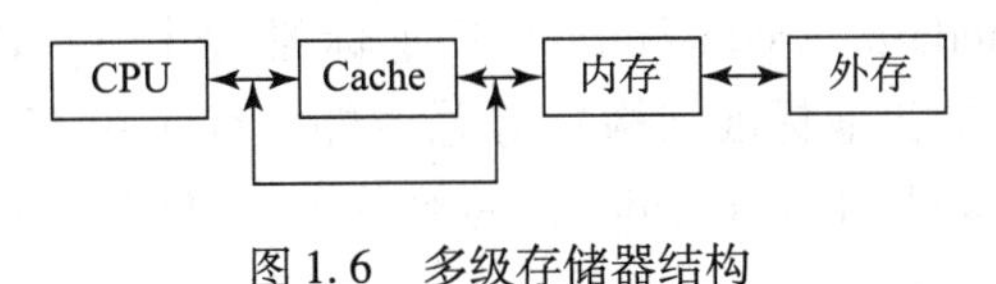

图 1.6　多级存储器结构

通常利用程序执行时在存储时间和空间上的局部性特征，在很小的 Cache 空间中保持当前在执行的那部分程序和数据的主存副本。在理想条件（命中率高）下，CPU 执行的指令和数据绝大多数来自 Cache，仅在访问 Cache 失效时才访问存储器。由此，减少了 CPU 访问存储器的次数，解决了 CPU 与存储器的存取速率不匹配的问题。而辅助存储器（即磁盘等设备）弥补了存储器中容量上的不足以及在断电时数据的保存问题。这样，可使存储系统的执行速度接近于 Cache，容量与价格接近于辅助存储器。现代微机系统都采用这种存储结构。

3）I/O 端口

I/O 设备是计算机系统与人进行信息交换的设备。I/O 端口作为连接 CPU 与外部设备（简称外设）的逻辑电路，具有信息交换和数据缓冲的功能。这些不同的接口在微机中被称为适配器或设备控制卡。尽管不同的 I/O 端口的组织结构各不相同，但它们实现的基本任务大致是相同的。I/O 端口通常应具有 5 个方面的功能：提供数据缓冲；判别主机是否选中所需的某一台设备；接收主机发来的各种控制信号，并产生各种操作命令，实现对设备的控制操作；提供主机与外设之间的通信控制，包括同步控制、数据格式转换、中断控制等信息；将外设的工作状态保存下来并通知主机。

I/O 端口通常有两类：一类是用于主机内部控制的 I/O 端口，包括总线裁决、中断控制、DMA（Direct Memory Access，直接存储器存取）控制、串行 I/O、并行 I/O 等；另一类是专用的外部设备控制接口，在微机系统中常见的 I/O 端口有显示器适配卡，如 CRT（Cathode Ray Tube，阴极射线管显示器）和 LCD（Liquid Crystal Display，液晶显示器）、磁盘控制卡等。

2. 总线

计算机内部各部件之间的连接是通过总线实现的，因此总线（Bus）称为信息传输的公共通路，或称一组共用的信号线。在微机系统中，各部件都是面向总线的。主机板上的标准插槽，如 64 芯、128 芯等插槽，就是提供连接的总线。在硬件系统扩展时，只要考虑其是否符合总线标准就可以了。显然，总线结构是微机的优越之处。

总线的分类方法很多，就微型计算机来说可分为内部总线、系统总线和局部总线。

1）内部总线

内部总线就是微处理器内，或者在机器的插接板中，或者在插件板之间，用于各部件之间作信息传输的公共通路。

2）系统总线

微型计算机系统都采用模块化结构，如一台简单的微机也需要由主机板、适配卡、多功能卡接口插件构成。一个模块可以是一块插件板。在微机内提供的与插件之间的信号连接的公共通路，称为系统总线。

在微型计算机中，除了早期使用的 MCA（Micro - Channel Architecture，微通道结构）、PC/XT、ISA（Industry Standard Architecture，工业标准结构）、EISA（Extended Industry Standard Architecture，扩充的工业标准结构）等总线外，目前在 32 位以上微机上使用的有 VESA（Video Electronics Standard Association，局部总线）、PCI（Peripheral Component Interconnect，外部设备互连）等总线。

3）局部总线

功能很强的插件板还可带有 CPU、存储器和 I/O 端口，在插件板内的各部件之间的联系也采用总线结构方式。这样，为区别于系统总线，将插件板自身内使用的总线称为局部总线。

1.3.3 主要性能指标

一台微机的功能是由系统结构、硬件组成、指令系统、软件配置等多方面因素来决定的，而不是由一两项指标判断的。不同的性能代表了计算机的某些功能，通常也用指标来评价机器的优劣。一般来讲，微机选用和设计时往往需要考虑以下 4 个主要的性能指标。

1. 字长

字长是指 CPU 一次能并行处理的二进制位数，它标志 CPU 可处理数据的精度，字长越长，处理精度越高、处理能力也越强。小型机字长一般为 16 bit，中型机字长多为 32 bit，微型机字长有 8 bit、16 bit、32 bit 和 64 bit。字长可作为判断微机档次的标准。为了适应不同的需要，有的计算机还能进行可变字长计算，如半字长、全字长、双字长等。

2. 运算速度

运算速度是指微机系统每秒可执行的指令系统，该指标的单位有 MIPS（Million Instructions PerSecond，每秒百万条指令）或 MFLOPS（Million FLoating point Operations PerSecond，每秒百万条浮点指令）。为简便起见，也可参考微处理器的工作频率（主频）作为运算速度的指标，如 Pentium4 主频 1.5 GHz。

3. 主存容量

主存容量是指主存储器能够存储的信息总字节数。主存容量越大，可容纳的程序和数据就越多，处理问题的能力就越强。同时，也使与外存之间交换信息的次数减少，从而加快运算速度。微机的最大主存容量可以由 CPU 的地址总线的位数来决定。地址总线为 32 bit 时，CPU 的最大寻址空间为 4 GB；地址总线为 20 bit 时，CPU 的最大寻址空间为 1 MB。

4. 配置外围设备

微机允许配置的外围设备的种类和数量，是计算机性能指标的重要内容。微机系统结构提供允许配置外围设备的最大数量，而实际数量和设备种类是由用户决定的。

习　题　1

1. 填空题

（1）与十进制数 45 等值的二进制数是__________。

（2）与二进制数 101110 等值的十六进制数是__________。

（3）若 $X=-1$，$Y=-127$，字长 $n=16$，则

$[X]_{补}=$__________H，$[Y]_{补}=$__________H，

$[X+Y]_{补}=$__________H，$[X-Y]_{补}=$__________H。

（4）已知 $X=-65$，用 8 位二进制数表示，则 $[X]_{原}=$__________，$[X]_{反}=$__________，$[X]_{补}=$__________。

（5）已知 $X=68$，$Y=12$，若用 8 位二进制数表示，则 $[X+Y]_{补}=$__________，$[X-Y]_{补}=$__________，此时，OF=__________。

2. 选择题

（1）在计算机内部，一切信息的存取、处理和传送都是以（　　）形式进行的。

A. BCD 码　　B. ASCII 码　　C. 十六进制　　D. 二进制

（2）下面几个不同进制的数中，最大的数是（　　）。

A. 1100010B　　B. 225Q　　C. 500　　D. 1FEH

（3）下面几个不同进制的不带符号数中，最小的数是（　　）。

A. 1001001B　　B. 75　　C. 37Q　　D. 0A7H

（4）十进制数 38 的 8 位二进制补码是（　　）。

A. 00011001　　B. 10100110　　C. 10011001　　D. 00100110

（5）十进制数 -38 的 8 位二进制补码是（　　）。

A. 01011011　　B. 11011010　　C. 11011011　　D. 01011010

（6）有一个 8 位二进制数的补码是 11111101，其相应的十进制真值是（　　）。

A. -3　　B. -2　　C. 509　　D. 253

（7）十进制数 -75 用二进制数 10110101 表示，其表示方式是（　　）。

A. 原码　　B. 补码　　C. 反码　　D. ASCII 码

3. 计算题

（1）完成下列二进制数的逻辑“与”“或”“异或”运算。

A. 10110011 和 11100001　　B. 10101010 和 00110011

C. 01110001 和 11111111　　D. 00111110 和 00001111

（2）将下列十进制数转换成二进制数、十六进制数。

A. 18　　B. 34　　C. 87　　D. 255

E. 4095　　F. 62472

第2章

8086微处理器

2.1　8086系统结构

8086 CPU曾是使用广泛的16位微处理器。80386和80486及Pentium系列都是从8086发展而来的，称为80X86系列。8086是由Intel公司设计生产的，内部集成了约2.9×10^4个晶体管，具有40个引脚的双列直插式封装芯片。由于引脚数的限制，它的数据总线和地址总线是复用的。标准型8086工作的时钟频率是5 MHz，改进型8086的工作时钟频率为8 MHz、10 MHz。它使用单一的+5 V电压，引脚信号与TTL（Transistor－Transistor Logic，晶体管－晶体管逻辑电路）电平兼容。

以8086微处理器构成的16位微机为例，其微处理器内部的ALU、寄存器、大多数的指令等均被设计成16位（二进制）。8086各有一条16位数据总线和20位地址总线，因此它每次读、写的数据宽度为16位，也可以是8位，可以访问2^{20}（即1M）个存储单元。

2.1.1　8086 CPU内部结构

从功能上，8086可以分为两个单元，即指令执行单元（Execution Unit，EU）和总线接口单元（Bus Interface Unit，BIU）。BIU和EU的操作是并行的。指令执行单元EU主要由算术逻辑运算单元（ALU）、标志寄存器（FR）、通用寄存器组、暂存器和EU控制器5个部件组成，其主要功能是执行指令。BIU主要由地址加法器、专用寄存器组、指令队列和总线控制逻辑4个部件组成，其主要功能是形成访问存储器的物理地址、访问存储器并取指令暂存到指令队列中等待执行，访问存储器或I/O端口读取操作数参加EU运算或存放运算结果等。图2.1所示为8086 CPU内部结构。

传统的CPU在执行一个程序时，总是先从存储器中取出下一条指令，读出一个操作数，然后执行指令，指令花费时间等于取指令时间加上执行指令的时间，如图2.2所示。

在8086 CPU体系结构中，这些步骤分配给两个独立的处理单元，EU负责执行指令，BIU负责取指令、读出操作数和写入结果。这两个单元能够相互独立地工作，并在大多数情况下，使大部分取指令和执行指令重叠进行，即在取指令的同时，指令执行单元也在同时工作，有效地加快了系统的运算速率，指令花费时间等于执行指令的时间，如图2.3所示。

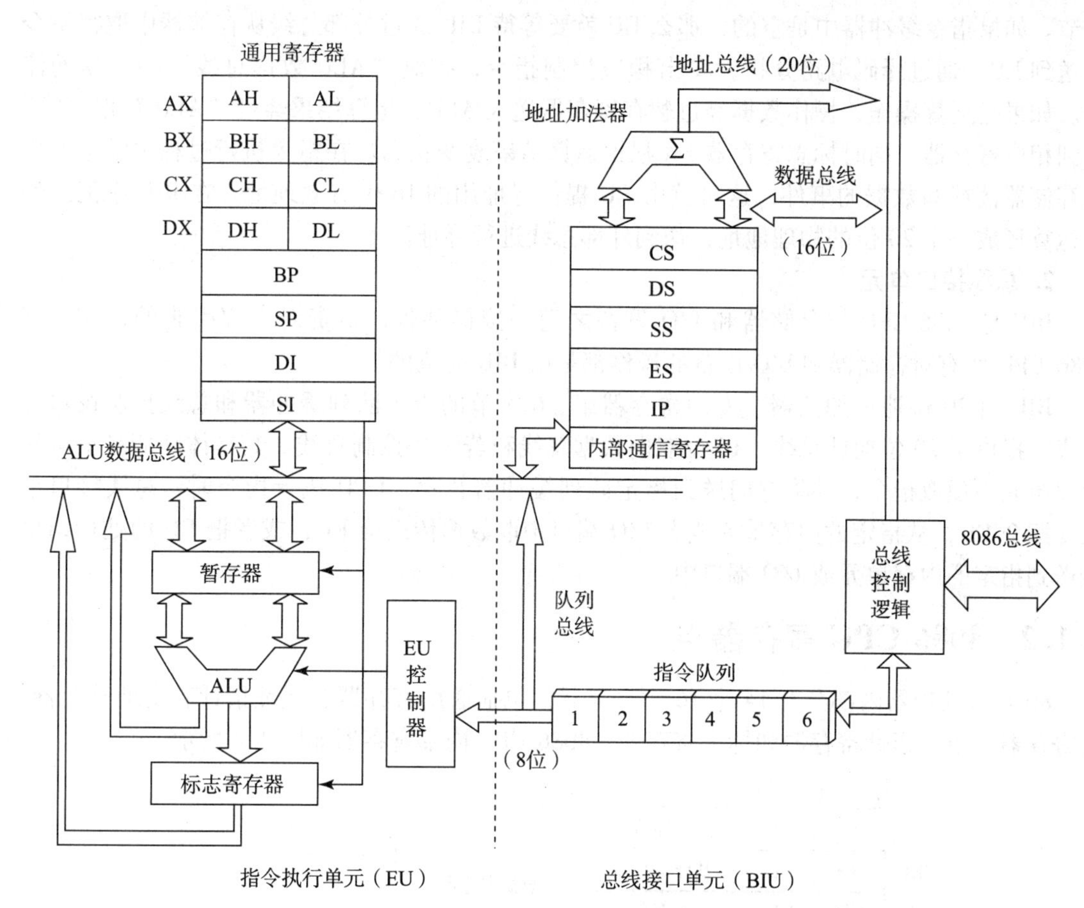

图 2.1　8086 CPU 内部结构

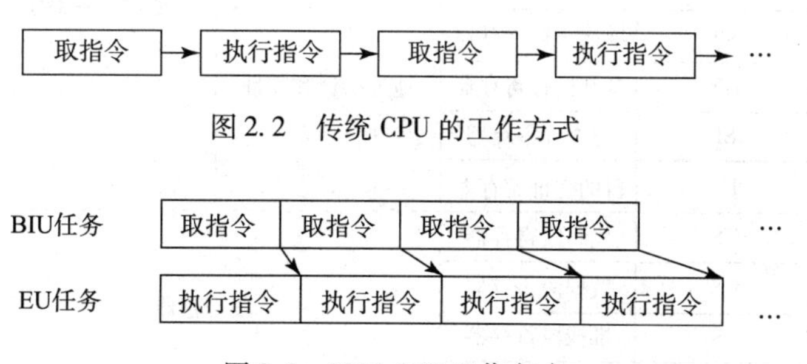

图 2.2　传统 CPU 的工作方式

图 2.3　8086 CPU 工作方式

1. 指令执行单元

EU 包含 1 个 16 位的 ALU、8 个 16 位通用寄存器、1 个 16 位标志寄存器（FR）、1 个数据暂存寄存器和 EU 控制器等。

EU 负责所有指令的解释和执行，同时管理上述有关的寄存器。负责从 BIU 的指令队列缓冲器中取指令，并对指令译码，根据指令要求向 EU 内部各部件发出控制命令，以完成各条指令规定的功能。

EU 对指令的执行是从取指令操作码开始的，它从 BIU 的指令队列缓冲器中每次取一个字节。如果指令缓冲器中是空的，那么EU就要等待BIU通过外部总线从存储器中取得指令并送到EU，通过译码电路分析，发出相应控制指令，控制“ALU数据总线”中数据的流向。如果是运算操作，操作数据经过暂存寄存器送入ALU，运算结果经过“ALU数据总线”送到相应寄存器，同时标志寄存器FR根据运算结果改变状态。在指令执行过程中常会发生从存储器读或写数据的事件，这时就由EU提供寻址用的16位有效地址，在BIU中汇总经过运算形成一个20位的物理地址，送到外部总线进行寻址。

2. 总线接口单元

BIU是8086 CPU与存储器和I/O设备之间的接口部件，负责对全部引脚的操作，即8086 CPU所有对存储器和I/O设备的操作都是由BIU完成的。

BIU由20位地址加法器、专用寄存器组、6字节的指令队列缓冲器和总线控制逻辑等组成。提供了20位地址总线、16位双向数据总线和若干条控制总线。其具体功能是负责从内存单元中预取指令，并将它们送到指定队列缓冲器暂存。CPU执行指令时，总线接口单元要配合EU，从指定的内存单元或者I/O端口中取数据传送给EU，或者把EU的处理结果传送到指定的内存单元或I/O端口中。

2.1.2 8086 CPU寄存器组

8086微处理器内部共有14个16位寄存器，包括通用寄存器、地址指针和变址寄存器、段寄存器、指令指针寄存器和标志寄存器。8086 CPU内部寄存器如图2.4所示。

	15	8 7 0			
AX	AH	AL	累加器	数据寄存器	通用寄存器组
BX	BH	BL	基址寄存器		
CX	CH	CL	计数寄存器		
DX	DH	DL	数据寄存器		
	SP		堆栈指针寄存器	地址指针和变址寄存器	
	BP		基址指针寄存器		
	SI		源变址寄存器		
	DI		目的变址寄存器		
	CS		代码段寄存器	段寄存器	
	DS		数据段寄存器		
	SS		堆栈段寄存器		
	ES		附加段寄存器		
	IP		指令指针寄存器	控制寄存器（指令指针和标志寄存器）	
	FR		标志寄存器		

图2.4 8086 CPU内部寄存器

1. 通用寄存器组

Intel 8086 CPU EU中有8个16位通用寄存器，它们可分成两组。

一组由AX、BX、CX和DX构成，称为数据寄存器，可用来存放16位的数据或地址，也可把它们当作 8 个 8 位寄存器来使用，即把每个通用寄存器的高半部分和低半部分分开。低半部分被命名为 AL、BL、CL 和 DL；高半部分则被命名为 AH、BH、CH 和 DH。

另一组包含 4 个 16 位寄存器，称为地址指针寄存器和变址寄存器，用来存放操作数的偏移地址。

1）数据寄存器

AX：称为累加器。它是算术运算时使用的主要寄存器，所有外部设备的 I/O 指令只能使用 AL 或 AX 作为数据寄存器。

BX：称为基址寄存器。它可以用作数据寄存器，在计算存储器地址时，又可作为地址寄存器使用，是具有双重功能的寄存器。

CX：称为计数寄存器。在字符串操作、循环操作和移位操作时作为计数器。

DX：称为数据寄存器。在乘、除法中作为辅助累加器，在 I/O 操作中作为地址寄存器。

2）地址指针和变址寄存器

堆栈指针寄存器（Stack Pointer，SP）：用于存放栈顶偏移值，和堆栈段寄存器一起构成了堆栈的栈顶地址。

基址指针寄存器（Base Pointer，BP）：可以和堆栈寄存器一起构成堆栈的栈顶地址，也可以在间接寻址中作为地址寄存器，并能用来存放参与运算的 16 位操作数及运算结果。

源变址寄存器（Source Index，SI）：在间接寻址时，可以作为地址寄存器或变址寄存器。在字符串操作中作为源操作符字符串的变址寄存器。

目的变址寄存器（Destination Index，DI）：在间接寻址时，可以作为地址寄存器或变址寄存器；在字符串操作中作为目的字符串的变址寄存器。

SI 和 DI 可以单独作为地址指针使用。但在串操作指令中，SI 必须作为源串操作数的地址指针，DI 必须作为目的串操作数的地址指针，两者不能互换。

2. 段寄存器

8086 CPU 总线接口单元 BIU 中设置有 4 个 16 位段寄存器，它们是代码段寄存器（CS）、数据段寄存器（DS）、堆栈段寄存器（SS）和附加段寄存器（ES）。

代码段寄存器（Code Segment，CS）：存放当前正在运行的程序代码所在段的段基址，表示当前使用指令代码可以从该段寄存器指定的存储器段中取得，相应的偏移量由 IP 提供。

数据段寄存器（Data Segment，DS）：存放当前程序使用的数据所存放段的最低地址，即存放数据段的基址。

堆栈段寄存器（Stack Segment，SS）：存放当前堆栈的底部地址，即存放堆栈段的段基址。

附加段寄存器（Extra Segment，ES）：在串操作指令中，用于存放目的串数据的段起始地址。在其他情况下可存放第二个数据段段基址。

3. 指令指针和标志寄存器

1）指令指针寄存器

指令指针寄存器（IP）是一个 16 位寄存器，用来存放将要执行的下一条指令在代码段中的偏移地址。在程序运行过程中，BIU 自动修改 IP 中的内容，使它始终指向将要执行的下一条指令。程序不能直接访问 IP，但是可通过某些指令修改 IP 的内容。

2）标志寄存器

8086 CPU 中设置了一个 16 位标志寄存器（FR），用来存放运算结果的特征和控制标志，其格式如图 2.5 所示。

15	14	13	12	11	10	9	8	7	6	5	4	3	2	1	0
×	×	×	×	OF	DF	IF	TF	SF	ZF	×	AF	×	PF	×	CF

图 2.5　标志寄存器（FR）

9 个标志位可分成两类：一类是状态标志，用来表示运算结果的特征，包括 CF、PF、AF、ZF、SF 和 OF；另一类是控制标志，用来控制 CPU 的操作，包括 IF、DF 和 TF。

CF（Carry Flag）：进借位标志位。CF＝1，表示本次运算中最高位（第 7 位或第 15 位）有进位（加法运算时）或有借位（减法运算时）；CF＝0，表示本次运算中最高位（第 7 位或第 15 位）无进位（加法运算时）或无借位（减法运算时）。

PF（Parity Flag）：奇偶标志位。PF＝1，表示本次运算结果的低 8 位中有偶数个 1；PF＝0，表示有奇数个 1。

AF（Auxiliary Carry Flag）：辅助进借位标志位。AF＝1，表示 8 位运算结果中低 4 位向高 4 位有进位（加法运算时）或有借位（减法运算时）；否则，AF＝0。

ZF（Zero Flag）：零标志位。ZF＝1，表示运算结果为 0（各位全为 0）；否则，ZF＝0。

SF（Sign Flag）：符号标志位。SF＝1，表示运算结果的最高位（第 7 位或第 15 位）为 1；否则，SF＝0。

OF（Overflow Flag）：溢出标志位。OF＝1，表示算术运算结果产生溢出；否则，OF＝0。溢出标志位是根据操作数的符号及其变化情况设置的。例如，加法运算时，两个操作数符号相同，而结果的符号与之相反，则 OF＝1；否则，OF＝0。

IF（Interrupt Flag）：中断允许标志位，用来控制 8086 是否允许接收外部中断请求。IF＝1，表示允许 CPU 响应可屏蔽中断 INTR。IF 标志可通过指令置位和复位。IF 的状态不影响非屏蔽中断请求（NMI）和 CPU 内部中断请求。

DF（Direction Flag）：方向标志位。在串操作指令中，若 DF＝0，表示串操作指令执行后地址指针自动增量，串操作由低地址向高地址方向进行；DF＝1，表示地址指针自动减量，即串操作由高地址向低地址方向进行。DF 标志位可通过指令置位和复位。

TF（Trap Flag）：陷阱标志位，是为调试程序而设定的陷阱控制位。TF＝1，表示控制 CPU 进入单步工作方式，此时 CPU 每执行完一条指令就自动产生一次内部中断。当该位复位后，CPU 恢复正常。

为了对上述各个状态标志位有更具体的了解，举两个例子。

【例 2.1】　执行下面两个数的加法。

```
  0010  0011  0100  0101
+ 0011  0010  0001  1001
------------------------
  0101  0101  0101  1110
```

结果对各状态标志的影响如下：由于运算结果的最高位为 0，所以 SF＝0；运算结果本身不为 0，所以 ZF＝0；结果中所含 1 的个数为 9，即有奇数个 1，所以 PF＝0；由于最高位没有产生进位，所以 CF = 0；又由于 D3 位没有往 D4 位产生进位，所以 AF = 0；由于次高位没有往最高位产生进位，最高位也没有往前进位，所以 OF = 0。

【例 2.2】　执行下面两个数的加法。

$$
\begin{array}{r}
0101\quad 0100\quad 0011\quad 1001\\
+\,0100\quad 0101\quad 0110\quad 1010\\
\hline
1001\quad 1001\quad 1010\quad 0011
\end{array}
$$

结果对各状态标志的影响如下：由于运算结果的最高位为 1，所以 SF = 1；运算结果本身不为 0，所以 ZF = 0；结果中所含 1 的个数为 8，即含有偶数个 1，所以 PF = 1；由于最高位没有产生进位，所以 CF = 0；在运算过程中，D3 位向 D4 位产生了进位，所以 AF = 1；由于次高位往最高位产生了进位，而最高位没有往前产生进位，所以 OF = 1。

当然，在大多数情况下，一次运算后并不改变所有标志，程序要根据需要对相关的标志进行检测和利用。

2.1.3　8086 CPU 管脚及功能

8086 CPU 具有 40 根引脚，采用双列直插式封装形式，使用 +5 V 电源供电，如图 2.6 所示。

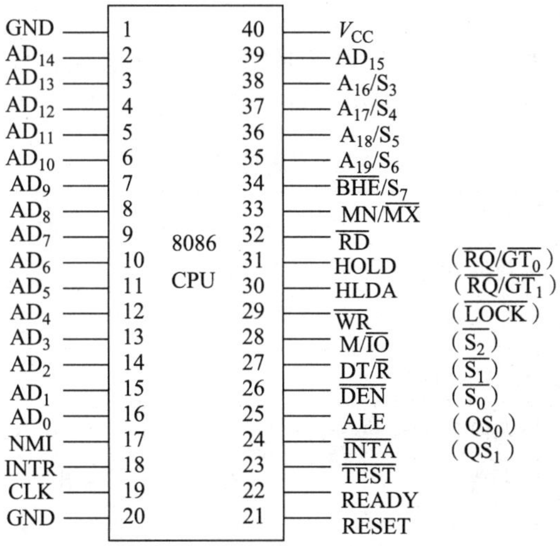

图 2.6　8086 CPU 引脚排列

为了减少芯片上的引脚数，8086 CPU 采用了分时复用的地址/数据总线。为了适应各种应用场合，8086 CPU 可在两种模式即最小模式和最大模式下工作。

所谓最小模式，是指系统中只有一个 8086 CPU，在这种系统中，系统所需要的全部总线控制信号都由 8086 CPU 直接产生，系统所需的外加其他总线控制逻辑部件最少，此模式适用于规模较小的微机应用系统。

最小模式系统的特点：总线控制逻辑直接由 8086 CPU 产生和控制，若有 8086 CPU 以外的其他模块想占用总线，可向 CPU 提出请求，在 CPU 允许并响应的情况下，该模块才可获得总线控制权，使用完后，再将总线控制权交给 CPU。

所谓最大模式，是指系统中含有两个或多个微处理器，其中一个为主处理器 8086 CPU，其他处理器为协处理器，它们是协助主处理器工作的。在最大模式工作时，8086 CPU 不直接提供用于存储器和 I/O 读写的读写命令等控制信号，而是将当前要执行的传送操作类型编码为 3 个状态位输出，由总线控制器 8288 对状态信息进行译码产生相应控制信号。此模式是相对于最小模式而言的，适用于中、大规模的微机应用系统中。

最大模式系统的特点：总线控制逻辑由总线控制器 8288 产生和控制，即 8288 将主处理器的状态和信号转换成系统总线命令和控制信号。协处理器只是协助主处理器完成某些辅助工作，即被动地接受并执行来自于主处理器的命令。

与 8086 CPU 配合的协处理器有两个，一个是数值运算协处理器 8087，另一个是输入输出协处理器 8089。

8087 是一种专用于数值运算的处理器，它能实现多种类型的数值操作，比如高精度的整数和浮点运算，也可以进行超越函数（如三角函数、对数函数）的计算。在通常情况下，这些运算往往通过软件方法实现，而 8087 是用硬件方法完成这些运算的，所以，在系统中加入协处理器 8087 之后，会大幅度地提高系统的数值运算速度。

8089 有一套专门用于 I/O 操作的指令系统，它可以直接为 I/O 设备服务，使 8086 或 8088 不再承担这类工作。所以，在系统中增加协处理器 8089 后，会明显提高主处理器的效率，尤其是在输入输出频繁的场合。

8086 CPU 的 40 个引脚按功能可以分为 4 部分，即地址总线、数据总线、控制总线及其他（时钟与电源）信号线。8086 引脚信号线的定义如表 2.1 所列。

表 2.1　8086 引脚信号的定义

名称	功能	引脚信号	类型	备注
$AD_{15} \sim AD_0$	地址/数据总线	2 ~ 16、39	双向、三态	
$A_{19}/S_6 \sim A_{16}/S_3$	地址/状态总线	35 ~ 38	输出、三态	
$\overline{BHE}/S_7$	高 8 位数据总线允许/状态	34	输出、三态	
$MN/\overline{MX}$	最小/最大模式控制	33	输入	
$\overline{RD}$	读控制	32	输出、三态	
$\overline{TEST}$	测试控制	23	输入	
READY	准备就绪	22	输入	公用信号
RESET	复位	21	输入	
NMI	非屏蔽中断请求	17	输入	
INTR	可屏蔽中断请求	18	输入	
CLK	系统时钟	19	输入	
V_{CC}	电源	40	输入	
GND	地线	1、20		

续表

名称	功能	引脚信号	类型	备注
HOLD	总线保持	31	输入	最小模式信号（$MN/\overline{MX}=V_{CC}$）
HLDA	总线保持响应	30	输出	
$\overline{WR}$	写控制	29	输出、三态	
$M/\overline{IO}$	存储器/输入输出控制	28	输出、三态	
$DT/\overline{R}$	数据发送/接收	27	输出、三态	
$\overline{DEN}$	数据允许	26	输出、三态	
ALE	地址锁存允许	25	输出	
$\overline{INTA}$	中断响应	24	输出	
$\overline{RQ}/\overline{GT_1}$、$\overline{RQ}/\overline{GT_0}$	总线请求/总线请求响应	30、31	双向	最大模式信号（$MN/\overline{MX}=GND$）
$\overline{LOCK}$	总线封锁	29	输出、三态	
$\overline{S_2}$、$\overline{S_1}$、$\overline{S_0}$	总线周期状态	26～28	输出、三态	
QS_1、QS_0	指令队列状态	24、25	输出	

为了用有限的40个引脚实现地址、数据、控制信号的传输，部分8086 CPU的外部引脚采用了复用技术。复用引脚分为按时序复用和按模式复用两种。对按时序复用的引脚，CPU工作在不同的周期，这些引脚传送不同的信息；按模式复用的引脚，当CPU处于不同的工作模式时，这些引脚具有不同的含义。

下面详细介绍8086 CPU引脚信号的定义。

1. 公用信号线

公用信号线是指在两种模式（最大模式和最小模式）下，名称和功能都相同的32个引脚。

AD_{15}～AD_0：地址/数据分时复用信号，I/O引脚，双向工作，第2～16脚分别为AD_{14}～AD_0，第39脚为AD_{15}。在总线周期的第一个时钟周期T_1中，用来输出要访问的存储器单元或I/O的低16位地址信号AD_{15}～AD_0，而在总线周期的其他时钟周期T_2～T_3中，对于读周期来说是处于高阻状态；对于写周期而言则是数据信号的输入输出。

A_{19}/S_6～A_{16}/S_3：地址/状态复用信号，三态输出引脚，第35～38脚。这些引脚在总线周期的第一个时钟周期T_1用来输出访问存储器的20位物理地址的最高4位地址A_{16}～A_{19}，与AD_{15}～AD_0一起构成访问存储器的20位物理地址。在总线周期的其他时钟周期T_2、T_3和T_4中，则用来输出状态信息。其中S_6恒为低电平，表明8086 CPU当前正与总线相连。S_5状态用来指示中断允许标志位IF的当前设置：若IF为1，表明当前允许可屏蔽中断请求；若IF为0，表示禁止可屏蔽中断请求。S_4、S_3共有4个组态，用以指明当前正在使用哪个段寄存器：00—ES、01—SS、10—CS和11—DS，如表2.2所列。

表 2.2　S_4、S_3 状态编码表

S_4	S_3	当前使用的段寄存器
0	0	附加段寄存器（ES）
0	1	堆栈段寄存器（SS）
1	0	存储器寻址时，使用代码段寄存器（CS）；对 I/O 端口或中断向量寻址时，不需要用段寄存器
1	1	数据段寄存器（DS）

$\overline{BHE}/S_7$：高 8 位数据总线允许/状态复用信号引脚，第 34 脚，三态输出，低电平有效。在总线周期的第一个时钟周期 T_1 中，它作为高 8 位数据总线允许信号。若$\overline{BHE}=0$，表示总线高 8 位数据线 $AD_{15}\sim AD_8$ 上的数据有效；若$\overline{BHE}=1$，表示高 8 位数据总线 $AD_{15}\sim AD_8$ 上的数据无效，仅在数据总线 $AD_7\sim AD_0$ 上传送 8 位数据。读写存储器或 I/O 端口以及中断响应时，$\overline{BHE}$用作存储体选择信号，与最低位地址码 A_0 配合，表明当前总线使用情况，如表 2.3 所列。

表 2.3　$\overline{BHE}$和 A_0 编码对数据访问的影响

$\overline{BHE}$	A_0	总线使用情况
0	0	16 位数据总线上进行字传送
0	1	高 8 位数据总线上进行字节传送（访问奇地址存储单元）
1	0	高 8 位数据总线上进行字节传送（访问偶地址存储单元）
1	1	无效

引脚 S_7 用来输出状态信息，但在 8086 微处理器系统中，S_7 未定义任何实际意义，暂作备用。

NMI：非屏蔽中断请求信号，输入，上升沿触发，第 17 脚。这类中断不受中断允许标志 IF 的影响，也不能用软件进行屏蔽。一旦该信号有效，CPU 就会在当前指令结束后，执行对应于中断类型号为 2 的非屏蔽中断处理程序。

INTR：可屏蔽中断请求信号，输入，高电平有效，第 18 脚。CPU 在执行每条指令的最后一个时钟周期会对 INTR 信号进行采样，若 CPU 的中断允许标志 IF 为 1，并且又接收到 INTR 信号（即 INTR 为高电平，表明有新的中断请求发生），CPU 就结束当前指令，响应中断请求，执行一个中断处理子程序。

$\overline{RD}$：读控制信号，三态输出，低电平有效，第 32 脚。若$\overline{RD}=0$，用以指明要执行一个对内存单元或 I/O 端口的读操作，具体是读内存单元还是读 I/O 端口，取决于控制信号 $M/\overline{IO}$。

RESET：复位信号，输入，高电平有效，第 21 脚。8086 CPU 要求复位信号至少维持 4 个时钟周期才能起到复位的效果。CPU 检测到复位信号为高电平之后，CPU 结束当前操作，并对处理器的标志寄存器、IP、DS、SS、ES 寄存器及指令队列进行清零操作，而将 CS 设置为 0FFFFH。当复位信号变为低电平时，CPU 从 FFFF0H 开始执行程序。

READY：准备就绪信号，输入，高电平有效，第 22 脚。该信号是协调 CPU 与内存单元或 I/O 端口之间进行信息传送的联络信号，接收来自于内存单元或 I/O 端口向 CPU 发来的“准备好”状态信号。若 READY =1，表明 CPU 要访问的内存单元或 I/O 端口已经准备就绪，马上可以进行读写操作。CPU 在每个总线周期的 T_3 状态开始对 READY 信号进行采样，若检测到 READY 为低电平，则在 T_3 状态之后插入等待状态 T_W。在 T_W 状态，CPU 也对 READY 进行采样，如 READY 仍为低电平，则会继续插入 T_W，直到 READY 变为高电平后才进入 T_4 状态，完成数据传送过程。

$\overline{\text{TEST}}$：测试信号，输入，低电平有效，第 23 脚，$\overline{\text{TEST}}$信号与 WAIT 指令结合起来使用，是 WAIT 指令结束与否的条件。当 CPU 执行 WAIT 指令时，每隔 3 个时钟周期就对$\overline{\text{TEST}}$进行一次测试，若测试到$\overline{\text{TEST}}$为高电平状态，则 CPU 处于空闲等待状态，直到$\overline{\text{TEST}}$低电平有效，CPU 才结束等待状态继续执行后续指令。$\overline{\text{TEST}}$引脚信号用于多处理器系统中，实现 8086 CPU 与协处理器间的同步协调功能。

MN/$\overline{\text{MX}}$：最小/最大模式设置信号，输入，第 33 脚。该输入引脚电平的高、低决定了 CPU 工作在最小模式还是最大模式，当该引脚接 +5 V 时（即 MN/$\overline{\text{MX}}$ =1），CPU 工作于最小模式下；当该引脚接地时（即 MN/$\overline{\text{MX}}$ =0），CPU 工作于最大模式下。

CLK：系统主时钟信号，输入，第 19 脚。CLK 时钟为处理器提供基本的定时脉冲和内部的工作频率，通常与 8284 时钟发生器的时钟输出 CLK 相连。8086 CPU 要求时钟信号的占空比（正脉冲与整个周期的比值）约为 33%，即 1/3 周期为高电平，2/3 周期为低电平。

V_{CC}：电源引脚，输入，第 40 脚，要接正电压（+5 V ±0.5 V），8086/8088 CPU 采用单一的 +5 V 电压。

GND：接地引脚，输入，8086 CPU 有两个接地引脚，分别为第 1 脚和第 20 脚，向 CPU 提供参考地电平。

2. 最小模式引脚信号（MN/$\overline{\text{MX}}$ = V_{CC}）

HOLD：总线保持请求信号，输入，高电平有效。HOLD 是系统中其他模块向 CPU 提出总线保持请求的输入信号。通常把具有对总线控制能力的部件称为主控设备，显然 CPU 是一种主控设备。如果在一个总线上有两个主控设备时，它们对总线的控制就需要进行协调，即同一时间中只能由一个主控设备起作用。在较简单的系统中以 CPU 的控制为主，平时对总线的控制权总是在 CPU 的手上。当另一个主控设备需要使用总线（即获得总线控制权）时，就向 CPU 的 HOLD 引脚送出一个高电平的请求信号。

HLDA：总线保持响应信号，输出，高电平有效。HLDA 是 CPU 发给总线请求模块的响应信号。当 HLDA 输出高电平时，表明 CPU 已响应其他部件的总线请求，通知提出请求的设备可以使用总线。与此同时，CPU 的有关引脚呈现高阻状态，从而让出系统总线，这种状态将一直延续到 HOLD 端的请求撤销，即输入电平降为低电平为止，CPU 恢复对总线的控制权。

$\overline{\text{WR}}$：写控制信号，三态输出，低电平有效。当$\overline{\text{WR}}$ =0 时，表示 CPU 正在对存储单元或 I/O 端口进行写操作。与$\overline{\text{RD}}$信号一样，由 M/$\overline{\text{IO}}$信号区分对存储单元或 I/O 端口的访问。

M/$\overline{\text{IO}}$：存储单元或 I/O 端口选择控制信号，用以区别访问存储单元或 I/O 端口三态输出。当 M/$\overline{\text{IO}}$ =1 时，表示当前的 CPU 正在访问存储单元；当 M/$\overline{\text{IO}}$ =0 时，表示 CPU 当前正

在访问 I/O 端口。一般在前一个总线周期的 T_4 时钟周期，就使 $M/\overline{IO}$端产生有效电平，然后开始一个新的总线周期。在此新的总线周期中，$M/\overline{IO}$一直保持有效电平，直到本总线周期的 T_4 时钟周期为止。在 DMA 方式中，$M/\overline{IO}$被悬空为高阻状态。

$DT/\overline{R}$：数据发送/接收控制信号，三态输出。在最小模式系统中使用 8286/8287 作为数据总线收发器时，$DT/\overline{R}$ 信号用来控制 8286/8287 的数据传送方向。当 $DT/\overline{R}=1$ 时，则表示进行数据发送，即 CPU 写数据到存储单元或 I/O 端口；当 $DT/\overline{R}=0$ 时，则表示进行数据接收，即 CPU 从存储单元或 I/O 端口读数据。

$\overline{DEN}$：数据允许信号，三态输出，低电平有效。通常设置总线收发器来增加数据总线的驱动能力。8086 系统通常使用 8286/8287 作为总线收发器。$\overline{DEN}$信号就是 8286/8287 的选通控制信号，总线收发器将$\overline{DEN}$作为允许信号。

ALE：地址锁存允许信号，输出，高电平有效。ALE 是 8086 CPU 发给地址锁存器进行地址锁存的控制信号。8086 CPU 的地址、数据和状态引脚采用复用技术，在总线周期的 T_1 时钟周期传送地址信息，而在其他时钟周期传送数据、状态信息。为此，在任何一个总线周期的 T_1 时钟周期 ALE 端产生正脉冲，利用它的下降沿将地址信息锁存，达到地址信息与数据信息复用分时传送的目的。通常使用的锁存器为 Intel 8282/8283，它利用 ALE 的下降沿锁存总线上的地址信息。ALE 不能浮空。

$\overline{INTA}$：中断响应信号，输出，低电平有效。对于 8086 系统来说，当 CPU 响应由 INTR 引脚送入的可屏蔽中断请求时，CPU 用两个连续的总线周期发出两个$\overline{INTA}$低电平有效信号，第一个低电平用来通知外设 CPU 准备响应它的中断请求，在第二个低电平期间，外设通过数据总线送入它的中断类型码，并由 CPU 读取，以便取得相应的中断服务程序入口地址。

3. 最大模式引脚信号（$MN/\overline{MX}=GND$）

$\overline{S_2}$、$\overline{S_1}$、$\overline{S_0}$：总线周期状态信号，三态输出，表示 8086 外部总线周期的操作类型。这 3 个引脚信号经总线控制器 8288 译码后，产生相应的存储器读写命令、I/O 端口读写命令以及中断响应信号。$\overline{S_2}$、$\overline{S_1}$、$\overline{S_0}$ 的代码组合对应的总线操作类型如表 2.4 所列。

表 2.4 $\overline{S_2}$、$\overline{S_1}$、$\overline{S_0}$ 译码表

总线状态信号			CPU 状态	8288 命令输出
$\overline{S_2}$	$\overline{S_1}$	$\overline{S_0}$		
0	0	0	发中断响应信号	$\overline{INTA}$
0	0	1	读 I/O 端口	$\overline{IORC}$
0	1	0	写 I/O 端口，超前写 I/O 端口	$\overline{IOWC}$、$\overline{AIOWC}$
0	1	1	暂停	无
1	0	0	取指令	$\overline{MRDC}$
1	0	1	读存储器	$\overline{MRDC}$
1	1	0	写存储器，超前写存储器	$\overline{MWTC}$、$\overline{AMWC}$
1	1	1	无效	无

当$\overline{S_2}$、$\overline{S_1}$、$\overline{S_0}$中任何一个为低电平时，都对应某一种总线操作，此时称为有源状态。而当一个总线周期即将结束（T_3期间或T_W周期），另一个总线周期尚未开始，并且READY信号也为高电平时，$\overline{S_2}$、$\overline{S_1}$、$\overline{S_0}$都变为高电平，此时称为无源状态。在前一个总线周期的T_4时钟周期时，只要$\overline{S_2}$、$\overline{S_1}$、$\overline{S_0}$中有一个变为低电平就意味着即将开始一个新的总线周期。

在总线周期的T_4期间$\overline{S_2}$、$\overline{S_1}$、$\overline{S_0}$的任何变化，都指示一个总线周期的开始，而在T_3（或T_W等待周期）期间返回无效状态，则表示一个总线周期的结束。在DMA方式下，$\overline{S_2}$、$\overline{S_1}$、$\overline{S_0}$处于高阻状态。

QS_1、QS_0：指令队列状态信号，输出。QS_1、QS_2信号用于指示8086内部BIU中指令队列的状态，以便外部协处理器进行跟踪。QS_1、QS_2组合与指令队列的状态如表2.5所列。

表2.5　QS_1、QS_0组合与指令队列的状态

QS_1	QS_0	队列状态信号的含义
0	0	无操作
0	1	从队列中取出当前指令的第一个字节
1	0	队列空，由于执行转移指令，队列重新进行装填
1	1	从队列中取出指令的后继字节

$\overline{RQ}/\overline{GT_0}$、$\overline{RQ}/\overline{GT_1}$：总线请求信号/总线请求响应信号（双向）。这两个信号是为多处理器应用而设计的，用于对总线控制权的请求和应答。其特点是：请求和允许功能用一根信号线实现，每一个引脚都可代替最小模式下HOLD/HLDA两个引脚的功能。这两个引脚可同时接两个协处理器，$\overline{RQ}/\overline{GT_0}$的优先级高于$\overline{RQ}/\overline{GT_1}$。

总线访问的请求/允许时序分为3个阶段：请求、允许和释放。首先协处理器向8086输出$\overline{RQ}$请求使用总线信号，然后在8086 CPU的T_4或下一个总线周期T_1期间，CPU输出一个宽度为一个时钟周期的脉冲信号GT给请求总线的协处理器，作为总线响应信号，从下一个时钟周期开始，CPU释放总线。当协处理器使用完总线时，再给出一个宽度为一个时钟周期的脉冲信号$\overline{RQ}$给CPU，表示总线使用完毕，从下一个时钟周期起，CPU又开始控制总线。

$\overline{LOCK}$：总线封锁信号，三态输出，低电平有效。当$\overline{LOCK}=0$时，表示CPU不允许其他总线控制部件占用总线。$\overline{LOCK}$信号可通过软件设置。

2.1.4　基本时序

1. 时序的基本概念

计算机的工作是在时钟脉冲CLK的统一控制下，一个节拍一个节拍地实现的。CPU执行某一个程序之前，先要把程序（已变为可执行的目标程序）放到存储器的某个区域。在启动执行后，CPU就发出读指令的命令，存储器接到这个命令后，从指定的地址（在8086中由代码段寄存器CS和指令指针IP给定）读出指令，把它送至CPU的指令寄存器中，然后CPU对读出的指令经过译码器分析之后，发出一系列控制信号，以执行指令规定的全部操作，控制各种信息在系统各部件之间传送。

8086执行指令涉及3种周期，即时钟周期、总线周期和指令周期。首先要掌握这3种周期的区别与相互之间的联系。

时钟周期 T：是时钟脉冲的重复周期，是 CPU 的时钟频率的倒数，是 CPU 的时间基准，由计算机的主频决定。例如，8086 的主频为 5 MHz，则 1 个时钟周期为 200 ns。执行指令的一系列操作都是在时钟脉冲 CLK 的统一控制下一步一步进行的。

总线周期（Bus Cycle）：8086 CPU 与外部交换信息总是通过总线进行的。完成一次总线操作所需的时间，称为总线周期，一般包含多个时钟周期 T（典型为 4 个），每当 CPU 要从存储器或 I/O 端口存取一个字节或字时，就需要一个总线周期。

指令周期：执行一条指令所需的时间。每条指令的执行由取指令、译码和执行等操作组成，不同指令的指令周期是不等长的，一个指令周期由一个或若干个总线周期组成。

2. 总线周期的时序

8086 CPU 的总线周期至少由 4 个时钟周期组成，分别以 T_1、T_2、T_3 和 T_4 表示，如图 2.7 所示，T 又称为状态（State）周期。

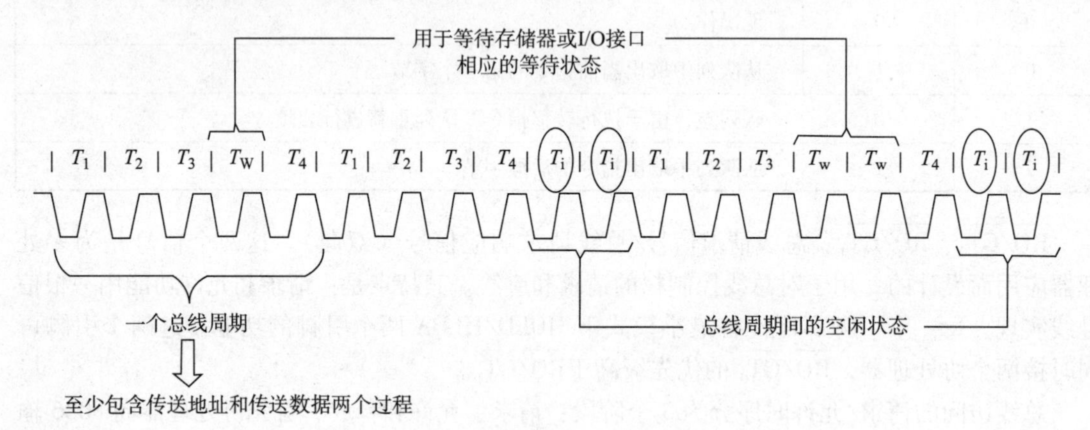

图 2.7　8086 CPU 的总线周期

T_1—CPU 输出地址；$T_2 \sim T_4$—数据传送

一个总线周期完成一次数据传输，至少要有传送地址和传送数据两个过程。在第一个时钟周期 T_1 期间，由 CPU 输出地址，在随后的 3 个时钟周期（T_2、T_3 和 T_4）用以传送数据。换言之，数据传送必须在 $T_2 \sim T_4$ 这 3 个周期内完成；否则在 T_4 周期后，总线将做另一次操作，开始下一个总线周期。

在实际应用中，如果一些慢速设备在 3 个时钟周期内无法完成数据读/写，那么在 T_4 后总线就不能被它们所用，会造成系统读/写出错。为此，在总线周期中允许插入等待周期 T_W。当被选中进行数据读/写的存储器或外设无法在 3 个时钟周期内完成数据读/写时，就由其发出一个请求延长总线周期的信号到 8086 CPU 的 READY 引脚，8086 CPU 收到该请求后，就在 T_3 与 T_4 之间插入一个等待周期 T_W，加入 T_W 的个数与外部请求信号的持续时间长短有关，延长的时间 T_W 也以时钟周期 T 为单位，在 T_W 期间，总线上的状态一直保持不变。

如果在一个总线周期后不立即执行下一个总线周期，即总线上无数据传输操作，系统总线处于空闲状态，这时执行空闲周期 T_i，T_i 也以时钟周期 T 为单位，两个总线周期之间插入几个 T_i 与 8086 CPU 执行的指令有关。例如，在执行一条乘法指令时，需用 124 个时钟周期，而其中可能使用总线的时间极少，而且预取队列的填充也不用太多的时间，则加入的 T_i 可能达到 100 多个。

3. 基本时序分析

8086 CPU 的操作是在指令译码器输出的电位和外面输入的时钟信号联合作用而产生的各个命令控制下进行的，可分为内操作与外操作两种。内操作控制 ALU（算术逻辑单元）进行算术运算，控制寄存器组进行寄存器选择以及判断是送往数据线还是地址线、进行读操作还是写操作等，所有这些操作都在 CPU 内部进行，用户可以不必关心。CPU 的外操作是系统对 CPU 的控制或是 CPU 对系统的控制，用户必须了解这些控制信号以便正确使用。

8086 CPU 的外操作主要有以下几种：存储器读/写、I/O 端口读/写、中断响应、总线保持（最小方式）、总线请求/允许（最大方式）、复位和启动、暂停。

4. 读总线的时序

当 8086 CPU 进行存储器或 I/O 端口读操作时，总线进入读周期，8086 的读周期时序如图 2.8 所示。

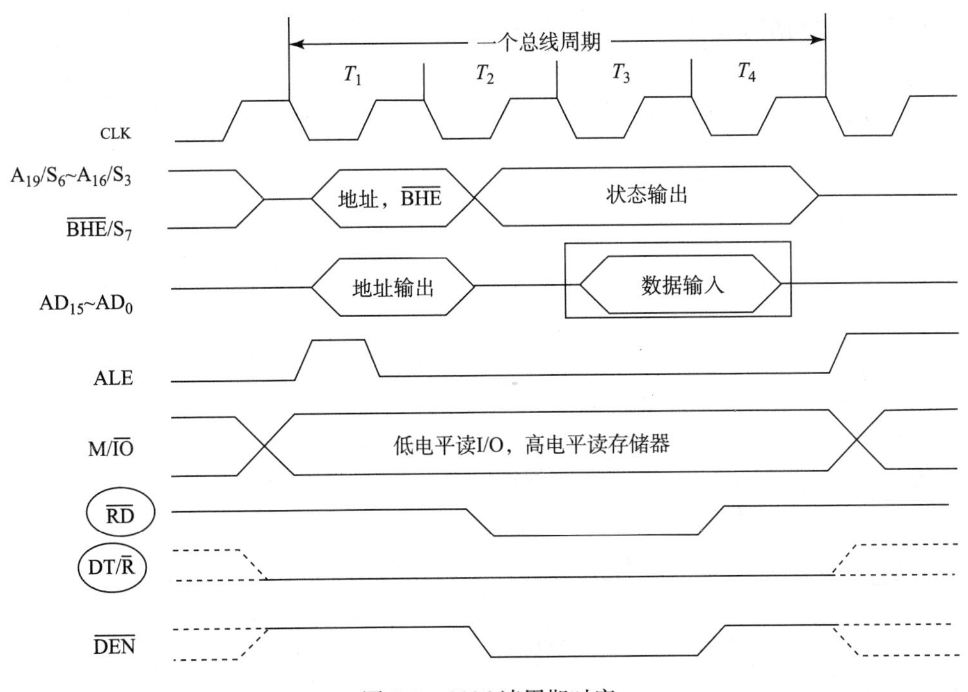

图 2.8　8086 读周期时序

基本的读周期由 4 个时钟周期组成，即 T_1、T_2、T_3 和 T_4。当所选中的存储器和外设的存取速度较慢时，则在 T_3 和 T_4 之间插入一个或几个等待周期 T_W。在 8086 读周期内，有关总线信号的变化如下。

（1）M/$\overline{IO}$：在整个读周期保持有效，当进行存储器读操作时，M/$\overline{IO}$为高电平；当进行 I/O 端口读操作时，M/$\overline{IO}$为低电平。

（2）A_{19}/S_6 ~ A_{16}/S_3：在 T_1 期间，输出 CPU 要读取的存储单元的高 4 位地址。T_2 ~ T_4 期间输出状态信息 S_6 ~ S_3。

（3）$\overline{BHE}/S_7$：在 T_1 期间输出$\overline{BHE}$有效信号（低电平），表示高 8 位数据总线上的信息可以使用，$\overline{BHE}$信号通常作为奇地址存储体的选择信号（偶地址存储体的选择信号是最低地址位 A_0）。$T_2 \sim T_4$ 期间输出高电平。

（4）$AD_{15} \sim AD_0$：在 T_1 期间输出 CPU 要读取的存储单元或 I/O 端口的地址 $A_{15} \sim A_0$。T_2 期间为高阻态，$T_3 \sim T_4$ 期间，存储单元或 I/O 端口将数据送上数据总线。CPU 从 $AD_{15} \sim AD_0$ 上接收数据。

（5）ALE：在 T_1 期间地址锁存有效信号，为一正脉冲，系统中的地址锁存器正是利用该脉冲的下降沿来锁存 $A_{19}/S_6 \sim A_{16}/S_3$、$AD_{15} \sim AD_0$ 中的 20 位地址信息以及$\overline{BHE}$。

（6）$\overline{RD}$：在 T_2 期间输出低电平，送到被选中的存储器或 I/O 端口。要注意的是，只有被地址信号选中的存储单元或端口，才会被$\overline{RD}$信号从中读出数据（数据送上数据总线 $AD_{15} \sim AD_0$）。

（7）$DT/\overline{R}$：在整个总线周期内保持低电平，表示本总线周期为读周期。在接有数据总线收发器的系统中，用来控制数据传输的方向。

（8）$\overline{DEN}$：在 $T_2 \sim T_3$ 期间输出有效低电平，表示数据有效。在接有数据总线收发器的系统中，用来实现数据的选通。

5. 写总线的时序

8086 的写周期时序如图 2.9 所示。总线写操作的时序与读操作时序相似，其不同之处如下。

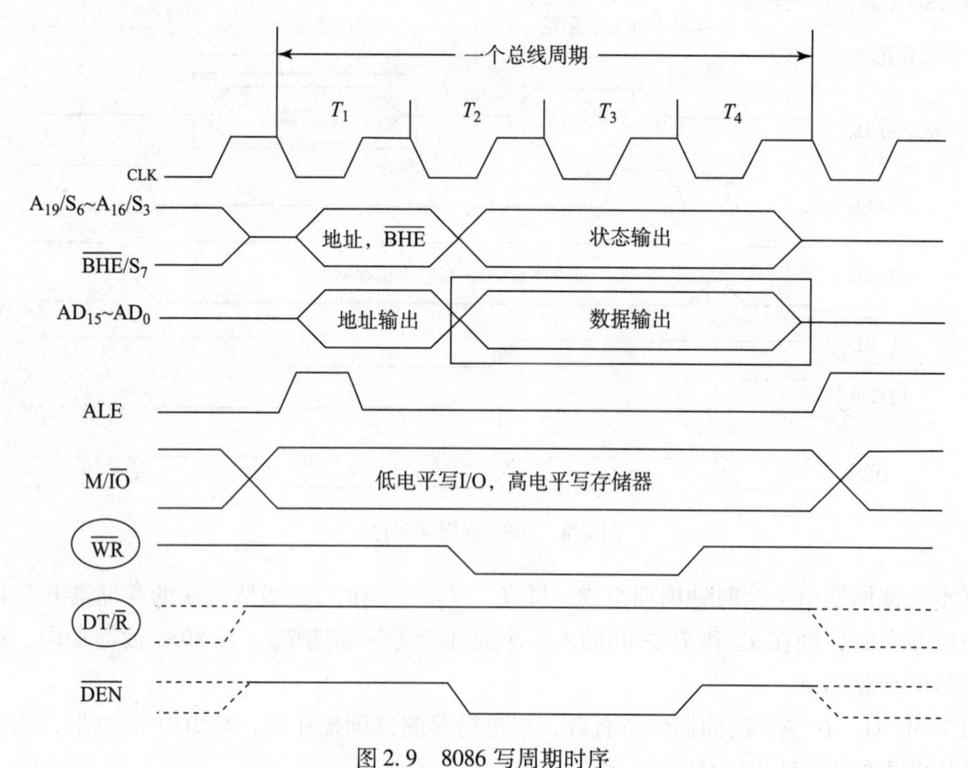

图 2.9　8086 写周期时序

（1）$AD_{15} \sim AD_0$：在 $T_2 \sim T_4$ 期间送上欲输出的数据，而无高阻态。

（2）$\overline{WR}$：在 $T_2 \sim T_4$ 期间输出有效低电平，该信号送到所有的存储器和 I/O 端口。要注意的是，只有被地址信号选中的存储单元或 I/O 端口才会被 $\overline{WR}$ 信号写入数据。

（3）DT/$\overline{R}$：在整个总线周期内保持高电平，表示本总线周期为写周期。在接有数据总线收发器的系统中，用来控制数据传输方向。

2.1.5　8086 存储器组织

8086 系统中的存储器是一个最多 1 MB 的序列，即可寻址的存储空间为 1 MB，系统为每字节分配一个 20 位的物理地址（对应的十六进制数地址范围为 00000H ~ FFFFFH）。

在存储器中任何两个相邻的字节被定义为一个字。在一个字中，每字节都有一个地址，并且这两个地址中较小的一个被用来作为该字的地址，如表 2.6 所列。

表 2.6　字在存储器中的地址

内存地址	存储器	说明
00000H	07	低字节，字以偶地址开始
00001H	6B	高字节，表示的数为 6B07H
00002H		
00003H		
00004H		
00005H	60	低字节，字以奇地址开始
00006H	3E	高字节，表示的数为 3E60H
00007H		

由表 2.6 可以看出，一个字的起始地址可以从偶地址开始，也可以从奇地址开始，并且较高存储器地址的字节存放该字的高 8 位，较低存储器地址的字节存放该字的低 8 位。

1. 存储器的组成

在 8086 系统中，存储器采用分体结构，即 1 MB 的存储空间分成两个 512 KB 的存储体，一个存储体中包含偶数地址，另一个存储体包含奇数地址。两个存储体采用字节交叉编址方式，如表 2.7 所列。

表 2.7　两个存储体采用交叉编址方式

奇数地址	$D_{15} \sim D_8$	$D_7 \sim D_0$	偶数地址
00001			00000
00003			00002
00005			00004
⋮	512K × 8 奇地址存储体 （$A_0 = 1$）	512K × 8 偶地址存储体 （$A_0 = 0$）	⋮
FFFFFH			FFFFEH

对于任何一个存储体，只要 19 位地址（$A_{19} \sim A_1$）就够了。地址 A_0 用以区分当前访问的是哪一个存储体：$A_0 = 0$，表示访问偶地址存储体；$A_0 = 1$，表示访问奇地址存储体。在 8086 系统中，允许访问存储器中的 1B，也允许访问存储器中的 1 个字（相邻两字节），这时要求同时访问两个存储体，各取出 1B 的信息。在这种情况下，只用 A_0 来控制读/写操作就不够了，为此 8086 系统增设了一个总线高位有效控制信号 $\overline{BHE}$。当 $\overline{BHE}$ 有效时，选定奇地址存储体，存储体内地址由 $A_{19} \sim A_1$ 确定。当 $A_0 = 0$ 时，选定偶地址存储体，存储体内地址同样由 $A_{19} \sim A_1$ 确定。值得注意的是，偶地址存储体固定与低 8 位数据总线（$D_7 \sim D_0$）相连，因此把它称为低字节存储体；奇地址存储体固定与高 8 位数据总线（$D_{15} \sim D_8$）相连，因此把它称为高字节存储体。$\overline{BHE}$ 和 A_0 互相配合，使 CPU 可以访问一个存储体中的 1B 或同时访问两个存储体中的 1 个字。$\overline{BHE}$ 和 A_0 的控制作用如表 2.8 所列。

表 2.8　$\overline{BHE}$ 与 A_0 组合对应的控制

$\overline{BHE}$	A_0	对应的操作
0	0	从偶地址读/写一个字
0	1	从奇地址读/写一个字节
1	0	从偶地址读/写一个字节
1	0	从奇地址读/写一个字（分两次读/写）
0	1	

两个存储体与总线之间的连接如图 2.10 所示。显然，奇地址存储体的片选端 $\overline{SEL}$ 受控于 8086 CPU 的 $\overline{BHE}$，偶地址存储体的片选端 $\overline{SEL}$ 受控于地址线 A_0。

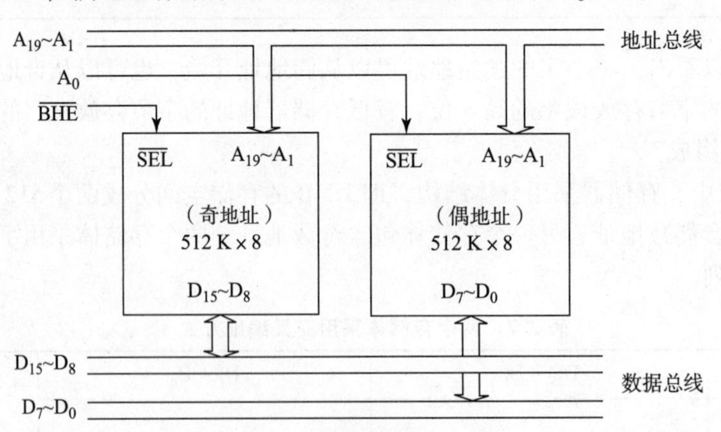

图 2.10　存储体与总线的连接

8086 的有些指令是访问（读或写）字节的，有些指令是访问字的。在同一个时间里，8086 传送到存储器中或从存储器中取出的信息数量总是 16 位的，且该 16 位数据是在存储器中以偶地址开头的 2 B 的内容。当 8086 CPU 要访问字节时，在被读出或写入的 16 位数据中，只要忽略高 8 位或忽略低 8 位就可得到所要的 1B 信息，这种情况如图 2.11（a）、（b）所示。当 8086 CPU 要访问 1 个字而这个字始于偶地址时，只要使 $A_0 = 0$，$\overline{BHE} = 0$，就可一次访问到该字的内容，这种情况如图2.11（c）所示；当要访问的字始于奇地址时，情况就比较复杂，这时必须对两个连续的偶地址字做两次存储器访问，每次访问忽略不需要的1B，并保留剩余的1B，然后变换得到完整的一个字的信息，这种情况如图2.11（d）所示。必须指出，8086的编程并不涉及这些细节，一条指令只是请求访问一个特定的字节或字，实现这样一个访问所必须要做的操作都是在处理器控制下自动实现的。

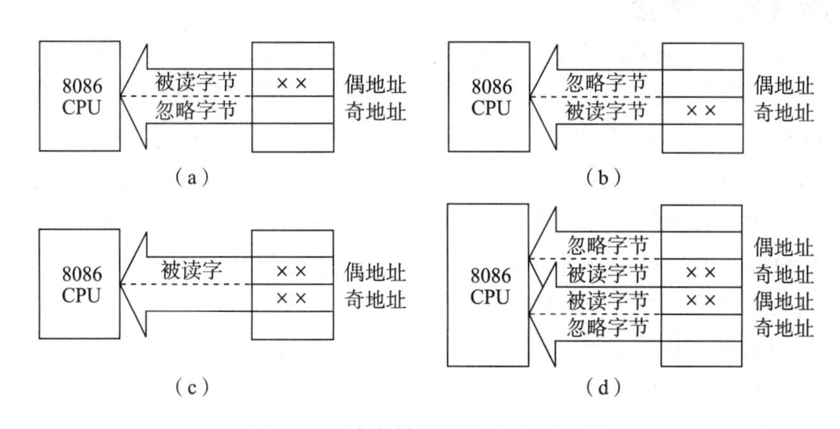

图2.11 读存储器操作过程示意图

（a）从偶地址读一个字节；（b）从奇地址读一个字节；

（c）从偶地址开始读一个字；（d）从奇地址开始读一个字

如上所述，在字访问情况下，对奇地址存放的字需要进行两次读/写操作，而对偶地址存放的字，仅需要一次读/写操作。这样，为了加快程序的运行速度，希望被访问的存储器的字地址为偶地址。通常，这种从偶地址开始的字称为“对准字”，而从奇地址开始的字称为“非对准字”。

2. 存储器的分段

8086 CPU有20条地址线，能寻址外部存储空间为1MB，而在8086 CPU内部能向存储器提供地址码的地址寄存器有6个，均为16位，所以用这6个16位地址寄存器任意一个给外部存储器提供地址，只能提供64K个地址，不能提供完整的1MB存储空间地址。这6个16位地址寄存器分别为BX、BP、SI、DI、SP、IP。

为了使8086 CPU能寻址到外部存储器1MB空间中任何一个单元，采用了地址分段方法（将1MB空间分成若干个逻辑段），每段不超过64 KB。段与段能连续排列；也能部分重叠、完全重叠、断续排列。段数也没有一定限制。一个存储单元可以只属于某一段，也可以属于多个互相重叠的段。最终将寻址范围扩大到1MB。

在1MB的存储空间中，每个存储单元的实际地址编码称为该单元的物理地址（用PA表示）。一个段的起始地址的高16位自然数为该段的段地址。在一个段内的每个存储单元，可以用相对于本段的起始地址的偏移量来表示，这个偏移量称为段内偏移地址，也称为有效地址（EA）。

注意：

①各逻辑段的起始地址必须能被16整除，即一个段的起始地址（20位物理地址）的低

4 位二进制码必须是 0。

②在 1MB 的存储空间中，可以有 2^{16} 个段地址。每相邻的两个段地址之间相隔 16 个存储单元；在一个段内有 2^{16} = 64K 个偏移地址，即一个段最大为 64 KB。

③在一个 64 KB 的段内，每个偏移地址单元的段地址是相同的，所以段地址也称为段基址；由于相邻两个段地址只相隔 16 个单元，所以段与段之间大部分空间互相覆盖。

3. 存储器物理地址的形成

把 1MB 的存储空间分成若干个逻辑段以后，对一个段内的任意存储单元，都可以用两部分地址来描述，一部分为段地址（段基址），另一部分为段内偏移地址（有效地址 EA）。段地址和段内偏移地址都是无符号的 16 位二进制数，常用 4 位十六进制数表示。这种方法表示的存储器单元的地址称为逻辑地址。逻辑地址的表示格式为“段地址：偏移地址”。一个存储单元用逻辑地址表示后，CPU 对该单元的寻址就应提供两部分地址，即段地址和段内有效地址。段地址和段内有效地址分别由以下段寄存器提供。

CS：提供当前代码（程序）段的段地址。

DS：提供当前数据（程序）段的段地址。

ES：提供当前附加数据段的段地址。

SS：提供当前堆栈段的段地址。

BX、BP、SI、DI：CPU 对存储器进行数据读/写操作时，由这些寄存器以某种寻址方式向存储器提供段内偏移地址。

SP：堆栈操作时，提供堆栈段的段内偏移地址。

IP：CPU 取指令时，提供所取指令代码所在单元的偏移地址。

当访问存储单元时，提供段地址和段内有效地址的各个寄存器，如表 2.9 所列。

表 2.9 段地址和段内有效地址间的关系

访问存储器类型	默认段地址	可指定段地址	段内偏移地址来源
取指令码	CS	无	IP
堆栈操作	SS	无	SP
字符串操作源地址	DS	CS、ES、SS	SI
字符串操作目的地址	ES	无	DI
BP 用作基址寄存器时	SS	CS、DS、ES	依寻址方式求得 EA
一般数据存放	DS	CS、ES、SS	依寻址方式求得 EA

其中，可指定段地址由指令加 1B 的段超越前缀来实现，如果用默认段地址寄存器则无此前缀。如指令“MOV AX，[SI]”表示使用默认段地址 DS，“MOV AX，ES：[SI]”表示使用指定段地址 ES。

已知某存储单元的逻辑地址，该单元的物理地址 = 段地址 × 10H + 段内偏移地址。8086 CPU 中的 BIU 单元的地址加法器 Σ 用来完成物理地址的计算。由逻辑地址到物理地址的形成过程和物理地址的计算方法如图 2.12 所示。

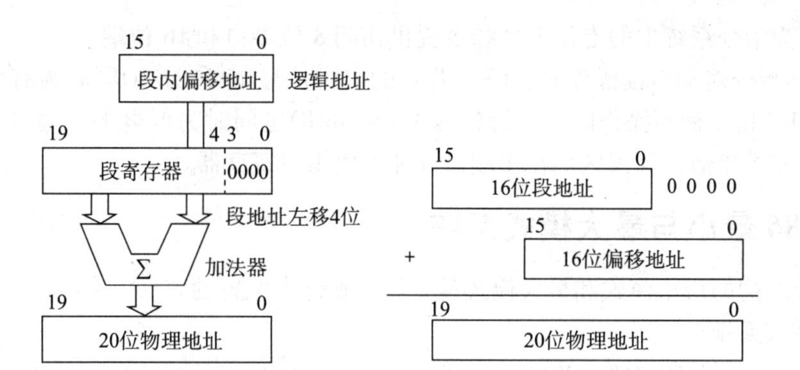

图 2.12 物理地址的形成和计算方法

(a) 物理地址的形成；(b) 物理地址的计算方法

【例 2.3】 某单元的逻辑地址为 4B09H：5678H，求该存储单元的物理地址。

解：物理地址（PA）＝段地址×10H＋EA＝4B09H×10H＋5678H＝4B090H＋5678H

＝50708H

【例 2.4】 某单元的物理地址为 00020H，求其对应的逻辑地址。

解：该单元的逻辑地址可以有

（1）0000H：0020H

00020H＝0000H×10H＋0020H

（2）0001H：0010H

00020H＝0001H×10H＋0010H

（3）0002H：0000H

00020H＝0002H×10H＋0000H

由此可见，一个存储单元，可以用不同的逻辑地址表示，但其 PA 是唯一的。

注意：

①在访问存储器时，段地址总是由段寄存器提供的。8086 微处理器的 BIU 单元设有 4 个段寄存器（CS、DS、SS、ES），所以 CPU 可以通过这 4 个段寄存器来访问 4 个不同的段。

②用程序对段寄存器的内容进行修改，可实现访问所有的段。一般地，把段地址装入段寄存器的那些段（不超过 4 个）称为当前段。

③一个段的最大空间为 64 KB，实际使用时，不一定能用到 64 KB。理论上分段时，相邻段之间大部分空间是相互重叠的，但实际上不会重叠。汇编程序对用户源程序汇编时，会将用户程序中的不同信息段独立存放。

2.1.6 8086 输入/输出组织

8086 系统和外部设备进行数据通信的连接电路叫作接口，这个接口就是 I/O 芯片上的一个或若干个端口。每个端口都有独立的地址，它分别对应芯片内的一个寄存器或一组寄存器。8086 提供有 65 535 个 8 位（64 KB）端口，每个端口都被赋予一个唯一的端口编号，端口号取值范围在 0000H～0FFFFH 之间。两个端口编号相邻的 8 位端口又可组成一个 16 位端口，如此可为指令系统中的专用 I/O 指令提供访问 8 位端口和 16 位端口。

在执行 IN 指令对端口读操作时，CPU 芯片的引脚信号$\overline{RD}$和 M/$\overline{IO}$同时为有效的低电平状态；执行 OUT 指令做写操作时，引脚信号$\overline{WR}$和 M/$\overline{IO}$也同时为低电平。端口的寻址方式与存储器寻址方式相似，仅仅区别在于端口寻址不使用段寄存器。

2.1.7 8086 最小与最大模式系统

8086 系统结构的最小模式和最大模式是直接由硬件来配置的。

1. 最小模式系统

系统中只有一个微处理器，并且 CPU 芯片引脚 MN/$\overline{MX}$ = V_{CC}时，这就是最小模式系统。此时，系统所有的控制信号全部是由 8086 CPU 提供的。在最小模式系统中，除了 CPU、存储器以及 I/O 端口电路外，还要配置时钟发生器（如 8284A）、地址锁存器（如 8282/8283）和数据总线收发器（如 8286/8287）等电路，如图 2.13 所示。

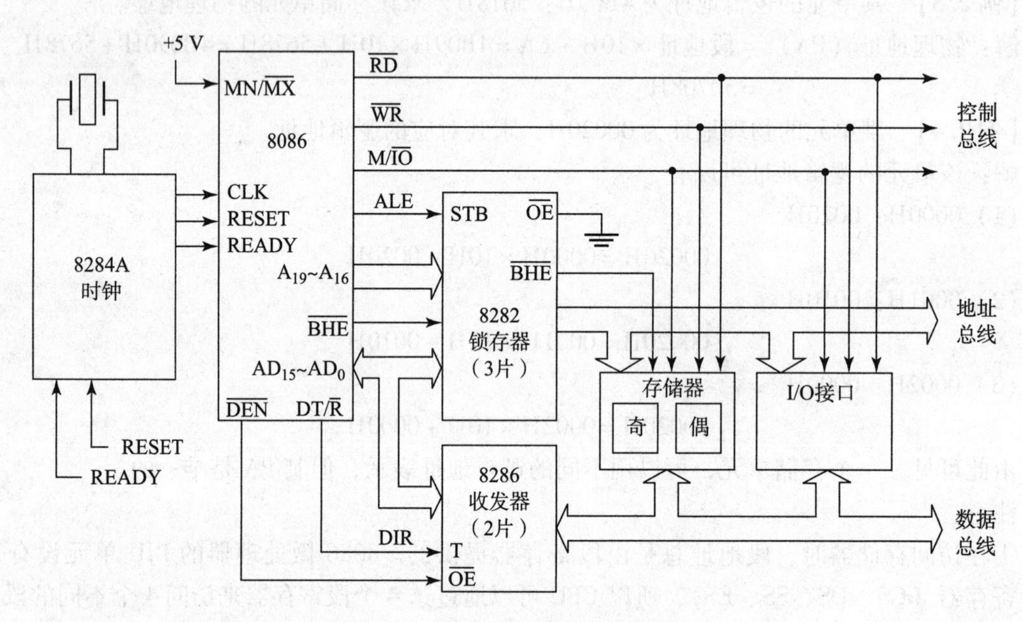

图 2.13 8086 最小模式系统配置

1）时钟发生器 8284A

8284A 时钟发生器为 CPU 提供内部和外部的时间基准时钟信号 CLK，同时，还为系统外部的准备就绪信号 READY 和系统复位信号 RESET 提供同步，如图 2.14 所示。晶体振荡器连接在 8284A 的输入端 X_1 和 X_2，F/$\overline{C}$（频率/晶振）端接地。这样，8284A 就可在 CLK 引脚上产生占空比为 1/3 的时钟信号，并直接与 8086 的 CLK 引脚连接。控制总线中的 READY 和 RESET 分别接入芯片的 RDY 引脚与 RES 引脚。这样，这两个外部信号在任何时候出现时，8284A 内部电路都能在时钟的下降沿使 RDY 和 RES 信号有效。

另外，8284A 在 F/$\overline{C}$端接高电平时，可以直接使用脉冲发生器的信号。这时可将脉冲发生器的信号与芯片的 EFI 引脚相连。外部设备时钟可以提供占空比为 1/2 的外部时钟。

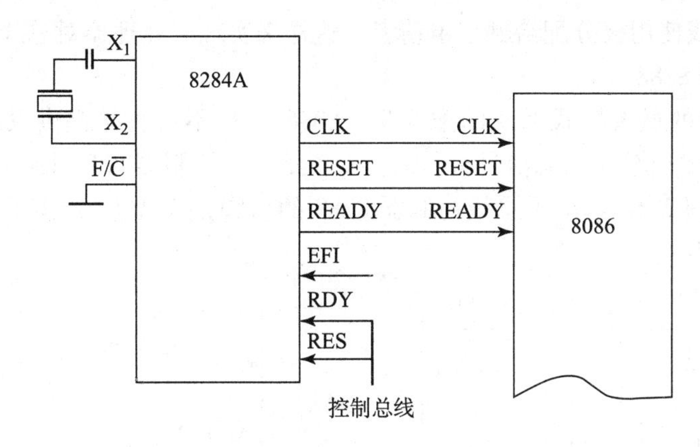

图 2. 14　8284A 时钟发生器与 8086 的连接

2）地址锁存器 8282/8283

8086 的地址和数据是分时复用一组总线的，所以必须增加地址锁存器对地址锁存。地址锁存器 8282/8283 都是带有三态缓冲器的 8 位通用锁存器，其中 8282 的输入和输出信号是同相的，而 8283 芯片的输入和输出信号则是反相的。芯片的选通信号 STB 与 CPU 的地址锁存允许信号 ALE 相连，当 STB 有效时，输入端 $DI_7 \sim DI_0$ 上的 8 位数据被锁存到锁存器中。当 $\overline{OE}$ 有效时，锁存器的数据输出；反之，输出被置为高阻状态。

在最小模式系统中，需要用 3 片芯片作地址锁存器使用。CPU 在读/写总线周期的 T_1 状态，将 20 位地址和 $\overline{BHE}$ 信号送到总线，并在 ALE 地址锁存允许信号有效时，才将这些地址信号锁存到锁存器中。由于 $\overline{OE}$ 引脚接地，使 CPU 输出的信号稳定地输出到地址和控制总线上。

3）数据总线收发器 8286/8287

8286/8287 芯片是 8 位的、输出带有三态控制的、双向驱动的数据缓冲器。这两种芯片的区别在于，8286 的输入和输出信号是同相的；而 8287 芯片的输入和输出信号则是反相的。8086 系统的数据总线为 16 位，故需要使用两片 8286/8287 芯片。

$\overline{OE}$ 引脚是芯片的输出控制端，与 CPU 的 $\overline{DEN}$ 信号相连。当 $\overline{OE} = 0$ 时，允许数据通过；反之禁止数据通过，并且输出被设置为高阻状态。T 引脚是芯片的收、发方向的控制端，与 CPU 的 $DT/\overline{R}$ 相连。T = 0 时，$A_7 \sim A_0$ 为输入；反之，$A_7 \sim A_0$ 为输出。$A_7 \sim A_0$ 数据线与 CPU 的数据总线相连。

2. 最大模式系统

CPU 芯片引脚 $MN/\overline{MX}$ 接地时，8086 系统为最大模式。此时，系统是由多个微处理器/协处理器构成的多机系统。在最大模式下，系统资源由各处理器共享，控制信号不能由 CPU 直接提供，而是通过总线控制器来产生。因此，在最小模式系统的配置上，增加了总线控制器、总线裁决器，以提高控制总线的驱动能力。图 2. 15 所示为 8086 最大模式系统配置。CPU 输出的状态信息 $\overline{S_2}$、$\overline{S_1}$、$\overline{S_0}$ 同时送到总线控制器（如 8288）和总线裁决器（如 8289）上，并由它们产生 ALE、$DT/\overline{R}$、$\overline{DEN}$ 等控制信号。这些信号与最小模式系统的信号相同，仅 $\overline{DEN}$ 信号的极性相反，代替原来 CPU 所输出的控制信号，如中断响应、存储器读或写控制、端口读/写控制信号等。总线裁决器负责控制总线使用权，并根据申请使用总线的优先权来决定总线使用权分配给哪个申请者，这样来实现多处理器对总线资源的共享。

1）总线控制器8288

在图2.15给出的最大模式系统的配置中，8086 CPU不再直接提供系统所需的控制信号，而是通过CPU输出总线状态信号$\overline{S}_2$、$\overline{S}_1$、$\overline{S}_0$，经总线控制器8288译码产生相应的总线命令和控制命令。图2.16给出了总线控制器8288的引脚，表2.10给出了总线状态信号与输出信号的对应关系。

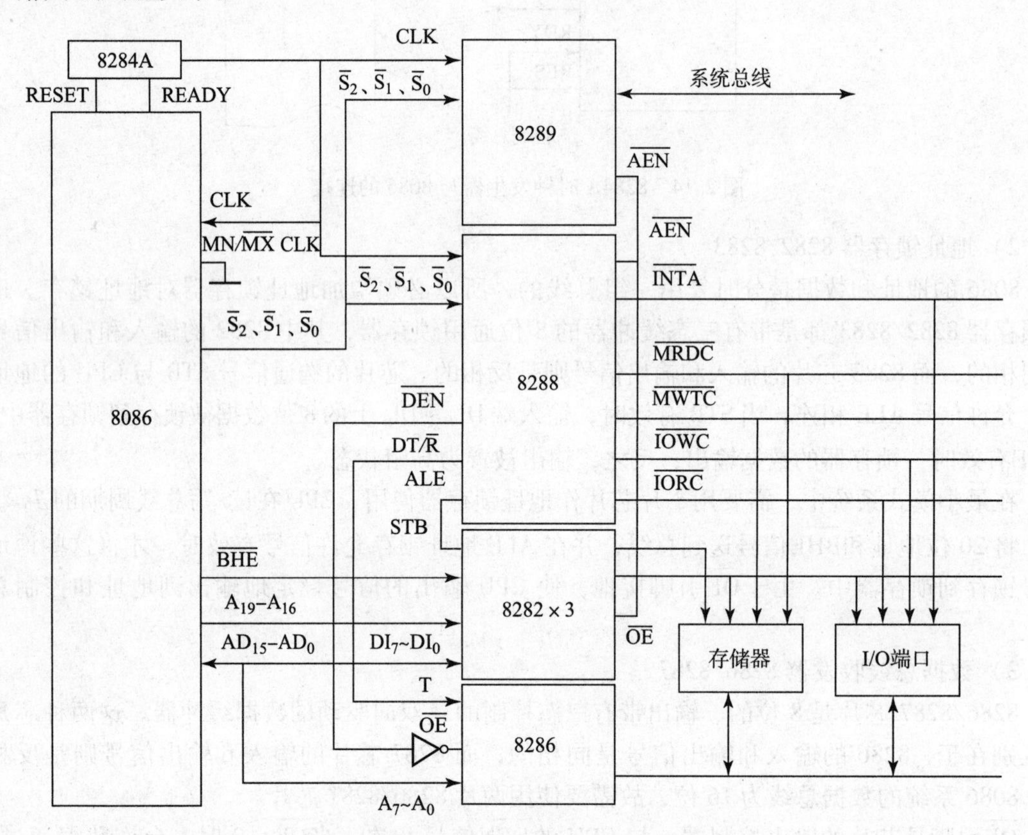

图2.15　8086最大模式系统配置

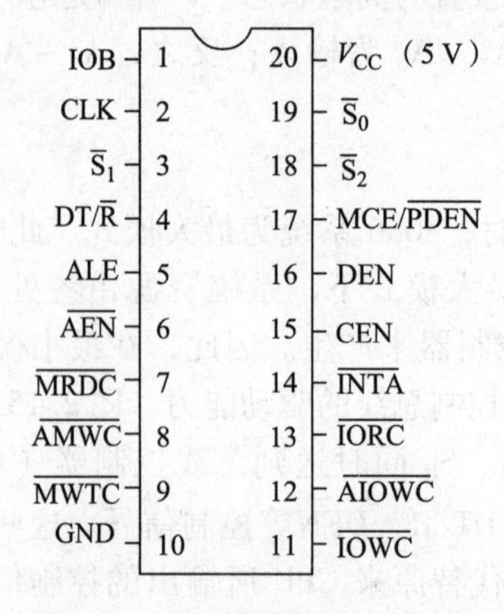

图2.16　总线控制器8288引脚

表 2.10　8288 的总线周期的输出信号

$\overline{S_2}$、$\overline{S_1}$、$\overline{S_0}$	CPU 状态	8288 输出命令
0　0　0	中断响应	$\overline{INTA}$
0　0　1	读 I/O 端口	$\overline{IORC}$
0　1　0	写 I/O 端口	$\overline{IOWC}$、$\overline{AIOWC}$
0　1　1	暂停	无
1　0　0	取指令	$\overline{MRDC}$
1　0　1	读存储器	$\overline{MRDC}$
1　1　0	写存储器	$\overline{MWTC}$、$\overline{AMWC}$
1　1　1	无作用	无

（1）读存储器信号$\overline{MRDC}$（输出）。

该信号低电平有效时，相当于最小模式系统中 CPU 发出$\overline{RD}=0$ 和 $M/\overline{IO}=1$ 信号，将存储器数据送数据总线。

（2）写存储器信号$\overline{MWTC}$和$\overline{AMWC}$（输出）。

写存储器信号低电平有效时，相当于最小模式系统中的$\overline{WR}=0$ 和 $M/\overline{IO}=0$ 信号，允许存储器从数据总线上读取数据。$\overline{AMWC}$是超前的写存储器命令，它和$\overline{MWTC}$功能一样，区别仅是命令提前一个时钟周期执行。这样，使得较慢的设备可以提前获得写操作。

（3）读 I/O 端口信号$\overline{IORC}$（输出）。

读 I/O 端口信号低电平有效时，相当于最小模式系统中的$\overline{RD}=0$ 和 $M/\overline{IO}=0$ 信号，允许 I/O 端口将数据送到数据总线上。

（4）写 I/O 端口信号$\overline{IOWC}$和$\overline{AIOWC}$（输出）。

写 I/O 端口信号低电平有效时，相当于最小模式系统中的$\overline{WR}=0$ 和 $M/\overline{IO}=1$ 信号，允许 I/O 端口从数据总线上取数据。超前写 I/O 端口$\overline{AIOWC}$与$\overline{IOWC}$命令功能相同，只是提前一个时钟周期执行写操作。

（5）中断响应信号$\overline{INTA}$（输出）。

中断响应信号低电平有效时，用来通知发出中断申请的设备，中断请求已被响应。这与最小模式系统中的中断响应信号$\overline{INTA}$相似。

另外，8288 还产生 4 个控制信号。$\overline{DEN}$、$DT/\overline{R}$ 和 ALE 信号的功能与最小模式系统下的$\overline{DEN}$、$DT/\overline{R}$ 和 ALE 的功能是一样的。DEN 信号作为数据传送允许，$DT/\overline{R}$ 信号作为数据传送的方向控制，ALE 信号作为地址锁存允许。$MCE/\overline{PDEN}$信号用于主控级联/外设数据传输允许。在 8288 作为系统总线工作时，作为主控级联允许信号使用。当 8288 处于 I/O 总线工作时，它实际上作为 8288 的片选信号使用。由此，8288 提供了单 CPU 和多 CPU 工作的条件。

2）总线裁决器 8289

总线裁决器 8289 与总线控制器相互配合，解决多个处理器同时申请使用系统总线的问题。在有多个主控制器（如 8087 协处理器、CPU、8089 IOP）同时要求使用总线时，由

8289 总线裁决器进行裁决，将总线使用权裁决给优先权最高的主控制器。总线裁决器 8289 的引脚如图 2.17 所示。

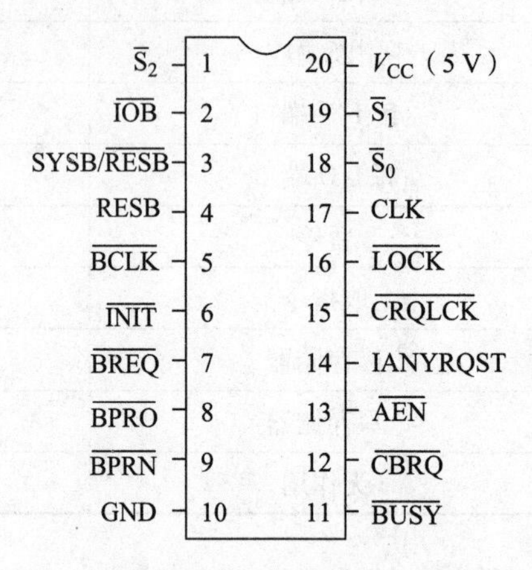

图 2.17　总线裁决器 8289 引脚

8289 也是根据 CPU 发出的$\overline{\text{LOCK}}$总线锁定和状态$\overline{S}_2$、$\overline{S}_1$、$\overline{S}_0$ 信号，与 8288 一起产生一系列的控制信号。其主要的控制信号如下。

（1）总线忙信号$\overline{\text{BUSY}}$（输入/输出）。

总线忙信号低电平有效，表示当前总线处于忙状态。若$\overline{\text{BUSY}}$信号为高电平时，表示当前总线处于空闲状态，这时共享的主控制器可以使用总线。对正在使用的主控制器来说，该信号是输出，而其他控制器则是输入。

（2）公共总线请求信号$\overline{\text{CBRQ}}$（输入/输出）。

公共总线请求信号低电平有效时，表示要求占用总线。对正在使用的主控制器来说，该信号是输入，而申请占用总线的控制器是输出。

（3）总线优先权输出信号$\overline{\text{BPRO}}$。

总线优先权输出信号低电平有效。该信号用于串行优先权裁决电路，可以与低一级 8289 的$\overline{\text{BPRN}}$相连。

（4）总线优先权输入信号$\overline{\text{BPRN}}$。

总线优先权输入信号低电平有效时，表示当前 8289 具有一个更高的优先权；反之，表示已将系统总线的使用权交给其他较高优先权使用。

（5）总线请求信号$\overline{\text{BREQ}}$（输出）。

总线请求信号低电平有效时，表示控制器通过本身的 8289 请求使用总线时，其请求已输出到并行优先权裁决电路。

（6）总线时钟信号$\overline{\text{BCLK}}$（输入）。

这是实现 8289 与系统同步的时钟信号。

另外，最大模式系统中，HOLD 和 HLDA 信号被 8086 的总线请求/总线允许信号（$\overline{\text{RQ}}/\overline{\text{GT}}_0$ 和$\overline{\text{RQ}}/\overline{\text{GT}}_1$）所取代，由它们提供对局部总线的特权访问控制。

2.2　8086 的寻址方式

寻址方式就是指令中用于说明操作数所在地址的方法。可以说，寻址方式的多少也是衡量 CPU 功能的指标。8086 的寻址方式十分丰富，32 位微机的寻址方式在其基础上稍有增加。

8086 指令中的操作数有一个或两个，个别指令有 3 个，称为源操作数和目的操作数。除目的操作数不允许为立即数（即立即寻址）外，其余寻址方式均适合源操作数和目的操作数。

2.2.1　立即寻址

操作数直接包含在指令中，此时的操作数也叫立即数。它紧跟在操作码的后面，与操作码一起放在代码段区域中。例如：

```
MOV  AX,4000H     ;将立即数 4000H 送到 AX 寄存器
```

立即数可以是 8 位的，也可以是 16 位的。

注意：

①在所有的指令中，立即数只能作源操作数，不能作目的操作数。

②以字母开头的十六进制数前必须以数字 0 作前缀。

③立即数可以是用 +、-、×、/表示的算术表达式，也可以用圆括号改变运算顺序。

④立即数只能是整数，不能是小数、变量或者其他类型的数据。

2.2.2　寄存器寻址

寄存器寻址，这种寻址方式的操作数放在寄存器中，用寄存器的符号来表示。对于 16 位操作数，寄存器可以是 AX、BX、CX、DX、SI、DI、SP、BP 等；对于 8 位操作数，则用寄存器可以是 AH、AL、BH、BL、CH、CL、DH、DL。

例如：

```
INC  BX         ;将 BX 的内容加 1
MOV  BX,CX      ;执行该指令后 BX=CX,CX 的内容保持不变
```

采用寄存器寻址方式的指令，其机器码字节数较少。此外，由于操作就在 CPU 内部进行，不必执行访问存储器的总线周期，故执行速度快。

注意：

①在一条指令中，可以对源操作数采用寄存器寻址方式，也可以对目的操作数采用寄存器寻址方式，还可以两者都采用寄存器寻址方式。

②源操作数的长度必须与目的操作数一致；否则会出错。例如，不能将 BH 寄存器的内容传送到 DX 中，尽管 DX 寄存器放得下 BH 的内容，但汇编程序不知道将它放到 DH 还是 DL 中。

2.2.3　存储器寻址

存储器寻址这种方式的操作数在存储器中，指令中给出其存放地址代码或地址代码的表

达形式。存储器寻址是变化最多的寻址方式。根据操作数的有效地址 EA（Effective Address）的形成方法不同，这种寻址方式又可分为直接寻址、寄存器间接寻址、基址寻址、变址寻址以及基址变址寻址等。

1. 直接寻址

操作数总是在存储器中，其有效地址 EA 由指令以具体数值的形式直接给出。要注意的是，指令中的有效地址外必须加一对方括号，以便与立即数相区别。

【例 2.5】 直接寻址。如图 2.18 所示，图中寄存器和存储器中的数据均为十六进制数（省去了“H”标记，下同）。

```
MOV  AX,[21070H]      ;将物理地址为21070H单元的16位数读取到AX
                      ;指令执行后AX=1356H
```

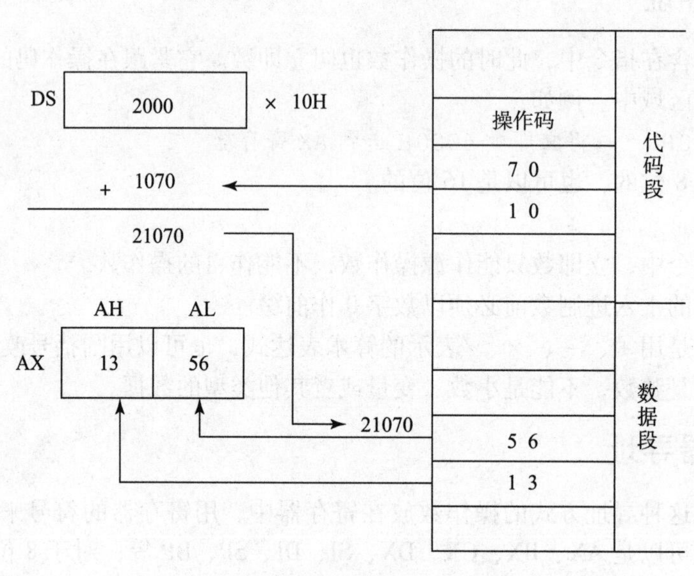

图 2.18　直接寻址方式的指令执行示意图

在采用直接寻址方式时，如果指令前面没有前缀指明操作数在哪一个段，则默认的段寄存器是数据段寄存器 DS。但 8086/8088 系统中还允许段超越，即允许操作数存放在以代码段、堆栈段或附加段为基准的存储区域中。此时只要在指令中指明是段超越就可以，也就是说，16 位的偏移地址可以与 CS、SS 或 ES 中的段地址组合，形成操作数的物理地址。

例如：

```
MOV  BX,ES:[4000H]     ;操作数存放在由ES指示的附加段中
                       ;源操作数的物理地址ES×10H+4000H
```

其中冒号“:”称为修改属性运算符，其左边的段寄存器符号就是段超越前缀。

2. 寄存器间接寻址

操作数的有效地址 EA 直接取自某一个基址寄存器或变址寄存器。在这种方式中，对于约定的逻辑段，其段超越前缀可以省略。可使用 BX、SI 和 DI 这 3 个 16 位的寄存器作为间接寻址寄存器，并且规定约定访问的是由 DS 指示的数据段。若使用 BP 作为间接寻址寄存器，则约定访问的是由 SS 指示的堆栈段（实际上，8086/8088 指令系统中并没有［BP］形

式的操作数，但汇编时遇到［BP］形式也不算错，会按［BP+0］编译）。

【例 2.6】　寄存器间接寻址。

```
MOV  BX,[SI]     ;源操作数的物理地址=DS×10H+SI
```

设：DS=3000H，SI=2004H，［32004H］=2478H

则：源操作数的物理地址=DS×10H+SI=30000H+2004H=32004H。这条指令的执行过程如图 2.19 所示，指令执行后，BX=2478H。

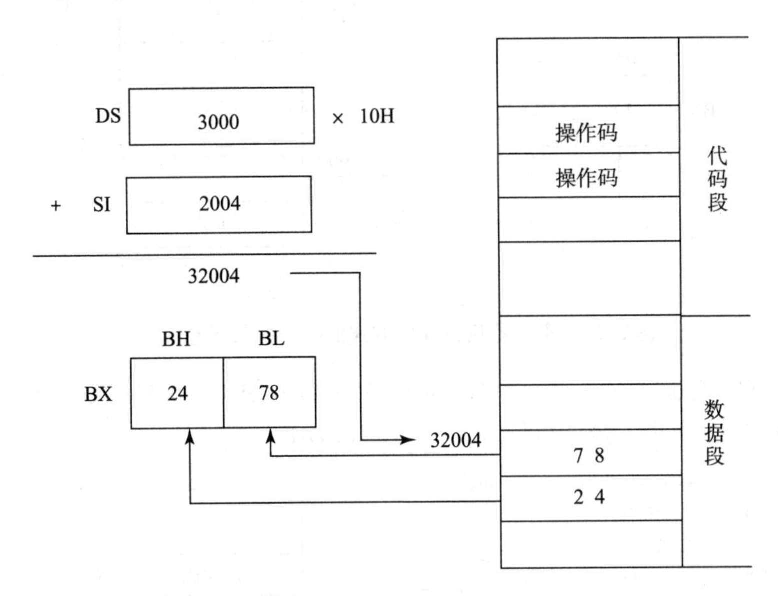

图 2.19　寄存器间接寻址方式的指令执行示意图

3. 寄存器相对寻址

操作数的有效地址是一个基址或变址寄存器的内容与指令中指定的 8 位或 16 位位移量（简记为 disp）之和。同样，当指令中指定的寄存器是 BX、SI 或 DI 时，段寄存器使用 DS，当指定寄存器是 BP 时，段寄存器使用 SS。

【例 2.7】　寄存器相对寻址。

```
MOV  BX,disp[SI]     ;源操作数的物理地址=DS×10H+SI+disp
```

设：DS=1000H，SI=3000H，disp=4000H，［17000H］=1234H

则：源操作数的物理地址=DS×10H+SI+disp=10000H+3000H+4000H=17000H。指令执行过程如图 2.20 所示，指令执行后，BX=1234H。

4. 基址变址寻址

操作数的有效地址是一个基址寄存器（BX 或 BP）与一个变址寄存器（SI 或 DI）的内容之和。在这种方式中，只要用到 BP 寄存器，那么默认的段寄存器就是 SS；在其他情况下，默认的段寄存器均为 DS。

【例 2.8】　基址变址寻址。

```
MOV  AX,[BP][SI]   ;源操作数的物理地址=SS×10H+BP+SI
```

设：SS=3000H，BP=1200H，SI=0500H，［31700H］=0EFCDH

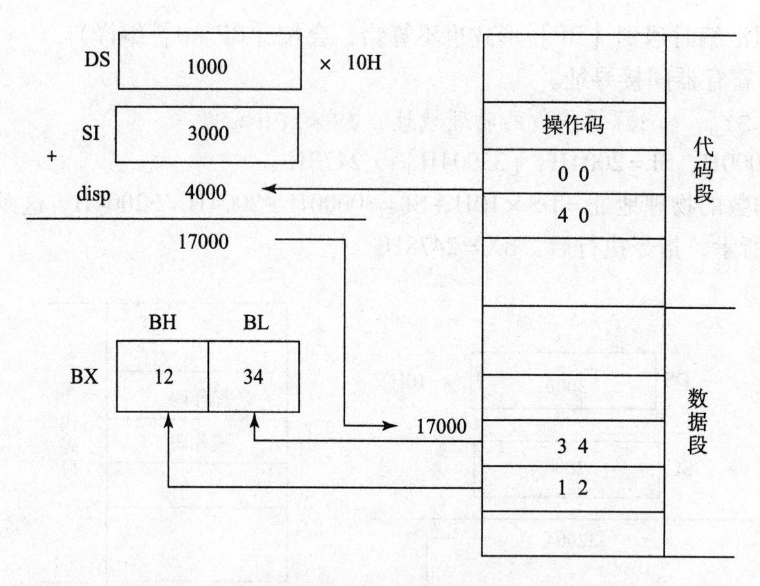

图 2.20　寄存器相对寻址方式的指令执行示意图

则：源操作数的物理地址 = SS × 10H + BP + SI = 30000H + 1200H + 0500H = 31700H。指令执行过程如图 2.21 所示，指令执行后，AX = 0EFCDH。

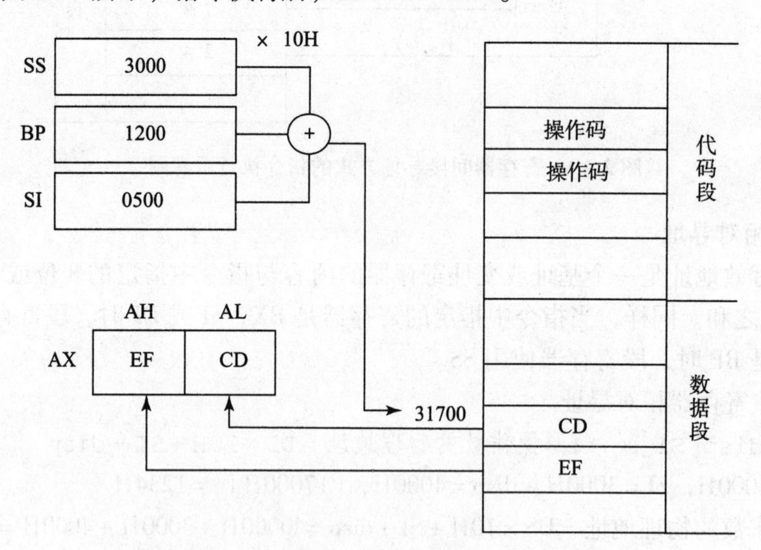

图 2.21　基址变址寻址方式的指令执行示意图

5. 基址变址相对寻址

若使用基址变址寻址方式时允许带一个 8 位或 16 位的位移量 disp，则称为基址变址相对寻址。

【**例 2.9**】　基址变址相对寻址。

```
MOV   AX,disp[BX][SI]      ;源操作数的物理地址 = DS × 10H + BX + SI + disp
```

设：DS = 2000H，BX = 1500H，SI = 0300H，disp = 0200H，［21A00H］ = 26BFH

则：源操作数的物理地址 = DS × 10H + BX + SI + disp = 20000H + 1500H + 0300H + 0200H =

21A00H。指令执行过程如图 2.22 所示，指令执行后，AX = 26BFH。

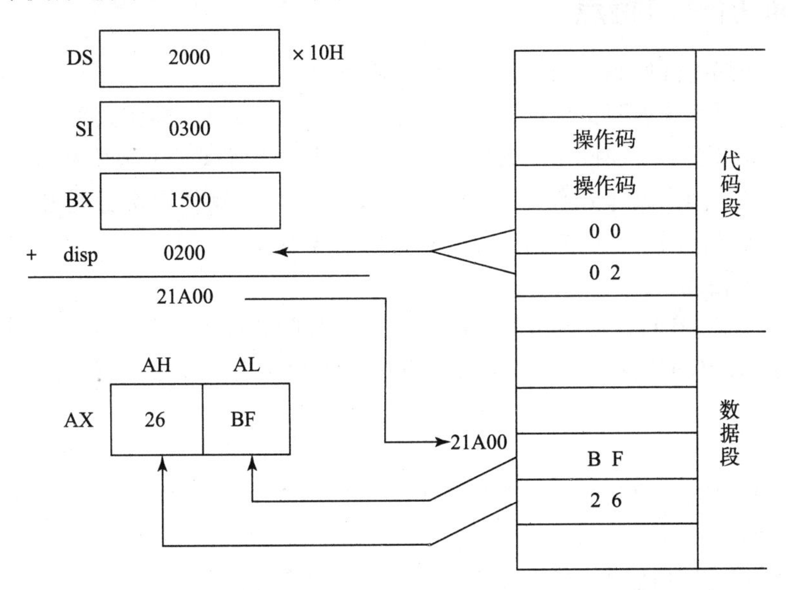

图 2.22 基址变址相对寻址方式的指令执行示意图

2.2.4 端口寻址

CPU 与外设端口交换数据时需要寻找外设端口的地址，这种寻址方式称为端口寻址。端口寻址也有直接寻址和间接寻址之分。

1. 端口直接寻址

外设端口的地址以 8 位立即数的形式直接出现在指令中。

例如：

```
IN  AL,36H      ;从 36H 端口输入一个 8 位数据到 AL 寄存器
```

2. 端口间接寻址

外设端口的地址先存入 DX 寄存器后再出现在指令中。

例如：

```
MOV  DX,2400H     ;将 2400H 送到 DX 寄存器
OUT  DX,AL        ;将 AL 寄存器的内容输出到 DX 所指示的 2400H 端口地址
```

注意，端口地址超过 8 位时必须用间接寻址。

2.3 指令系统

计算机是通过执行指令序列来工作的，每种计算机都有一组指令集提供给用户使用，这组指令集称为该计算机的指令系统。不同 CPU 的计算机使用不同的指令系统，8086 CPU 的指令系统不仅包含 8 位机的全部指令，而且增加了一些功能较强的 16 位数据处理指令，如乘法、除法指令，因而同时具有 8 位和 16 位的处理能力。

2.3.1 8086 指令的特点

任何一条指令都由操作码（Opcode）和操作数两部分组成。

指令中的操作码部分表明指令的操作性质，一般有 1 ~ 2 B；操作数部分既可以表示参加操作的数，也可以表示参加操作的数所在位置。当表示参加操作的数所在位置时，操作数部分又称为地址码。操作数部分有 0 ~ 4 B。在一条指令中，操作码部分是必需的，而操作数部分可能隐含在操作码中，或者由操作码后面的指令给出。

1. 灵活的指令格式

8086 的指令中有 1B 长，此时指令中的操作数部分隐含在操作码中，大部分对 16 位寄存器操作的指令都只有 1B 长；当操作数在内存中，编程又需要复杂的寻址方式时，有的指令多达 6 B 长。

比如，1B 指令：

指令助记符　指令的十六进制数代码

```
DAA          27H
```

该指令是十进制数加法调整指令，这个十进制数就隐含在寄存器 AL 中。

再如，6B 指令：

指令助记符　　　　　　指令的十六进制数代码

```
MOV  [BX + SI + 1020H],3040H
```

表达式 BX + SI + 1020H 代表一个地址，该指令是把数 3040H 送到该地址指示的内存单元中。

2. 指令格式的一对多形式

用助记符编写的指令最终要翻译成二进制代码由 CPU 执行。为了方便用户理解，可用两种不同的助记符描述同一问题，如 JE/JZ。当两个无符号数进行比较操作时，用户理解为相等则转移，也可理解为 ZF = 1 则转移。虽然助记符不同，但其二进制代码是一样的。

3. 较强的运算指令

当用 8 位机完成乘法运算时，只能用连加或对位权移位等方式编写一段程序实现。8086 中有乘法、除法指令，给用户提供了极大方便。

4. 指令有极强的寻址能力

微机系统中，参加操作的数据有可能在 CPU 的寄存器、内存或外部设备中。指令中如何提供数据所在位置，以便提高程序执行效率，这就需要 CPU 提供强有力的寻址能力。细分 8086 指令的寻址方式多达 9 种，特别是对内存的寻址方式十分灵活。

5. 指令有处理多种数据的能力

8086 指令能够处理 8 位/16 位数、带符号/无符号数以及压缩 BCD 数/非压缩 BCD 数。带符号数和无符号数有相应的乘法、除法指令，压缩 BCD 数/非压缩 BCD 数有相应的调整指令。

2.3.2 8086 指令的分类

8086 指令系统按功能可分为 6 种。

1. 数据传输类

这类指令的功能是将源操作数的内容传送到目的操作数中。这类指令形式较多，寻址方式也十分丰富，在程序设计中使用频率很高。

2. 算术运算类

这类指令的功能是完成加、减、乘、除运算。每次运算会对 6 种状态标志产生影响。使用这类指令时，要注意指令的书写形式（源操作数和目的操作数的存放位置）以及乘/除运算中参加运算的数据类型。

3. 逻辑运算类

这类指令的功能有两种：一种是完成逻辑“反”“与”“或”“异或”和“测试”，另一种是对数据的移动。这类指令是按二进制位进行的，所以又称为位操作指令。这种运算也对状态标志位产生影响。

4. 串操作类

串操作指令有着不同的寻址方式，段寄存器和变址寄存器按 DS：SI 和 ES：DI 组合寻址。这类指令在执行前根据编程需要设置 DF 标志，在这些指令前加上指令前缀，可以完成指令的循环操作。

5. 程序控制类

程序中执行跳转、调用子程序、中断服务等指令，都要使原来的 CS：IP 或 IP 寄存器的内容改变，使之指向下一条要执行指令的位置。程序中的分支、循环、中断等都会用到这些指令，这些指令可分为有条件（又可分为单条件和多条件）指令和无条件指令。其条件的产生是先执行运算指令，使状态标志发生变化，然后通过这些指令测试来控制程序转移。转移可在同一段中进行（仅改变 IP 内容），也可以在不同段中进行（CS 和 IP 都改变）。

6. 处理机控制类

这类指令提供程序控制 CPU 的各种功能，如使处理机暂停、等待、封锁总线等，还可以对 FR 寄存器中的一些标志进行置“1”或清“0”等操作。

2.3.3 数据传送指令

数据传送是计算机系统中最主要的操作，可以把数据从计算机系统的一个部位传送到另一个部位。这里，把发送数据的部位称为源，接收数据的部位称为目的。8086 系统设置了基本数据传送、输入/输出、地址传送和标志传送等多种数据传送类指令。

1. 通用数据传送指令

1）MOV 指令

MOV 指令是形式最简单、用得最多的指令。它允许在 CPU 的寄存器之间、存储器和寄存器之间传送字节或字数据，也可以将立即数传送到寄存器或存储器中。

格式：MOV　目的操作数　源操作数

功能：目的操作数←源操作数

该指令将源操作数（字或字节）传送到目的操作数，源操作数保持不变。

【例 2.10】 传送指令及其操作举例。

```
MOV  AX,1020H          ;字传送,AX =1020H
```

```
MOV  DS,AX               ;DS=AX=1020H
MOV  BX,3040H            ;BX=3040H
MOV  DX,5060H            ;DX=5060H
MOV  [BX+08],DX  ;DS:[BX+08]=DX,
                         ;即 1020H:[3040H+08]=5060H,
                         ;或[13248H]=5060H,[13249H]=50H,[13248H]=60H
```

注意：

①立即数、代码段寄存器 CS 只能作源操作数。

②立即数不能传送给段寄存器。

③IP 寄存器不能作源操作数或目的操作数。

④MOV 指令不能在两个存储单元之间直接传送数据，也不能在两个段寄存器之间直接传送数据。

⑤两个操作数的类型属性要一致。

下列指令是非法的。

```
MOV  AX,BL             ;类型不一致
MOV  CS,AX             ;CS 不能作目的操作数
MOV  [BX],[2300H]      ;不能在两个存储单元之间直接传送数据
```

2）堆栈操作指令

堆栈是以“后进先出”方式工作的一个存储区，堆栈区的段地址由 SS 寄存器的内容确定，而栈顶位置由堆栈指针 SP 寄存器的内容来确定。堆栈操作指令包括入栈（（PUSH）和出栈（POP）指令两类。这两条指令必须以字为操作数，且不能采用立即寻址方式。

(1）入栈操作。

格式：PUSH　源操作数

功能：SP←SP-2，[SP]←源操作数

即将源操作数压入堆栈。

说明：源操作数可以是 16 位通用寄存器、段寄存器或存储器中的字数据。每次执行 PUSH 指令的步骤为：首先修改 SP 的值，SP=SP-2；然后源操作数的低字节放在栈顶的低地址单元，即［SP］=源操作数的低 8 位；源操作数的高字节放在栈顶的高地址单元，即［SP+1］=源操作数的高 8 位。

由于入栈操作都是以字为单位进行的，所以 SP 总是减 2 调整的。

(2）出栈操作。

格式：POP 目的操作数

功能：目的操作数←［SP］，SP←SP+2

即将当前 SP 所指向的堆栈顶部的一个字送到指定的目的操作数中。

说明：目的操作数可以是 16 位通用寄存器、段寄存器或存储单元，但 CS 不能作目的操作数。每执行一次 POP 指令后，SP=SP+2，即 SP 向高地址方向移动，指向新的栈顶。

【例 2.11】 设 SS=3000H，SP=0050H，BX=1320H，AX=25FEH，如果依次执行下列指令：

```
PUSH  BX    ;SP=SP-2=004EH,SS:[SP]=BX=1320H
PUSH  AX    ;SP=SP-2=004CH,SS:[SP]=AX=25FEH
POP   BX    ;BX=SS:[SP]=3000H:[004CH],SP=SP+2=004EH
```

则堆栈中的数据和 SP 的变化情况如图 2.23 所示。

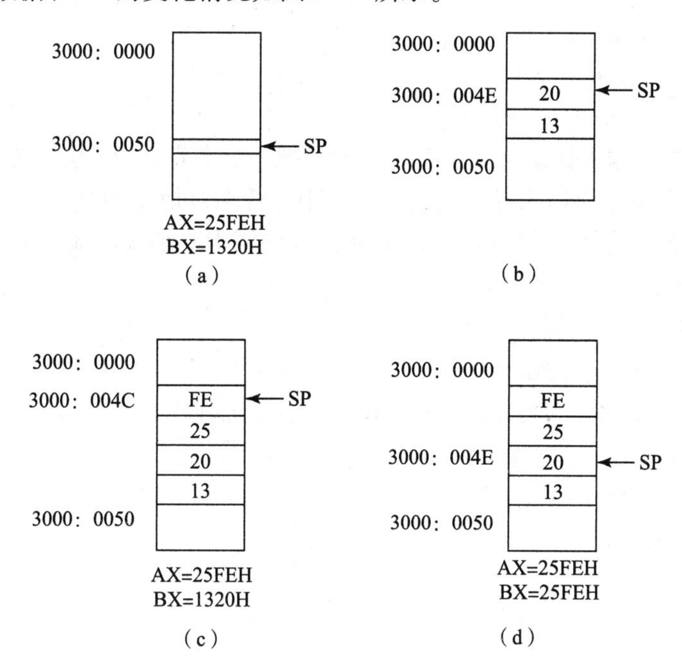

图 2.23　堆栈操作指令举例

(a) 指令执行前；(b) 执行 PUSH BX 指令后；
(c) 执行 PUSH AX 指令后；(d) 执行 POP BX 指令后

3）数据交换指令 XCHG

格式：XCHG　目的操作数，源操作数

功能：目的操作数←→源操作数

即完成数据交换。把一个字节或一个字的源操作数与目的操作数相互交换。交换能在通用寄存器与累加器之间、通用寄存器之间、通用寄存器与存储器之间进行。但段寄存器和立即数不能作为一个操作数，源操作数和目的操作数不能同时为存储单元。

例如：

```
XCHG  AL,CL          ;AL 和 CL 之间进行交换
XCHG  [2530H],CX     ;CX 内容和数据段内偏移地址为 2530H 的字数据交换
```

2. 累加器专用传送指令

8086 CPU 要与外部设备交换数据，必须通过累加器 AX（16 位数据）或 AL（8 位数据）传送给 I/O 端口，外设从输出端口取数据，完成数据输出；反之，外设将数据传送到 I/O 端口，CPU 从端口中将数据取到 AX 或 AL 中，完成数据输入。

硬件系统根据外设情况，设计端口地址为 16 位（外设较多）或 8 位（外设较少），而数据的大小也会根据具体情况设计，可以是 8 位 A/D 转换器转换得到 8 位数据，也可以是

16 位 A/D 转换器转换得到 16 位数据。8086 有相应的指令处理这些情况。

(1) 输入指令 IN。

格式:

```
IN  AL,n     ;AL←[n]
IN  AX,n     ;AX←[n+1][n]
IN  AL,DX    ;AL←[DX]
IN  AX,DX    ;AX←[DX+1][DX]
```

功能: 从 I/O 端口输入数据至 AL 或 AX。允许把一个字节由一个输入端口传送到 AL 中，或者把一个字由两个连续的输入端口传送到 AX 中。若端口地址超过 8 位二进制数（00～FFH），则必须用 DX 寄存器来保存该端口地址，这样用 DX 作端口地址时，最多可寻 64K（0000～FFFFH）个端口。

【例 2.12】 输入指令及操作举例。

```
IN  AL,36H     ;AL=[36H]
IN  AX,47H     ;AX=[47H],即:AH=[48H],AL=[47H]
MOV DX,0284H   ;DX=0284H
IN  AX,DX      ;AX=[DX],即:AH=[0285H],AL=[0284H]
```

(2) 输出指令 OUT。

格式:

```
OUT  n,AL     ;AL→[n]
OUT  n,AX     ;AX→[n+1][n]
OUT  DX,AL    ;AL→[DX]
OUT  DX,AX    ;AX→[DX+1][DX]
```

功能: 将 AL 或 AX 的内容输出至 I/O 端口。可以将 AL 的内容传送到一个输出端口，或将 AX 中的内容传送到两个连续的输出端口。端口寻址方式与取指令相同。

【例 2.13】 输出指令及操作举例。

```
OUT  20H,AL    ;AL→[20H]
MOV  DX,0148H  ;DX=0148H
OUT  DX,AX     ;AX→[DX],即:AH→[0149H],AL→[0148H]
```

(3) 换码指令 XLAT。

格式:

```
XLAT
```

这条指令没有明显的操作数，其操作数需要另外的指令提供，所以单独执行该指令不能达到预期要求。

换码是指令能够完成 1 B 的查表转换。有时需要将一种代码转换成另一种代码，或在处理实际问题时，采用一种映射关系来完成转换。前提是正确找到映射关系，利用存储器地址的连续性和规律建立表格，然后用该指令完成转换。

执行该指令之前，需先执行以下两条指令:

```
MOV  BX,表的偏移首地址
```

```
MOV  AL,被转换码
```

由于该指令不能单独执行，有时称之为复合指令。

例如，建立一个0~9的平方表，求5的平方值。将0~9的平方表建立在偏移地址为2000H的内存中，如表2.11所列。

表2.11 内存中的平方表

地址	平方值
2000H	00
2001H	01
2002H	04
⋮	⋮
2009H	81

完成求5的平方指令序列为：

```
MOV  BX,2000H      ;指向平方表的首地址
MOV  AL,5
XLAT               ;执行换码指令,平方值放在AL中
```

以上例子完全是为说明XLAT指令而设计的，实际应用中求平方未必使用这种方法。

3. 地址目标传送指令

(1) 取有效地址指令LEA。

格式：LEA 目的操作数，源操作数

功能：把源操作数的偏移地址传送至目的操作数。这条指令通常用来建立串操作指令所需的寄存器指针。源操作数必须是一个内存单元地址，目的操作数必须是一个16位的通用寄存器。

例如：

```
LEA  BX,BUFR     ;把变量BUFR的偏移地址EA送到BX
```

(2) 双字指针送寄存器和DS指令LDS。

格式：LDS 目的操作数，源操作数

功能：完成一个地址指针的传送。地址指针包括偏移地址和段地址，它们已分别存放由源操作数给出最低地址的4个连续存储单元中（即存放了一个32位的双字数据），指令将该数据的高16位（作为段地址）送入DS，低16位（作为偏移地址）送入目的操作数所指的一个16位通用寄存器或者变址寄存器中。

例如：

```
LDS  SI,[BX]  ;把BX所指32位地址指针的段地址送入DS,偏移地址送入SI
```

(3) 双字指针送寄存器和ES指令LES。

格式：LES 目的操作数，源操作数

功能：这条指令除将地址指针的段地址送入ES外，其余与LDS类似。

例如：

```
LES  DI,[BX+6]   ;ES=DS:[BX+8],DI=DS:[BX+6]
```

4. 标志传送指令

(1) 标志送 AH 指令 LAHF。

这条指令的功能是将标志寄存器的低 8 位数据传送至 AH 寄存器。

(2) AH 送标志寄存器低字节指令 SAHF。

这条指令与 LAHF 指令的操作相反，可以将寄存器 AH 的内容送至标志寄存器的低 8 位。根据 AH 的内容，将影响 CPU 的状态标志位，但是对 OF、DF 和 IF 无影响。

(3) 标志入栈指令 PUSHF。

将标志寄存器的内容压入堆栈顶部，同时修改堆栈指针，但不影响标志位。

(4) 标志出栈指令 POPF。

把当前堆栈顶部的一个字，传送到标志寄存器，同时修改堆栈指针，影响标志位。

2.3.4 算术运算指令

8086 系统提供加、减、乘、除 4 种基本算术操作。这些操作都可用于字节或字的运算，适用于带符号数或无符号数的运算，带符号数用补码表示。同时 8086 也提供了各种校正操作，故可以进行十进制算术运算。

1. 加法指令

(1) 加法指令 ADD。

格式：ADD 目的操作数，源操作数

功能：目的操作数←目的操作数 + 源操作数

该指令完成两个操作数相加，结果送至目的操作数。目的操作数可以是通用寄存器以及存储器，源操作数可以是通用寄存器、存储器或立即数。这条指令对标志位 CF、OF、PF、SF、ZF 和 AF 有影响。

注意：源操作数和目的操作数不能同时为存储器，而且它们的类型必须一致，即同为字节或字。

例如：

```
ADD  AL,10H        ;AL←AL+10H
ADD  BX,[3000H]   ;通用寄存器与存储单元内容相加
```

(2) 带进位的加法指令 ADC。

格式：ADC 目的操作数，源操作数

功能：目的操作数←目的操作数 + 源操作数 + CF

这条指令与 ADD 指令类似，只是在两个操作数相加时，要把进位标志 CF 的现行值加上去，结果送至目的操作数。ADC 指令主要用于多字节运算中。该指令对标志位的影响与 ADD 相同。

【例 2.14】 ADC 指令及其操作举例。

```
MOV  AX,2000H     ;AX=2000H
MOV  DS,AX        ;DS=2000H
ADD  AX,40H       ;AX=AX+40H=2000H+0040H=2040H,CF=0
```

```
MOV  BX,5000H      ;BX=5000H
MOV  [BX],AX       ;DS:[BX]=AX,即 2000H:[5000H]=2040H,
                   ;也即[25001H]=20H,[25000H]=40H
ADC  AL,[BX+01]    ;AL=AL+DS:[BX+01]+CF
                   ;AL=40H+2000H:[5000H+01]+0
                   ;   =40H+[25001H]+0=40H+20H+0=60H,CF=0
```

（3）增量指令 INC。

格式：INC　操作数

功能：完成对指定的操作数加 1，然后返回此操作数。此指令主要用于在循环程序中修改地址指针和循环次数等。这条指令执行的结果影响标志位 AF、OF、PF、SF 和 ZF，对进位标志 CF 没有影响。

例如：

```
INC  AL        ;AL 寄存器中的内容增加 1
INC  BX        ;BX=BX+1
```

2. 减法指令

（1）减法指令 SUB。

格式：SUB　目的操作数，源操作数

功能：目的操作数←目的操作数 - 源操作数

即完成两个操作数相减，从目的操作数中减去源操作数，结果放在目的操作数中。

例如：

```
SUB  CX,BX         ;CX←CX-BX
SUB  [BP+2],CL     ;将 SS 段中 BP+2 所指单元中的内容减去 CL 中的值
```

（2）带借位的减法指令 SBB。

格式：SBB　目的操作数，源操作数

功能：目的操作数←目的操作数 - 源操作数 - CF

这条指令与 SUB 类似，只是在两个操作数相减时，还要减去借位标志位 CF 的当前值。本指令对标志位 AF、CF、OF、PF、SF 和 ZF 都有影响。同 ADC 指令一样，本指令主要用于多字节操作数相减。

【例 2.15】 设当前值 DS=2000H，AX=2060H，BX=5000H，[25000H]=40H，CF=1，则执行以下指令

```
SBB  AX,[BX]       ;AX=AX-DS:[BX]-CF=2060H-2000H:[5000H]-1
                   ;   =2060H-[25000H]-1=2060H-40H-1=201FH
```

后寄存器 AX 的内容为 201FH，而 CF=0。

（3）减量指令 DEC。

格式：DEC　操作数

功能：操作数←操作数 - 1

即对指令的操作数减 1，然后送回此操作数。

说明：在相减时，把操作数作为一个无符号二进制数来对待。指令执行的结果影响标志

位 AF、OF、PF、SF 和 ZF，但不影响 CF 标志位。

（4）取补指令 NEG。

格式：NEG　操作数

功能：操作数← 0 - 操作数

对操作数取补（负），即用零减去操作数，再把结果送回原操作数。

例如：

```
NEG  AL
```

若 AL = 00111100B，则取补后为 11000100B，即 00000000B - 00111100B = 11000100B。

该指令影响标志位 AF、CF、OF、PF、SF 和 ZF。其结果一般总是使标志位 CF = 1，除非在操作数为零时，才使 CF = 0。在字节操作时对补码 80H 取补，或在字操作时对补码 8000H 取补，则操作数没有变化，但标志位 OF 置位。NEG 指令实质为减法，对其他标志位的影响同减法指令 SUB。

（5）比较指令 CMP。

格式：CMP　目的操作数，源操作数

功能：目的操作数 - 源操作数

比较指令完成两个操作数的相减，使结果反映在标志位上，但并不送回目的操作数中。比较指令主要用于比较两个数的大小关系，在比较指令之后，可根据 CF、ZF 及 OF 等标志位来判断两者的大小关系，从而确定程序的走向。CMP 指令对标志位的影响同减法指令 SUB。

【例 2.16】 设当前 DS = 2000H，AL = 20H，BX = 3000H，[23000H] = 50H，则执行以下指令后，寄存器 AL 的内容仍为 20H，但 ZF、CF、OF、SF、PF 和 AF 等标志位被更新。

```
CMP  AL,[BX]          ;AL - DS:[BX]
                      ;即 20H - 2000H:[3000H] = 20H - 50H = 0D0H
                      ;ZF = 0,CF = 1,OF = 0,SF = 1,PF = 0,AF = 0
```

3. 乘法指令

（1）无符号数乘法指令 MUL。

格式：MUL　源操作数

功能：字节数相乘：AX←AL × 源操作数

　　　字型数相乘：DX AX←AX × 源操作数

该指令完成字节与字节相乘或字与字相乘。其中源操作数即乘数由指令给出，而被乘数和乘积是默认的，被乘数为 8 位数时放在 AL 中，为 16 位数时放在 AX 中。8 位数相乘，结果为 16 位数，放在 AX 中；16 位数相乘，结果为 32 位数，高 16 位放在 DX 中，低 16 位放在 AX 中。注意：源操作数可以是常用寄存器或存储器，但不能为立即数。当结果的高半部分 = 0 时，设置 CF = 0、OF = 0，表示高半部分无有效数字；否则，设置 CF = 1，OF = 1，其余状态标志位都不确定。

【例 2.17】 乘法指令举例。

```
MOV  AL,02            ;AL = 02H
MOV  BL,03            ;BL = 03H
```

```
MUL  BL               ;结果为 AX = AL × BL = 02H × 03H = 0006H
MOV  AX,0120H         ;AX = 0120H
MUL  WORD PTR[BX]     ;结果为 DX AX = AX × WORD PTR[BX]
MOV  AL,30H           ;AL = 30H
CBW                   ;字扩展 AX = 0030H
MOV  BX,2000H         ;BX = 2000H
MUL  BX               ;DX AX = 0030H × 2000H = 00060000H
```

（2）符号数乘法指令 IMUL。

格式：IMUL　源操作数

功能：字节数相乘：AX←AL × 源操作数

　　　字型数相乘：DX AX←AX × 源操作数

这是一条带符号数（即补码数）的乘法指令，同 MUL 一样，可以进行字节与字节、字与字的乘法运算。结果放在 AX 或 DX AX 中。当结果的高半部分不是结果的低半部分的符号扩展时，标志位 CF 和 OF 都置 1；否则都置 0。

4. 除法指令

（1）无符号数除法指令 DIV。

格式：DIV　源操作数

功能：字节数相除：AL←AX/源操作数的商，AH←AX/源操作数的余数

　　　字型数相除：AX←DX AX/源操作数的商，DX←DX AX/源操作数的余数

该指令对两个无符号二进制数进行除法操作。源操作数可以是字或者字节。指令执行后，所有的状态标志位都是不确定的。当发生商溢出时，所得商和余数均为不确定，同时 CPU 会产生除法出错中断以进行相应处理。

【例 2.18】 除法指令举例。

```
MOV  DX,01       ;DX = 01H
MOV  AX,86A1H    ;AX = 86A1H
MOV  BX,100      ;BX = 64H,对应十进制数 100
DIV  BX          ;AX = 03E8H,DX = 01H
```

这里除数为 BX，为字型数相除，除数用十进制表示为 100，被除数为 DX：AX，即 186A1H，用十进制表示为 100001，相除结果商为 1000，即 03E8H，余数为 1，所以程序执行后 AX = 03E8H，DX = 01H。

（2）整数除法指令 IDIV。

格式：IDIV　操作数

功能：该指令的执行过程同 DIV 指令。但 IDIV 指令认为操作数为有符号数即补码数，产生的商也为有符号数即补码数，余数的符号与被除数相同。

在除法指令中，字节运算时被除数在 AX 中，运算结果商在 AL 中，余数在 AH 中。字运算时被除数为 DX：AX 构成的 32 位数，运算结果商在 AX 中，余数在 DX 中。

例如，AX = 2000H，DX = 200H，BX = 1000H，则“DIV BX”执行后，AX = 2002H，DX = 0000H。除法运算中，源操作数可为常用寄存器或存储器，但不能是立即数。除法指

令执行后对所有的标志位都无定义。

5. 符号扩展指令

由于除法指令中的字节运算要求被除数为16位数，而字运算要求被除数是32位数，在8086系统中往往需要用符号扩展的方法取得被除数所要的格式。另外，在两个用补码表示的符号数进行加减运算时为了保持属性（字节或双字）一致，也需要用符号扩展的方法。8086指令系统中包括两条符号扩展指令CBW和CWD，它们都采用隐含寻址方式。

格式：CBW

功能：将AL中字节数的符号位扩展到AH的各个位，形成AX中的字数据。

格式：CWD

功能：将AX中字数据的符号位扩展到DX中的各个位，形成DX和AX中的双字数据。

6. BCD调整指令

BCD编码可以方便地用来表示十进制数和进行十进制数的运算，通过以下的BCD调整指令可以将运算结果调整为用BCD码表示的十进制数。

（1）组合BCD数。

格式：DAA

功能：组合BCD数的加法调整指令，半字节1位BCD相加，超过9或有进位，要加6调整。若低半字节调整后有进位，则高半字节再做加6调整。

【例2.19】 DAA指令举例。

```
MOV  AL,37H          ;AL=37H
MOV  BL,35H          ;BL=35H
ADD  AL,BL           ;两个十六进制数相加,AL此时为37H+35H=6CH
DAA                  ;DAA调整,这时AL为72H
```

这里为两个两位组合BCD码的加法运算，AL包含两位BCD码，分别为3和7；BL包含两位BCD码，分别为3和5；当低半字节7和5相加时，超过9，需要加6调整，调整后为2，同时有进位，高半字节3和3相加为6，加上进位为7，所以调整后AL=72H。

格式：DAS

功能：组合BCD数的减法调整指令，半字节1位BCD相减，有借位，要减6调整。

（2）分离BCD数。

格式：AAA

功能：分离BCD数的加法调整指令，只取低半字节，其余同DAA指令。

格式：AAS

功能：分离BCD数的减法调整指令，只取低半字节，其余同DAS指令。

格式：AAM

功能：分离BCD数的乘法调整指令，两个BCD数相乘，结果在AL中，除以10后商在AH中，余数在AL中。

格式：AAD

功能：分离BCD数的除法调整指令，该调整指令要放在除法指令之前。先将两个BCD数转换为一字节二进制数（高位、10+低位）得到被除数，放于AL中，AH清零；运算后，商送 AL，余数送 AH。

【例 2.20】 设在存储器数据段内有以下数据变量的定义，编写指令序列将 BCD1 和 BCD2 表示的两个 4 位组合 BCD 数相加后，结果存放在 BCD3 中。

```
BCD1  DB  45H,19H
BCD2  DB  71H,12H
BCD3  DB  2DUP(?)
```

完成上述功能的指令序列如下：

```
MOV  AL,BCD1      ;AL = BCD1 = 45H
ADD  AL,BCD2      ;AL = AL + BCD2 = 45H + 71H = 0B6H,CF = 0,AF = 0
                  ;AL = AL + 60H = 0B6H + 60H = 16H,CF = 1
MOV  BCD3,AL      ;BCD3 = AL = 16H
MOV  AL,BCD1 +1   ;AL = (BCD1 +1) = 19H
ADC  AL,BCD2 +1   ;AL = AL + (BCD2 +1) + CF = 19H + 12H + 1 = 2CH,CF = 0,AF = 0
DAA               ;AL = 2CH + 06H = 32H,CF = 0
MOV  BCD3 +1,AL   ;(BCD3 +1) = 32H
```

2.3.5　位操作指令

这类指令包括逻辑运算指令和移位循环指令两种类型，它们均可直接对寄存器或存储器中的字节或字数据按位进行操作。

1. 逻辑运算指令

(1) 取反指令 NOT。

格式：NOT　操作数

功能：对操作数按位求反。此指令对标志位无影响。

(2) 逻辑与指令。

格式：AND　目的操作数，源操作数

功能：目的操作数←目的操作数 AND 源操作数

即对两个操作数按位进行逻辑“与”运算，结果送回目的操作数。

例如：

```
AND  AL,0FH       ;将 AL 中的高 4 位清零,低 4 位保留
```

(3) 逻辑或指令 OR。

格式：OR　目的操作数，源操作数

功能：对两个操作数按位进行逻辑“或”运算，结果送回目的操作数。

例如：

```
AND  AL,0FH
AND  AH,0F0H
OR   AL,AH       ;完成拼字的操作
OR   AX,0FFFH    ;将 AX 低 12 位置 1
OR   BX,BX       ;清相应标志
```

（4）异或操作指令 XOR。

格式：XOR　目的操作数，源操作数

功能：对两个操作数按位进行“异或”运算，结果送回目的操作数。

例如：

```
XOR  AL,AL      ;使 AL 清零
XOR  SI,SI      ;使 SI 清零
XOR  CL,0FH     ;使 CL 低 4 位取反,高 4 位不变
```

（5）测试指令 TEST。

格式：TEST　目的操作数，源操作数

功能：完成与 AND 指令相同的操作，结果只影响标志位，不改变目的操作数。通常使用它进行数据中某些位是 0 或 1 的测试。

例如：检测 AL 中的最低位是否为 1，为 1 则转移，可用以下指令：

```
TEST  AL,01H
JNZ  THERE
…
THERE:
```

逻辑运算类指令中，单操作数的 NOT 指令中操作数不能为立即数；其他 4 种双操作数逻辑运算指令中，源操作数可以是 8 位或者 16 位的立即数、寄存器或存储器，目的操作数只能是寄存器或存储器，但两个操作数不能同时为存储器。它们对标志位的影响情况如下：NOT 不影响标志位，其他 4 种指令将使 CF = OF = 0，AF 无定义，而 SF、ZF 和 PF 则根据运算结果而定。

2. 移位循环指令

移位或循环指令的目的操作数可以是通用寄存器或存储器，可以是字节也可以是字；源操作数给出移位的次数，只能是 1 或者是 CL 寄存器中的数值。也就是说，如果移位次数不是 1 次，就要先将移位次数送入 CL，然后再执行源操作数为 CL 的移位指令。CL 的值为 0，则不移位。以 CL 为源操作数的移位指令执行以后，CL 的值不变。

移位指令执行后，标志位 CF、SF、ZF 和 PF 随运算结果变化。而 OF 的变化如下：当移位次数为 1 时，若移位前后目的操作数的最高位不同，则 CF←1，否则 CF←0；当移位次数大于 1 时，OF 是不确定的。

循环指令执行后，标志位 CF 随运算结果变化，SF、ZF、AF 和 PF 不受影响，OF 的变化同移位指令。

（1）逻辑右移指令 SHR。

格式：SHR　操作数，移位次数

功能：将操作数中的 8 位或 16 位二进制数向右移动 1 位或者 CL 位，最右边位（即最低位）或者最后移出位移至 CF 标志位，最左边的 1 位（即最高位）或 CL 位依次补 0，如图 2.24（a）所示。

例如：

若 AL = 11000011，则逻辑右移指令

```
SHR  AL,1
```

执行后，AL = 01100001，CF = 1。

又如：

若 AL = 11000011，且 CL = 3，则逻辑右移指令

```
SHR  AL,CL
```

执行后，AL = 00011000，CF = 0。

（2）算术右移指令 SAR。

格式：SAR　操作数，移位次数

功能：将操作数中的 8 位或 16 位二进制数向右移动 1 位或者 CL 位，最右边位（即最低位）或者最后移出位修改 CF 标志，最左边位（即最高位）既向右移动又保持不变，如图 2.24（b）所示。

例如：

若 AL = 11000011，则算术右移指令

```
SAR  AL,1
```

执行后，AL = 11100001，CF = 1。

又如：

若 AL = 11000011，且 CL = 3，则算术右移指令

```
SAR  AL,CL
```

执行后，AL = 11111000，CF = 0。

另外，算术右移指令执行后，将保持目的操作数的符号位不变。例如：

```
MOV  CH,80H
MOV  CL,4
SAR  CH,CL
```

这 3 条指令执行后，CH = 0F8H，CL = 4，补码数 0F8H 的真值是 -8。移位前 CH = 80H，补码数 80H 的真值是 -128，而 -128/16 = -8。可见，算术右移 4 次的作用是将补码数除以 16。

（3）算术/逻辑左移指令 SAL/SHL。

格式：SAL/SHL　操作数，移位次数

功能：将操作数中的 8 位或 16 位二进制数向左移动 1 位或者 CL 位，最左边位（即最高位）或者最后移出位修改 CF 标志位，最右边的 1 位（即最低位）或 CL 位移入 0，如图 2.24（c）所示。

例如：

若 AL = 11000011，则逻辑左移指令

```
SHL  AL,1
```

执行后，AL = 10000110，CF = 1。

又如：

若 AL = 11000011，且 CL = 3，则逻辑左移指令

```
SHL  AL,CL
```

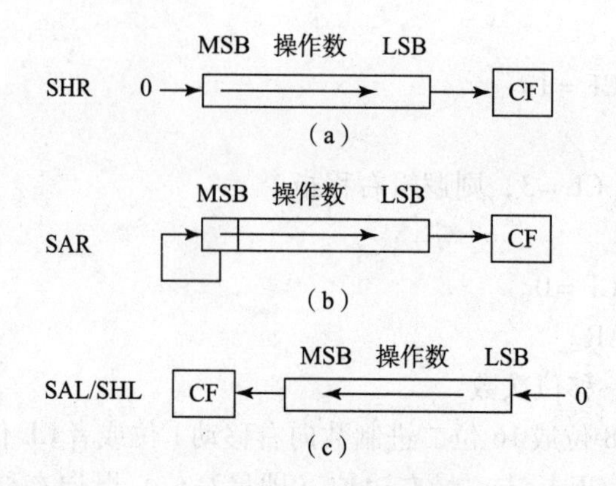

图 2.24 算术/逻辑移位指令

(a) 逻辑右移指令；(b) 算术右移指令；(c) 算术/逻辑左移指令

执行后，AL = 00011000，CF = 0。

(4) 循环左移指令 ROL。

格式：ROL　操作数，移位次数

功能：将操作数中的 8 位或 16 位二进制数向左移动 1 位或者 CL 位，左边移出位既修改 CF 标志又移入右边的空出位，最后移出位移至最右边位（即最低位），同时保留在 CF 标志中，如图 2.25（a）所示。

例如：

若 AL = 11000011，且 CL = 5，则循环左移指令

```
ROL  AL,CL
```

执行后，AL = 01111000，CF = 0。

(5) 循环右移指令 ROR。

格式：ROR　操作数，移位次数

功能：将操作数中的 8 位或 16 位二进制数向右移动 1 位或者 CL 位，右边移出位既修改 CF 标志又移入左边的空出位，最后移出位移至最左边位（即最高位），同时保留在 CF 标志中，如图 2.25（b）所示。

例如：

若 AL = 11000011，则循环右移指令

```
ROR  AL,1
```

执行后，AL = 11100001，CF = 1。

(6) 带进位循环左移指令 RCL。

格式：RCL　操作数，移位次数

功能：与 ROL 指令类似，但是将操作数及 CF 标志位中的 9 位或 17 位二进制数一同向左移动 1 位或者 CL 位，如图 2.25（c）所示。

例如：

若 A = 11000011，CF = 1，则指令

```
RCL  AL,1
```

执行后，AL = 10000111，CF = 1。

（7）带进位循环右移指令 RCR。

格式：RCR　操作数，移位次数

功能：与 ROR 指令类似，但是将操作数及 CF 标志中的 9 位或 17 位二进制数一同向右移动 1 位或者 CL 位，如图 2.25（d）所示。

例如：

若 AL = 11000011，CF = 1，CL = 4，则指令

```
RCR  AL,CL
```

执行后，AL = 01111100，CF = 0。

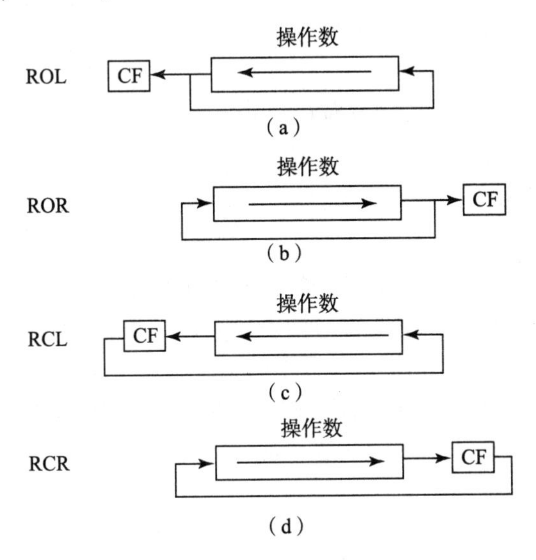

图 2.25　循环移位指令示意图

（a）ROL 指令；（b）ROR 指令；（c）RCL 指令；（d）RCR 指令

2.3.6　串操作指令

1. 串操作

串操作指令用来实现内存区域中数据串的操作，这些数据串可以是字节类型的字节串，也可以是字类型的字串。串操作指令共有 5 种。

注意：

①各指令所使用的默认寄存器是 SI（源串地址）、DI（目的串地址）、CX（串长度）和 AL（存取或搜索的默认值）。

②源串在数据段，目的串在附加段。

③方向标志与地址指针的修改规则为：若标志位 DF = 1，修改地址指针时用减法；若 DF = 0，修改地址指针时用加法。另外，MOVS、STOS、LODS 指令不影响标志位。

④串操作指令针对字节串操作时，指令助记符后加字母 B；针对字串操作时，指令助记符后加字母 W，如 MOVSB、MOVSW 等。

（1）串传送指令 MOVS。

格式：MOVS

功能：即把数据段中由SI间接寻址的一个字节（或字）数据传送到附加段中由DI间接寻址的一个字节（或字）单元中；然后根据方向标志DF及所传送数据的类型（字节或字）的不同，对SI及DI进行±1（字节型）或±2（字型）的修改，即修改地址指针。另外，该指令在重复前缀REP的控制下，可以将数据段中的整串数据传送到附加段中。

【例2.21】 在数据段中有一字符串，其长度为17B，要求把它们传送到附加段中的一个缓冲区中，其中源串存放在数据段中从符号地址MESS1开始的存储区域内，每个字符占一个字节；MESS2为附加段中用来存放字符串区域的首地址。实现上述功能的程序段如下：

```
LEA  SI,MESS1        ;置源串偏移地址
LEA  DI,MESS2        ;置目的串偏移地址
MOV  CX,17           ;置串长度
CLD                  ;方向标志复位(DF=0)
REP  MOVSB           ;字符串传送
```

（2）串比较指令CMPS。

格式：CMPS

功能：即把数据段中由SI间接寻址的一个字节（或字）数据与附加段中由DI间接寻址的一个字节（或字）数据进行比较，使比较的结果影响标志位；然后根据方向标志DF及所进行比较的操作数的类型（字节或字）对SI及DI进行±1（字节型）或±2（字型）的修改，即修改地址指针。另外，该指令在重复前缀REPE/REPZ或者REPNE/REPNZ的控制下，可以在两个数据串中寻找第一个不相等的字节（或字），或者第一个相等的字节（或字）。

（3）串扫描指令SCAS。

格式：SCAS

功能：即使用由指令指定的关键字节或关键字（存放在AL或AX中），与附加段中由DI间接寻址的一个字节（或字）数据进行比较，使比较的结果影响标志位；然后根据方向标志DF及所进行操作的数据类型（字节或字）的不同，对DI进行±1（字节）或±2（字）的修改，即修改地址指针。另外，该指令在重复前缀REPE/REPZ或REPNE/REPNZ的控制下，可在指定的数据串中搜索第一个与关键字节（或字）匹配的字节（或字），或者搜索第一个与关键字节（或字）不匹配的字节（或字）。

【例2.22】 在附加段中有一个字符串，存放在以符号地址MESS2开始的区域中，长度为17，要求在该字符串中搜索空格符（其ASCII码为20H）。实现上述功能的程序段如下：

```
LEA  DI,MESS2        ;装入目的串偏移地址
MOV  AL,20H          ;装入关键字节(空格的ASCII码)
MOV  CX,17           ;装入字符串长度
REPNE  SCASB         ;在字符串中重复搜索,直至找到或搜完
```

上述程序段执行后，DI的内容即为相匹配字符的下一个字符的地址，CX的内容是剩下还未比较的字符个数。若字符串中没有所要搜索的关键字节（或字），则当查完之后(CX=0)，退出重复操作状态。

（4）串存储指令STOS。

格式：STOS

功能：即把指令中指定的一个字节或一个字（分别存放在 AL 及 AX 寄存器中），传送到附加段中由 DI 间接寻址的字节或字单元中，然后根据方向标志 DF 及所进行操作的数据类型（字节或字）对 DI 进行修改。在重复前缀的控制下，可连续将 AL 或 AX 的内容存入附加段中的一段内存区域中。该指令不影响标志位。

【例 2.23】 要对附加段中从 MESS2 开始的 5 个连续的内存字节单元进行清零操作，可用下列程序段实现：

```
LEA  DI,MESS2        ;装入目的区域偏移地址
MOV  AL,00H          ;为清零操作做准备
MOV  CX,5            ;设置区域长度
REP  STOSB           ;重复置 0 共 5 次
```

（5）串装入指令 LODS。

格式：LODS

功能：该指令与串存储指令的功能相反，实现从数据段中由 SI 间接寻址的字节串（或字串）中读出数据传送到 AL（或 AX）中的操作。

2. 重复前缀

串操作指令可以与重复前缀配合使用，从而使得串操作得以重复执行，并在条件不满足时停止执行。重复前缀的几种形式和功能如表 2.12 所列。

表 2.12　串操作指令与重复前缀

串操作指令	可添加的重复前缀	重复条件
MOVS 或 STOS	REP	当 CX≠0 时，重复，然后 CX = CX - 1
CMPS 或 SCAS	REPE/REPZ REPNE/REPNZ	当 CX≠0 且 ZF = 1 时，重复，然后 CX = CX - 1； 当 CX≠0 且 ZF = 0 时，重复，然后 CX = CX - 1
LODS	无	

2.3.7　程序控制转移指令

转移类指令可以改变代码段寄存器 CS 与指令指针 IP 的值或仅改变 IP 的值，从而可以改变指令执行的顺序，以满足程序跳转、调用或中断等需要。

1. 无条件转移、调用和返回指令

1）无条件转移指令 JMP

格式：JMP　目的地址

功能：转移到目的地址所指示的指令去执行。

该指令分段内转移和段间转移两类。段内转移和段间转移又各分为直接转移和间接转移两种。其中，直接转移的目的地址以立即数或标号的形式给出，而间接转移的目的地址可由寄存器或存储器给出。

（1）段内转移。

```
JMP  short  label     ;段内直接近转移。IP=IP+8 位位移量,目的地址 label 与
                      ;JMP 指令所处地址的距离在 -128 ~127 范围内
JMP  (near ptr) label ;段内直接近转移。IP=IP+16 位位移量,near ptr 可省略,
                      ;目的地址 label 与 JMP 指令处于同一段内
JMP  reg16/mem16      ;段内间接转移。IP=reg16/mem16(由操作数的寻址方式确定)
```

(2) 段间转移。

```
JMP  far ptrlabel    ;段间直接远转移。IP=label 偏移地址,CS=label 段地址
JMP  mem32           ;段间间接转移。
                     ;IP←[EA]=mem32 低字内容,CS←[EA+2]=mem32 高字内容
```

段间转移是远转移，目的地址与 JMP 指令所在地址不在同一段内。执行该指令时要修改 CS 和 IP 的内容。式中，label 为标号，reg16/mem16 为 16 位寄存器或存储器。

【例 2.24】 无条件转移指令举例。

```
JMP  START              ;IP=IP+16 位位移量,目的地址 START
JMP  BX                 ;IP=BX
JMP  WORD  PTR[BX]      ;IP=DS:[BX]
JMP  DWORD PTR[BX+SI]   ;IP=DS:[BX+SI],CS=DS:[BX+SI+2]
```

2）过程（子程序）调用和返回指令

格式：CALL…　　　　　　　；调用指令

RET…或者 RETF…　　　　；返回指令

功能：调用指令 CALL 用来调用一个过程或子程序。返回指令 RET 用于从过程或子程序中返回到原调用处。

由于过程或子程序有段内（即近 NEAR）和段间（即远 FAR）调用之分，所以 CALL 也有 NEAR 和 FAR 之分。相应的返回指令 RET 也分段内与段间返回两种。

调用指令先将断点地址压入堆栈，再转入调用地址。其具体格式及相应功能如下。

(1) 段内调用。

```
CALL  (near  ptr)  label  ;段内直接调用,label 为近标号;near ptr 可省略
                          ;SP←SP-2,[SP]←IP(压断点地址)
                          ;IP=IP+16 位位移量(取目的地址)
CALL  reg16/mem16         ;段内间接调用,reg16/mem16 为 16 位寄存器或存储器
                          ;SP←SP-2,[SP]←IP
                          ;IP← reg16/mem16(由操作数的寻址方式确定)
```

(2) 段间调用。

```
CALL  far ptr label   ;段间直接调用,label 为远标号
                      ;SP←SP-2,[SP]←CS,SP←SP-2,[SP]←IP
                      ;IP←label 的偏移地址,CS←label 的段地址
CALL  mem32           ;段间间接调用,mem32 为 4B 存储器
                      ;SP←SP-2,[SP]←CS,SP←SP-2,[SP]←IP
                      ;IP←[EA]=mem32 低字内容,CS←[EA+2]高字内容
```

返回指令包括以下两种情况。

第一种，段内返回指令：

```
RET                 ;IP←[SP],SP←SP+2
RET   exp           ;IP←[SP],SP←SP+2,SP←SP+exp
```

其中 exp 是能计算出数值的表达式，当 RET 正常返回后，再做 SP = SP + exp 操作。

第二种，段间返回指令：

```
RETF                ;IP←[SP],SP←SP+2,CS←[SP],SP←SP+2
RETF   exp          ;IP←[SP],SP←SP+2,CS←[SP],SP←SP+2,SP←SP+exp
```

需要说明的是，用户在书写源程序时，返回指令只需用 RET 即可，汇编程序会根据被调用子程序的类型属性，自动将返回指令汇编为 RET 或 RETF。

2. 条件转移指令

8086 提供了多条不同的条件转移指令，它们根据标志寄存器中各标志位的状态，决定程序是否进行转移。条件转移指令的目的地址必须在现行的代码段（CS）内，并且以当前指令指针 IP 的内容为基准，其位移必须在 $-128 \sim 127$ 的范围内。

条件转移指令是根据两个数的比较结果或某些标志位的状态来决定转移的。在条件转移指令中，有的根据对符号数进行比较和测试的结果实现转移。这些指令通常对溢出标志位 OF 和符号标志位 SF 进行测试。对无符号数而言，这类指令通常测试标志位 CF。对于带符号数分大于、等于、小于 3 种情况；对于无符号数分高于、等于、低于 3 种情况。在使用这些条件转移指令时，一定要注意被比较数的具体情况及比较后所能出现的预期结果。

条件转移指令的格式及功能如下。

格式：JCC　label

功能：若条件 CC 为“真”，则转移到 label 执行；若条件 CC 为“假”，则顺序执行下条指令。条件转移指令不影响标志位。

式中 CC 是转移条件，通常由状态标志值或其组合构成。label 是转移的目的地址，为短程标号，在机器码中为补码形式的 8 位位移量。

JC——CF 标志为 1，则转移。

JNC——CF 标志为 0，则转移。

JE/JZ——ZF 标志为 1，则转移。

JNE/JNZ——ZF 标志为 0，则转移。

JS——SF 标志为 1，则转移。

JNS——SF 标志为 0，则转移。

JO——OF 标志为 1，则转移。

JNO——OF 标志为 0，则转移。

JP/JPE——PF 标志为 1，则转移。

JNP/JPO——PF 标志为 0，则转移。

JA/JNBE——高于/不低于等于转移，$CF \vee ZF = 0$。

JNA/JBE——不高于/低于等于转移，$CF \vee ZF = 1$。

JB/JNAE——低于/不高于等于转移，$CF = 1$。

JNB/JAE——不低于/高于等于转移，CF = 0。

JG/JNLE——大于/不小于等于转移，(SF ∨ OF) ∨ ZF = 0。

JGE/JNL——大于/不小于等于转移，(SF ∨ OF) = 0。

JL/JNGE——小于/不大于等于转移，(SF ∨ OF) = 1。

JLE/JNG——小于/不大于等于转移，(SF ∨ OF) ∨ ZF = 1。

3. 循环控制指令

对于需要重复进行的操作，微机系统可用循环程序结构来完成，8086 系统为了简化程序设计，设置了一组循环控制指令，这组指令主要对 CX 或标志位 ZF 进行测试，确定是否循环，指令均不影响任何标志位。

循环控制指令的格式及功能如下。

(1) JCXZ 指令。

格式：JCXZ　label

功能：若 CX = 0，转到 label 处；否则下行（即顺序执行下一条指令）。

(2) LOOP 指令。

格式：LOOP　label

功能：CX←CX - 1，若 CX = 0，转到 label 处；否则下行。

(3) LOOPZ 指令。

格式：LOOPZ　label

功能：CX←CX - 1，若 CX = 0 且 ZF = 1，转到 label 处；否则下行。

(4) LOOPNZ 指令。

格式：LOOPNZ　label

功能：若 CX = 0 且 ZF = 0，转到 label 处；否则下行。

其中，操作数 label 是转移或循环的目的地址，为短程标号，在机器码中为 8 位补码位移量。

【例 2.25】　要求在数据段中 TAB 开始的 100 个字节数中查找数据“34H”（假定该数据存在），并将其所在单元的偏移地址存入 BX 寄存器。可用以下程序片段实现：

```
MOV  AL,34H
MOV  CX,100
LEA  BX,TAB - 1         ;BX = OFFSET TAB - 1
L1:INC  BX              ;BX = BX + 1,地址调整
CMP  AL,[BX]            ;AL - [BX],比较置标志
LOOPNZ  L1              ;未找到则重复,循环控制
```

4. 中断调用与返回指令

8086 系列 CPU 还提供了功能强大的中断操作，可通过中断调用和返回指令来实现。中断调用指令用于使 CPU 中断当前程序，转去执行中断处理程序或调用中断服务子程序。中断返回指令使 CPU 从中断服务程序中返回到原中断处。

中断调用指令先将标志寄存器和断点地址压入堆栈后，再转入中断服务程序入口地址。中断返回指令由堆栈弹出断点地址和标志值，进而返回原中断地址处。

中断调用及返回指令的格式及功能说明如下。

(1) 中断调用指令。

```
INT  n      ;SP←SP-2,[SP]←FR,TF清零、IF清零(存标志内容)
            ;SP←SP-2,[SP]←CS,SP←SP-2,[SP]←IP(存断点地址)
            ;IP<[4×n],CS←[4×n+2](取入口地址)
INTO        ;若溢出标志OF=1,执行INT 4;若OF=0,顺序执行下条指令
```

其中，n 为8位立即数（取值00H～FFH），用于表示中断类型号（共256个）。FR为标志寄存器。$4\times n$ 表示 $4n$ 所指地址的存储单元。除TF、IF外，中断指令不影响其他标志位。

(2) 中断返回指令。

```
IRET        ;IP←[SP],SP←SP+2,CS←[SP],SP←SP+2,FR←[SP],SP←SP+2
```

2.3.8 处理器控制指令

1. 标志处理指令

标志处理指令用于修改标志寄存器FR中标志位的状态，主要有CF、DF和IF等3个，其常用指令及功能如表2.13所列。

表2.13 常用标志处理指令

指令助记符	功能	指令名称
STC	CF←1	进位标志置1
CLC	CF←0	进位标志置0
CMC	CF←$\overline{CF}$	进位标志取反
STD	DF←1	方向标志置1（地址减量）
CLD	DF←0	方向标志置0（地址增量）
STI	IF←1	中断允许标志置1（开中断）
CLI	IF←0	中断允许标志置0（关中断）

2. CPU控制类指令

CPU（处理器）控制类指令用于控制微处理器的工作状态，均不影响标志位，下面仅列出一些常用的处理器控制指令。

(1) ESC指令。

格式：ESC 外操作码，操作数

功能：该指令为交权指令。主要用于在多处理器系统中使主CPU与外部处理器（如协处理器8087）配合工作。ESC指令使外部处理器能从8086 CPU指令流中取得它们的操作指令（6位外部操作码），并获得8086 CPU从内存中取出放在总线上的操作数进行操作处理。该指令不影响标志位。式中，外操作码为6位立即数；操作数可以是寄存器或存储器。若操作数为寄存器，ESC指令不进行操作。该指令不用修改处理器就可以扩充86系列CPU的指令集。

（2）等待指令 WAIT。

格式：WAIT

功能：使 CPU 处于空操作状态。但每隔 5 个时钟周期 CPU 要检测一次 $\overline{\text{TEST}}$引脚信号。若其为高电平，则 CPU 仍处于等待状态；若为低电平，则 CPU 退出等待状态，顺序执行下一条指令。该指令不影响标志位。该指令主要用于 CPU 与协处理器或外设之间的同步，也可用来等待外部中断发生，但中断结束后仍返回 WAIT 指令继续等待。

（3）总线封锁指令 LOCK。

格式：LOCK…

功能：LOCK 指令是一种前缀，可加在任何一条指令的前面。该指令执行时，将封锁总线的控制权，禁止其他的处理器使用总线，直到该指令执行完毕为止。该指令不影响标志，常用于多机系统。当 CPU 与其他处理器协同工作时，该指令可避免破坏有用信息。

3. 其他

（1）暂停指令 HLT。

格式：HLT

功能：该指令使 CPU 处于暂停状态。只有下面 3 种情况之一出现时，CPU 才退出暂停状态：RESET 线上有复位信号；NMI 线上有中断请求；INTR 线上有中断请求，且中断标志位 IF = 1。该指令常用于等待外部中断的发生。中断结束后可继续执行下面的程序。

（2）空操作指令 NOP。

格式：NOP

功能：该指令不执行任何操作，也不影响标志位，只占有 CPU 的 3 个时钟周期。其机器码占一个字节，在调试程序时往往用这条指令占据一定的存储单元，以便在正式运行时用其他指令取代。

2.4 实验　DEBUG 命令

1. 实验目的

（1）学习使用 DEBUG 软件。

（2）利用 DEBUG 调试 8086 汇编程序。

2. 实验内容

（1）用 R 命令观察和修改各寄存器内容，使之全部为 1000H。

（2）用 D 命令分别观察 0：2000 和 200：0 的内容，记录结果。着重体会 8086 的段地址、逻辑地址及物理地址之间的关系。

（3）用 F 命令给显示缓冲区填入 AA，记录显示器的变化，再填入其他值，观察显示器的变化。显示缓冲区地址范围。请阅读本实验指导书第一部分的有关内容来确定。

（4）用“A　100”命令输入下面程序：

```
XOR  AX,AX
INC  AL
MOV  BX,02
```

```
SUB  AX,BX
ADD  AX,1
PUSH  AX
POP  BX
```

（5）用 N 命令和 W 命令将上述程序以 PRG. COM 文件名存入 E 盘。

（6）重新用 N 命令和 L 命令将上述程序调入内存，记录 BX 和 CX 的值，并验算该值是否与 PRG. COM 的长度相符。

（7）用 T 命令执行 PRG. COM 程序，记录各步执行后 AX、BX、IP、DS、SP、F 寄存器中的结果。

（8）用 A 命令输入下面指令，验证指令是否非法。

```
MOV  CS,2000
MOV  [2000],[SI]
MOV  [DI],20
MOV  AX,CL
MOV  AX,02
PUSH  AL
MOV  IP,AX
MOV  AX,IP
```

3. 实验要求

（1）仔细阅读实验指导书，做好准备。

（2）根据实验内容对实验中的每一步做好记录，以备使用。

4. 实验预习报告要求

（1）将实验内容（4）的程序进行分析，并写出每条指令执行后 AX 和 F 寄存器的 O、S、Z、P、A、C 标志位结果。

（2）将实验内容（8）的指令进行分析，指出非法的指令及原因。

习　题　2

1. 填空题

（1）计算机中的指令由＿＿＿＿＿＿和＿＿＿＿＿＿组成。

（2）指出下列指令源操作数的寻址方式：

```
MOV  AX,BLOCK[SI]      ____________
MOV  AX,[SI]           ____________
MOV  AX,[6000H]        ____________
MOV  AX,[BX+SI]        ____________
MOV  AX,BX             ____________
MOV  AX,1500H          ____________
MOV  AX,80H[BX+DI]     ____________
```

```
MOV  AX,[DI+60H]
```
____

(3) 现有 (DS) =2000H, (BX) =0100H, (SI) =0002H, (20100H) =12H, (20101H) =34H, (20102H) =56H, (20103H) =78H, (21200H) =2AH, (21201H) =4CH, (21202H) =B7H, (21203H) =65H, 填入下列指令执行后 AX 寄存器的内容:

```
MOV  AX,1200H            ;AX=____________
MOV  AX,BX               ;AX=____________
MOV  AX,[1200H]          ;AX=____________
MOV  AX,[BX]             ;AX=____________
MOV  AX,1100H[BX]        ;AX=____________
MOV  AX,[BX][SI]         ;AX=____________
MOV  AX,1100H[BX][SI]    ;AX=____________
```

(4) 对于指令 XCHG BX, [BP+SI], 如果指令执行前, (BX) =6F30H, (BP) =0200H, (SI) =0046H, (SS) =2F00H, (2F246H) =-54H, (2F247H) =41H, 则执行指令后: (BX) =____________, (2F246H) =____________。

(5) 指令 LOOPZ/LOOPE 是结果____________或____________发生转移的指令; 而指令 LOOPNZ/LOOPNE 则是结果____________或____________发生转移的指令。

(6) XLAT 指令规定 BX 寄存器存放____________, AL 寄存器中存放____________。

(7) 如果 BUF 为数据段中 5400H 单元的符号名, 其中存放的内容为 1234H, 当执行指令 "MOV BX, BUF" 后, BX 的内容为____________; 而当执行 "LEA BX, BUF" 后, BX 的内容是____________。

2. 选择题

(1) MOV AX, [BX+SI] 的源操作数的物理地址是 (   )。

A. (DS) ×16+ (BX) + (SI)   B. (ES) ×16+ (BX) + (SI)

C. (SS) ×16+ (BX) + (SI)   D. (CS) ×16+ (BX) + (SI)

(2) MOV AX, ES: [BX+SI] 的源操作数的物理地址是 (   )。

A. (DS) ×16+ (BX) + (SI)   B. (ES) ×16+ (BX) + (SI)

C. (SS) ×16+ (BX) + (SI)   D. (CS) ×16+ (BX) + (SI)

(3) 条件转移指令 JNE/JNZ 的测试条件是 (   )。

A. ZF=1   B. CF=0   C. ZF=0   D. CF=1

(4) 将字变量 ARRAY 的偏移地址送寄存器 BX 的正确结果是 (   )。

A. LEA BX, ARRAY   B. MOV BX, ARRAY

C. MOV BX, OFFSET ARRAY   D. MOV BX, SEG ARRAY

(5) 将累加器 AX 的内容清 0 的正确指令是 (   )。

A. AND AX, 0   B. XOR AX, AX

C. SUB AX   D. CMP AX, AX

(6) 下列指令中, 正确的是 (   )。

A. MOV [DI], [SI]   B. MOV DS, SS

C. MOV AL, [EAX+EBX*2]   D. OUT BX, AX

（7）实现将 AL 寄存器中的低 4 位置 1 的指令为（　　）。

A. AND　AL，0FH　　B. OR　AL，0FH

C. TEST　AL，0FH　　D. XOR　AL，0FH

3. 判断题

（1）MOV　AX，［BP + SI］的源操作数的物理地址为（DS）×16 +（BP）+（SI）。（　　）

（2）段内转移要改变 IP、CS 的值。（　　）

（3）立即寻址方式不能用于目的操作数字段。（　　）

（4）不能给段寄存器进行立即数方式赋值。（　　）

（5）OF 位用来表示带符号数的溢出，CF 位可以表示无符号数的溢出。（　　）

（6）SP 的内容在任何时候都指向当前的栈顶，要指向堆栈的其他位置，可以使用 BP 指针。（　　）

（7）REPE/REPZ 是相等/为零时重复操作，其退出条件是：（CX）=0 或 ZF =1。（　　）

（8）指令中都必须有操作数。（　　）

（9）立即数可以直接送给寄存器、存储器或者段寄存器。（　　）

（10）在串指令使用前，必须先将 DF 置 0。（　　）

（11）在用循环控制指令时，必须将循环次数送 CX。（　　）

（12）十进制调整指令是把累加器中十六进制数转换成十进制数。（　　）

（13）加、减、乘、除运算指令都分带符号数和不带符号数运算指令。（　　）

（14）基址变址寻址是在基址寄存器和变址寄存器中寻找操作数。（　　）

（15）算术左移指令和逻辑左移指令在操作上是相同的，而算术右移指令和逻辑右移指令在操作上是不相同的。（　　）

4. 计算题

某程序在当前数据段中存有两个数据字 0ABCDH 和 1234H，它们对应的物理地址分别为 3FF85H 和 40AFEH，若已知当前（DS）=3FB0H，请说明这两个数据字的偏移地址，并用图说明它们在存储器中的存放格式。

第 3 章

8086 汇编语言程序设计

汇编语言（ASM）是用助记符代替操作码、用符号或标号代替地址码或操作数等的面向机器的程序设计语言。使用汇编语言编写的程序，机器不能直接识别，要由一种程序将其翻译成机器语言，这种起翻译作用的程序叫汇编程序。汇编程序是系统软件，用其把汇编语言翻译成机器语言的过程称为汇编。

汇编语言与高级语言相比有许多优越性，像操作灵活、可以直接作用到硬件的最下层，如寄存器、标志位、存储单元等，因而能充分发挥机器硬件性能，提高程序运行效率。此外，与高级语言相比，汇编语言程序经汇编后产生的目标代码较短、执行速度快、所占内存少。当然也存在一些问题，如程序设计者必须熟悉机器内部硬件结构等。汇编语言虽然较机器语言在阅读、记忆及编写方面都前进了一大步，但对描述任务、编程设计仍然不方便，于是产生了既有机器语言优点，又能较好地面向问题的语言，即宏汇编语言（MASM）。宏汇编语言不仅包含一般汇编语言的功能，而且还使用了高级语言使用的数据结构，是一种接近高级语言的汇编语言。

3.1 汇编语言的语句

3.1.1 语句格式

汇编语言的源程序是由若干条语句构成的，每条语句可以由 4 项构成，格式如下。

[标识符]　操作码　操作数　[；注释]

其中，标识符用来对程序中的变量、常量、段、过程等进行命名，它是组成语句的一个常用成分，它的命名应符合下列规定。

（1）标识符是一个字符串，第一个字符必须是字母或“?”“@”“_”这 4 种字符中的一个。

（2）从第二个开始，可以是字母、数字及“?”“@”“_”。

（3）一个标识符可以由 1 ~ 31 个字符组成，但不能用寄存器名和指令助记符作为标识符。

3.1.2 指令性语句

指令性语句包括 4 段，格式如下：

[标号:] 操作码 [操作数1] [,操作数2] [;注释]

标号段：以“:”分界，该段不是每条指令必需的，为提供其他指令引用而设。一个标号与一条指令的地址符号名（即在当前程序段内的偏移量）相联系。在同一程序段中，同样的标号名只允许定义一次。

操作码段：操作码助记符是指令系统规定的。任何指令性语句必须有该段，因为它表明程序中的一个环节，有着一定的操作性质并完成一个操作。操作码助记符通常称为关键字或保留字，用户不能用这些字或词作为变量名、标号、标识符等。

操作数段：表明操作的对象，操作数可以是常数、寄存器、标号、变量和表达式。在8086指令系统中，有些操作中可能有不止一个操作对象，有的操作对象隐含在操作码中，若指令中有两个操作数，则需用逗号分界。

注释段：语句中以分号开始的部分为注释，这部分不被汇编程序翻译，仅作为对该语句的一种说明，以便程序的阅读、备忘和交流。

注：语句中用方括号括起来的段是可选段。

3.1.3 指示性语句

指示性语句也包括4段，格式如下：

[标识符（名字）] 指示符（伪指令） 表达式 [;注释]

标识符段：标识符是一个用字母、数字或加上下划线表示的一个符号，标识符定义的性质由伪指令指定。

指示符段：指示符又称为伪指令，是汇编程序规定并执行的命令，能将标识符定义为变量、程序段、常数、过程等，且能给出其属性。

表达式段：表达式是常数、寄存器、标号、变量与一些操作符相结合的序列，可以有数字表达式和地址表达式两种。在汇编期间，汇编程序按照一定的优先规则，对表达式进行计算后得到一个数值或一个地址值。

3.1.4 有关属性

存储器操作数的属性有3种，即段值、段内偏移量和类型。

段值属性：存储器操作数的段起始地址，此值必须在一个段寄存器中，而标号的段则总是在CS寄存器中。

段内偏移量属性：16位无符号数，代表从段起始地址到该操作数所在位置之间的字节数。在当前段内给出变量的偏移量值等于当前地址计数器的值，当前地址计数器的值可以用$来表示。

类型属性：标号的属性用来指出该标号在本段内引用还是在其他段中引用。在段内引用，称为NEAR，指针长度为2 B；在段间引用，则称为FAR，指针长度为4 B。变量的类型属性用来指出该变量所保留的字节数，主要是指BYTE（1 B的字节型）、WORD（2 B的字型）或DWORD（4 B的双字型）。

3.2 汇编语言中的伪指令

伪指令又称为伪操作，在汇编程序的指示性语句中作为指示符，在对汇编语言源程序进行编译期间，是由汇编程序处理的操作。伪指令可以对数据进行定义、为变量分配存储区、定义程序段或一个过程及指示程序结束等。

本节仅介绍8086中几个常用的伪指令，并给出用伪指令定义的语句格式。

3.2.1 符号定义语句

1. 等值语句

等值语句的格式如下：

符号名　EQU　表达式

在程序中有时会多次出现同一个表达式。为了方便起见，可以用赋值伪操作给表达式赋予一个名字，程序中此后凡需要用到该表达式之处，就可以用这个名字来代替。表达式可以是任何有效的操作数格式，或有效的助记符，或能求出常数值的表达式，甚至是一条可执行的指令。例如：

```
PORT  EQU  1234              (1)
BUFF  EQU  PORT+58           (2)
MEM  EQU  DS:[BP+20H]        (3)
COUNT  EQU  CX               (4)
ABC  EQU  AAA                (5)
```

当程序中出现下面的语句时：

```
MOV  AX,PORT
MOV  BX,BUFF
```

根据EQU的功能，上面语句实际上就是：

```
MOV  AX,1234
MOV  BX,1292
```

语句（3）中，若要引用加段前缀（段超越）的BP基址寻址，直接用符号名MEM即可。语句（4）中，符号名COUNT定义为CX寄存器，程序中使用CX作为计数器时，就可以直接用COUNT表示。语句（5）中，把符号名ABC定义为一条ASCII码加法调整指令AAA。

在同一源程序中，一个符号名用EQU语句只允许定义一次，若再次定义同一符号名，程序在汇编时会给出语法错误。

2. 等号语句

等号语句的格式如下：

```
NUM=34
……
NUM=34+1
```

用“=”为符号名赋值与EQU类似，但等号语句允许对同一符号名多次赋不同的值。即对已赋值的符号名引用过后，可再次赋予新的值，以便下次引用。

3.2.2 变量定义语句

变量定义语句的格式如下：

符号名 DB/DW/DD 表达式

当一个符号名用伪指令DB、DW或DD等定义后就称为一个变量。

- 用DB定义，表明变量为字节型数据（8位）。
- 用DW定义，表明变量为字型数据（16位）。
- 用DD定义，表明变量为双字型数据（32位）。

8086中还可以用DQ、DT等定义变量，在此不一一介绍。

用变量定义语句对变量定义后，变量就有了属性，这些属性可用8086汇编程序中的某些运算分析出来。变量定义后的属性如下：

- 字节型、字型和双字型等数据类型。
- 分配内存单元。
- 按低位字节数据存放在低地址单元、高位字节数据存放在高地址单元的原则（或称反向存储）给内存赋值。
- 变量定义一般在数据段中，故一个变量被定义后，就有了段地址和在该段的偏移地址。

变量定义语句中的表达式形式有多种，定义的功能也有所不同。下面给出变量定义语句的具体形式。

1. 定义一组数据

例如：

```
BUFF1  DW  1234H,0ABCDH,8EH,-79DH
BUFF2  DB  12H,34H,CDH,8EH
```

定义BUFF1为字型变量，共有4个参数；定义BUFF2为字节型变量，有4个参数。这8个参数放在内存中，地址默认为从某段的偏移地址为0000处开始放数据。

对于BUFF1，按反向存储的原则，每个数据占2 B。第1个参数为十六进制数；第2个参数为字母开头的十六进制数，为与符号名区分开，在以字母开头的十六进制数前加0；第3个参数看上去为8位数，但定义时用的是DW，故为其分配2 B，汇编程序会将高8位补0；第4个参数是带符号的，从前面的章节可知，带符号数在计算机中以补码形式存放，故负数-79DH以F863H存放在存储单元中，如表3.1所列。

表3.1 变量的存储

0000	34
0001	12
0002	CD
0003	AB

续表

0004	8E
0005	00
0006	63
0007	F8
0008	12
0009	34
000A	CD
000B	8E

下面给出几个指令，供读者理解变量定义语句的作用：

```
MOV  AX,BUFF1
MOV  BX,BUFF1 +2
MOV  DL,BUFF2
```

上述指令实际上就是：

```
MOV  AX,[0000]
MOV  BX,[0002]
MOV  DL,[0008]
```

注意，BUFF1 具有字的属性，BUFF2 具有字节的属性，所以下面的指令是错误的：

```
MOV  AL,BUFF1
MOV  DX,BUFF2
```

2. 定义一串字符

例如：

```
STR  DB  'Welcome!'
```

定义了 STR 为一个字节型变量，单引号内表示是字符串，字符以 ASCII 码的形式存放，每个字符占 1 B。由于存储单元以 B 为单位组织，超过 8 bit 的数据要按反向存储的原则存放，故对于字符串只用 DB 定义。

3. 定义保留存储单元

在程序设计中，如果希望将运算结果保存到内存中，则在设计中就要预留一部分存储单元。也就是说，这些内存单元不需要预先赋值。无论是存储器还是寄存器，它们都是一种双稳态门电路，故每一位（bit）不是“1”就是“0”，这些器件中总是有值，当没有特定赋值时，其中有随机值。例如：

```
SUM  DW  ?,?
```

从 SUM 偏移地址开始，为两个字型数据保留了 4 B 的内存单元。

4. 复制操作

复制操作符 DUP（Duplication）可以预置重复的数值，DUP 之前的数字表示重复的次数，DUP 后面由括号将重复的内容括起来。例如：

```
ALL_ZERO  DB  0,0,0,0,0
```

将连续的 5 个字节赋 0。若用复制操作，可改为：

```
ALL_ZERO  DB  5  DUP(0)
```

可达到同样的效果。

5. 将已定义的地址存入内存单元

定义过的标号或用 PROC 过程定义过的过程名（子程序名或中断服务程序名）都有段地址和偏移地址属性。若希望将变量、标号或过程名的段地址和偏移地址保存到存储单元，可以用下面的方式完成。例如：

```
LIT  DD  CYC
……
CYC:MOV  AX,BX
```

将标号 CYC 的段地址和偏移地址存放在以变量 LIT 开始的 4 B 单元中。有时可以将程序中所有子程序的首地址列在一起，采用查表的方式动态地转入所需的子程序入口。

3.2.3　段定义语句

段定义语句可按段来组织程序和使用存储器。这些语句包括 SEGMENT、ENDS、ASSUME、ORG 等。

1. 段定义语句格式

段定义语句的格式如下：

段名　SEGMENT　[定位类型][组合类型][类别]

……

段名　ENDS

存储器的物理地址是由逻辑段基地址和逻辑偏移地址组合而成的，语句 SEGMENT 和 ENDS 把汇编语言源程序分成段，这些段就相应于存储器区段。

对于段内指令的转移和调用，在指令中只需包含目标地址单元的 16 位偏移量，在段间的转移和调用指令才需要给出段地址和偏移地址。使用当前数据段和当前堆栈段的数据访问指令，也只需在指令中给出数据所在内存单元的 16 位偏移地址。8086 按照规定的组合方式生成物理地址。

当指令中访问的是当前段之外的数据单元时，必须在指令中加入段超越前缀或修改段寄存器的内容。汇编程序在将源程序转换成目标程序时，必须确定标号和变量的偏移地址，并且需要把有关信息通过目标模块传递给连接程序，这样才能把解决同一个问题的不同段、不同模块的程序缝接起来，形成一个可执行程序。

段定义语句中的 SEGMENT 和 ENDS 必须成对出现，其中省略号部分可以是汇编语言中的指令性语句和指示性语句。

段名可以是包括下划线在内的字母、数字串，由程序设计者自定。定位类型、组合类型、类别是赋给段名的属性，加上方括号表示这些属性可以省略，省略表示该程序段与其他段没有联系，是独立的；若不能省略，各属性项的书写顺序不能错，并以空格分界。

1）定位类型

定位类型表示此段在内存中的起始边界要求，可以是 PAGE（页）、PARA（节）、WORD（字）、BYTE（字节）。

PAGE 要求该段从页的边界开始，段地址能被 256 整除，即十六进制的段地址最后两位为 0。

PARA 要求该段从节的边界开始，段地址能被 16 整除，即十六进制的段地址最后一位为 0。当定位类型省略时，隐含为 PARA。

WORD 要求该段从字的边界开始，段地址为偶数值。

BYTE 可以从该段边界任何地址开始。

2）组合类型

组合类型用来告诉链接程序本段与其他段的关系，包括 NONE、PUBLIC、COMMON、STACK、MEMORY 和 AT。

NONE：表示本段与其他段逻辑上没有关系，每段都有自己的基地址。组合类型省略时属于该类型。

PUBLIC：链接程序先把本段与其他模块中同名、同类别的段相邻地链接在一起，然后为所有段指定一个共同的段基地址，将它们链接成一个物理段。各段的链接顺序由链接命令指定。

COMMON：链接程序为本段与其他模块中同名、同类别的段指定一个相同的段基地址。这些段可以相互覆盖，段的长度取决于最长的 COMMON 段。

STACK：规定被链接的程序中必须有至少一个 STACK 属性的段，即堆栈段。如果多于一个，则在初始化时会将第一个 STACK 段的地址送入 SS 寄存器。而段与段之间的链接按 PUBLIC 方式处理。

MEMORY：链接程序把本段定位为几个互连段中地址最高的段。若有多个 MEMORY 段，链接程序认为所遇到的第一个为 MEMORY，其余段则具有 COMMON 属性。

AT 表达式：链接程序将表达式计算出来的 16 位地址作为段地址，但不能用来指定代码段，这个类型使得在某一固定的存储区内的某一固定偏移地址处定义标号或变量，以便程序以标号或变量形式访问这些存储单元。

3）类别

类别可以是任何合法的名称，用单引号括起来，如'STACK'、'CODE'。在定位时，链接程序把同类别的段集中在一起。

2. 段假设语句

ASSUME 伪指令在汇编时能提供正确的段码，使汇编程序知道程序的段结构以及在各种指令执行时该访问哪一段。其格式如下：

ASSUME　段寄存器名：段名［，…］

段寄存器可以是 CS、DS、SS 或 ES，而段名则是用 SEGMENT 定义过的标识符。因一个程序中可能不止一个程序段，方括号中表示可按实际情况添加。

在程序中，ASSUME 伪指令只是指定某段分配给哪个段寄存器，并不能把段地址装入寄存器中（因为伪指令不由 CPU 执行）。

3. ORG 伪指令与地址计数器 $

ORG 伪指令的格式如下：

ORG　<表达式>

此语句指定在它之后的代码或数据存放的起始地址的偏移量，以表达式的值作为起始地址，连续存放程序或数据，除非遇到一个新的 ORG 语句。

任何时候在使用存储器时，先要给出存储单元地址。汇编程序在汇编时给出一个隐含的地址计数器，“$”是地址计数器的值，也就是当前所使用的存储单元的偏移地址。

4. PUBLIC 和 EXTRN 伪指令

当一个程序由多个模块组成时，必须通过命令将各模块连接成一个完整的、可执行的程序。程序模块是指单独编辑和汇编的、能够完成某个功能的程序，如主程序模块、各种功能的子程序模块等。正因为它们是独立汇编的，故在程序编写时要使用 EXTRN 伪指令，表示本模块引用了在其他模块中定义的信息；使用 PUBLIC 伪指令，表示本模块提供被其他模块使用的信息。

1）PUBLIC 伪指令

该伪指令表示在链接时，本模块中能够提供其他模块使用的名字。其格式如下：

PUBLIC　名字 [，…]

其中，“名字”可以是模块中定义的一个变量或标号（包括过程名）。PUBLIC 伪指令可在一个汇编模块的任何一行出现，未经定义的符号名字不能被说明为 PUBLIC。

2）EXTRN 伪指令

EXTRN 伪指令把某些名字的段和类型的属性告诉汇编程序，这些名字是本模块所要用的，但是它们在其他模块中定义。其格式如下：

EXTRN　名字：类型 [，…]

其中，“名字”是其他模块中定义过的，类型必须与说明它为 PUBLIC 的模块中的类型一致。

3.2.4　过程定义语句

在汇编语言中，用过程的定义来实现子程序功能。过程是程序的一部分，它们可被程序调用，每次可调用一个过程。当过程中指令执行完后，控制返回调用点。段间的调用指令把过程返回的段地址和偏移地址同时推入堆栈，而段内的调用指令只将偏移地址入栈。

过程定义语句的格式如下：

```
过程名  PROC  NEAR/FAR
……
RET
过程名  ENDP
```

其中，“过程名”为标识符，又是子程序入口的符号地址；NEAR 或 FAR 是类型属性，NEAR 属性是指该过程是一个段内的调用，而 FAR 则指段间的调用，当属性省略时，自动设为 NEAR。伪指令 PROC 和 ENDP 必须成对出现。为了保证过程正确返回，CALL 指令的类型必须与过程的类型相匹配。

过程定义语句可把程序分段，以便理解、调试和修改。若整个程序由主程序和若干个子程序组成，则主程序和这些子程序都应包含在代码中。

一般在过程的最后是一条 RET 语句，表示从栈顶弹出返回地址，以便返回调用点。ENDP 则告诉汇编程序，该过程在哪里结束。

过程是可以嵌套的。一个过程中可以包括多个过程定义，堆栈的大小决定嵌套的深度，但过程不允许交叉。

3.2.5 结束语句

1. 编辑结束语句——END

一个汇编语言源程序，而该程序不能单独执行，只是一个程序段时，可能还要与其他程序段链接，这时该程序的结束处应写上一条 END 语句。它告知汇编程序到此汇编结束，可以形成一个独立的文件。

2. 可执行程序结束语句——END 标号

一个可执行的汇编语言源程序，在程序结束处都应写一条带标号的 END 语句。一个可执行程序只能有一条这样的语句，END 后的标号是该程序要执行的第一条语句所在的存储器地址，这样汇编程序在汇编时，将该存储器的段地址送代码段寄存器 CS，将存储器偏移地址送指令指针寄存器 IP，也就是开始执行的指令位置由 CS：IP 指定了。

3.3 汇编语言中的运算符

3.3.1 常用运算符和操作符

在 8086 汇编语言程序的指示性语句中可以有表达式。表达式中可以使用 3 种运算符和两种操作符。

1. 算术运算符

算术运算符包括 +（加）、-（减）、*（乘）、/（除）、MOD（求余），可以用于数字操作数或存储器地址操作数的运算中。用于地址表达式时，只有当结果有明确的物理意义时，算术运算符才有效，如对存储器地址操作数，有意义的运算符是“+”“-”。如果把两个不同段的偏移地址做加（减）运算是没有物理意义的。

【例 3.1】

```
MOV  AX,15*4/7          ;AX=0008H
ADD  AX,60 MOD 7        ;AX=8+4=12
MOV  CX,-2*30-10        ;CX=-70
```

2. 逻辑运算符

8086 汇编的 4 种逻辑运算符分别为 AND、OR、XOR 和 NOT，它们只适用于数字操作数，其运算规则与逻辑运算规则相同。逻辑运算符与 8086 逻辑运算指令的助记符一样，但作为汇编的运算符时，由汇编程序在汇编时计算出结果，该结果作为指令性语句的操作数使用。

【例 3.2】

```
MOV  AL,NOT 10101010B              ;等效于 MOV  AL,01010101B
```

```
OR  AL,10100000B OR 00000101B ;等效于 OR AL,10100101B
XOR  AX,0FA0H XOR 0F00AH       ;等效于 XOR AX,0FFAAH
```

3. 关系运算符

关系运算符连接的两个运算对象，必须都是数字或是同一段内的存储器地址。关系运算符有6种，即EQ（相等）、NE（不等）、LT（小于）、GT（大于）、LE（小于等于）和GE（大于等于）。

关系运算符的运算规则是：两个运算对象的关系是否满足某种关系，若满足，结果为全“1”；否则，结果为“0”。例如：

```
MOV  DL,10H  LT  16
```

其中的源操作数在汇编时由汇编程序进行关系运算。根据运算规则可知，10H不小于16，其关系不成立（假），结果为0。故上述指令实际上就是“MOV DL，0”，指令执行后，DL寄存器的内容为0。又如：

```
AND  AX,555  GT  222
```

其中的源操作数关系满足。指令执行后，AX的内容和FFFFH做“与”操作，则AX原内容不变。

4. 分析操作符

分析运算能将定义过的变量、标号的存储器地址分解成它们的组成部分，如逻辑段基址、逻辑偏移地址、类型等。比如，有变量定义语句：

```
BUFF  DW  1234H
```

变量名BUFF所携带的信息非常丰富，如地址信息，包括偏移地址、段基地址，变量的类型是字型，变量的内容等。例如，下面的指令：

```
MOV  AX,BUFF
```

就是把名字为BUFF的内存单元的内容送给寄存器AX，对于目的操作数来讲是寄存器寻址，而对于源操作数来讲是直接寻址。该指令执行完毕后，寄存器AX的内容为1234H。

上述指令是读取内存单元的操作，那么如果指令的功能是取名字BUFF所代表的地址或类型，那将如何操作呢？这就要使用分析操作符完成此要求了。

（1）SEG操作符。

例如：

```
MOV  AX,SEG  BUFF
```

设变量BUFF已在数据段中定义过，上面指令执行后，AX寄存器有变量BUFF所在段的段地址。

（2）OFFSET操作符。

例如：

```
MOV  BX,OFFSET  BUFF
```

设变量BUFF已在数据段中定义过，上面指令执行后，BX寄存器有变量BUFF所在段的偏移地址。

又如：

```
LEA  BX,BUFF
```

上面两语句执行后有相同的结果，区别在于：第一个语句是由汇编程序在汇编阶段，通过分析运算 OFFSET 求得变量 BUFF 的偏移地址，然后由 CPU 运行 MOV 指令，将它作为源操作数传送到 BX 寄存器；而第二个语句是直接由 CPU 执行有效地址传送指令完成的。

(3) TYPE 操作符。

TYPE 运算可求出变量或标号的类型，类型用数字表示，对于变量有 3 种：1——字节型、2——字型、4——双字型；对于标号有两种：－1——NEAR（段内）、－2——FAR（段间）。例如：

```
DATA  SEGMENT
VAL1  DB  12H,8EH
VAL2  DW  0A234H,5B78H
VAL3  DD  9457B68DH
DATA  ENDS
CODE  SEGMENT
      ASSUME  DS:DATA,CS:CODE
START:MOV  AX,DATA
      MOV  DS,AX
      MOV  DL,TYPE  VAL1
      MOV  BL,TYPE  VAL2
      MOV  CL,TYPE  VAL3
      MOV  AX,4C00H
      INT  21H
CODE  ENDS
      END  START
```

上面是一个完整的汇编语言源程序，对于它的程序结构和格式在稍后进行解释，这里要了解的是关于 TYPE 运算符，程序可以通过上机调试得到结果。程序运行的结果是 DL 的内容为 1，BL 的内容为 2，CL 的内容为 4。若将其中的 TYPE 运算符换成 SEG、OFFSET、LENGTH 和 SIZE 运算符，并对程序相应处稍加修改，就可在计算机上得到另一种结果，请读者对此自行分析。

(4) LENGTH 操作符。

LENGTH 运算对使用 DUP 定义过的变量求元素个数，对其他方式定义的变量总是给出 1 作为结果。例如：

```
BUFF  DW  10  DUP(?)
```

当执行以下命令：

```
MOV  CL,LENGTH  BUF
```

则 CL 的内容为 10。注意：操作符 LENGTH 只对 DUP 有效。如果 DW 定义的是一系列数字，如上例中的 VAL2，则 LENGTH 对其作用后返回的值为 1。

(5) SIZE 操作符。

该操作符可以分析出一个使用 DUP 定义过的变量所有元素所分配的内存字节数。它与变量的类型和元素个数有关：

```
SIZE = TYPE × LENGTH
```

5. 综合运算符（合成操作符）

（1）PTR运算符。

PTR运算符的格式如下：

类型 PTR 表达式

对一个存储器操作数，不管原来是何种类型，现在以PTR前的类型为准。也就是说，PTR能建立一个存储器操作数，它与其后的存储器操作数有相同的段地址和偏移量，但有不同的类型。PTR仅仅为已分配存储器单元的操作数赋予另外的意思（PTR不为存储器操作数分配内存单元）。

例如：

```
INC  WORD  PTR[BX]
ADD  BYTE  PTR[SI],4BH
```

汇编程序在汇编上面两个语句时，PTR操作符指明其中由BX和SI寻址的存储器操作数的类型，以便能正确汇编出二进制目标码。

（2）THIS操作符。

THIS操作符的格式如下：

```
THIS  类型(或属性)
```

THIS可以像PTR一样建立一个指定类型（BYTE、WORD或DWORD）或指定距离（NEAR、FAR）的存储器地址操作数，但并不为其分配存储单元。所建立的存储器操作数的段地址和偏移地址与下一个存储单元地址相同。例如：

```
FIRST  EQU  THIS  BYTE
SECOND  DW  100  DUP(?)
```

此时，FIRST的偏移地址值和SECOND完全相同，但FIRST是字节型，SECOND是字型。

3.3.2 运算符的优先级

在使用以上5种类型的常用运算符或操作符计算表达式的值时，应按规定的优先级进行，程序设计者在写表达式时应注意。优先级别从高到低排序如下：

- 圆括号，LENGTH，SIZE。
- PTR，OFFSET，SEG，TYPE，THIS。
- *，/，MOD。
- +，-。
- EQ，NE，LT，LE，GT，GE。
- NOT。
- AND。
- OR，XOR。

3.4　汇编语言程序设计

综合前面的知识，可以使用两种语句来设计一个汇编语言源程序。而程序设计首先要将问题分解成一个一个的步骤，每步都可以用汇编语言中的指令性语句，按照先后顺序表达。

设计一个好的程序，不仅要满足设计要求，能正常运行，实现预定功能，还应满足以下条件。

①结构化、简明、易读、易调试、易维护（修改和扩充）。

②执行速度快。

③占用存储空间尽量少。

执行速度和占用存储空间两者有时是矛盾的，这两个指标往往不能同时满足，在许多情况下要加以权衡，看哪个指标对于程序设计更重要。对于较大的程序，如何使程序结构化、模块化，便于阅读、调试，以及与其他程序的方便链接，则显得更加重要。

汇编语言程序设计的步骤如下。

（1）分析问题，抽象出问题的数学模型，确定解决问题的合理算法。

（2）绘制流程图或写出程序步骤，可以从粗到细地把算法逐步具体化。

（3）分配存储空间及工作单元，根据流程图编写程序。

（4）静态检查，设计者仔细阅读所设计的程序，尽量找出如语法、逻辑等错误。

（5）在计算机上调试程序。

在调试程序的过程中，读者应该善于利用计算机提供的软件调试工具，编程技巧是通过大量的阅读程序和自己动手编制程序的实践中获得的。我们提供一个汇编语言程序调试的集成环境，在此环境中调试汇编语言程序更方便，它具备编辑、汇编、链接、运行调试等一系列功能。这个集成环境还可以用不同颜色表示汇编语言语句中的不同部分，如操作码的助记符用红色、伪指令用绿色、寄存器名用蓝色等，如果操作码输入错误便不会变成红色。这样可以提示设计者，在程序编辑过程中不易造成语法错误。

3.4.1　顺序程序设计

顺序结构程序一般是简单程序，它是顺序执行的，无分支，无循环，也无转移，因此也称为直线程序。顺序结构程序设计如下。

【例 3.3】 阅读下面程序，指出程序的运行结果。

```
DATA  SEGMENT
BLOCK  DW  0ABCDH
BUFF  DD  ?
DATA  ENDS
CODE  SEGMENT
      ASSUME  CS:CODE,DS:DATA
START:MOV  AX,DATA
      MOV  DS,AX
```

```
        MOV  DX,BLOCK
        MOV  AX,DX
        AND  AX,0F0FH
        AND  DX,0F0F0H
        MOV  CL,4
        SHR  DX,CL
        LEA  BX,BUFF
        MOV  [BX+0],AL
        MOV  [BX+1],DL
        MOV  [BX+2],AH
        MOV  [BX+3],DH
        MOV  AX,4C00H
        INT  21H
    CODE  ENDS
          END  START
```

说明：

(1) 该程序有两个程序段——以 DATA 为段名的数据段和以 CODE 为段名的代码段。

(2) 数据段定义了一个字型的变量 BLOCK，并赋值为十六进制数（因该数以字母开头，故在数据前加上0）；定义另一变量 BUFF 为双字型，实质上是保留4 B单元，用于存放结果。

(3) 程序的主要功能是将字型数据转换成4 B型数据，存储在 BUFF 缓冲区中。

(4) 程序最后采用 DOS 功能（后面将介绍）结束。

(5) 运行结果为：从存储器缓冲区 BUFF 开始，顺序存入 0DH、0CH、0BH 和 0AH。

3.4.2 分支程序设计

分支结构程序是指程序在按指令先后的顺序执行过程中，遇到不同的计算结果值，需要计算机自动进行判断、选择，以决定转向下一步要执行的程序段。计算机的智能化、分析判断能力就是这样实现的。分支程序一般是利用比较、转移指令来实现的：用于比较、判断的指令有两数比较指令 CMP、串比较指令 CMPS、串搜索指令 SCAS，用于实现转移的指令有无条件转移指令 JMP 和各种类型的条件转移指令，它们可以互相配合实现不同情况的分支。多路分支情况可以采用多次判断转移的方法实现，每次判断转移形成两路分支，n 次判断转移形成 $n+1$ 路分支，也可以利用跳转表来实现程序分支。

分支程序一般根据条件判别，满足条件则转移到标号所指示的程序部分执行，不满足条件则执行下一条指令。

【例3.4】 判断 MEMS 单元数据，将结果存入 MEMD 单元。若数据大于0，结果为1；若数据小于0，结果为-1；若数据等于0，结果为0。代码如下：

```
MY_D  SEGMENT
MEMS  DB  08H
```

```
MEMD  DB   ?
MY_D  ENDS
MY_C  SEGMENT
      ASSUME  DS:MY_D,CS:MY_C
START:MOV  AX,MY_D
      MOV  DS,AX
      MOV  AL,MEMS         ;取数据进行判别
      CMP  AL,0
      JGE  NEXT            ;≥0,转移
      MOV  AL,-1           ;<0,结果为-1
      JMP DONE
NEXT: JE   DONE            ;为0,则结果为0
      MOV  AL,1            ;否则,结果为1
DONE: MOV  MEMD,AL
      MOV  AX,4C00H
      INT  21H
MY_C  ENDS
      END  START
```

说明：

（1）该程序是一个典型的分支结构程序，根据一个数据的3种情况，执行3个分支程序段。

（2）程序转移的根据是与0比较，这是一个条件判断转移。由于参加比较的数据是带符号数，故使用“大于”“不大于”等条件判别，此处用“大于等于”即JGE为条件。

（3）由于一次分支只有两路，故从JGE判别分支后，有第二次判别分支即JE。

（4）由于本例中被测数据为正数，所以结果为1。

（5）若改变MEMS单元的数，可以得到不同的结果。

（6）对于多分支的程序，在上机调试时各分支程序段都应进行检验。

3.4.3 循环程序设计

程序中的某些部分需要重复执行，设计者不可能将重复部分反复地书写，那样程序会显得很冗长。只要选好参数，将程序中重复执行部分构成循环结构，这样设计的程序既美观又便于修改。

循环结构每次测试循环条件，当满足条件时，重复执行这一段程序；否则结束循环，顺序往下执行。由于循环程序需要循环准备、修改变量、结束控制等指令，执行的速度会稍慢些。

在循环程序设计中，循环控制有以下3种。

①采用计数法（一般用减1计数）。当循环控制次数已知时，常用方法是将循环控制次数送到CX寄存器，每做完一次循环，利用LOOP指令减1计数，并判断循环是否结束。

②比较条件结束。当循环控制次数未知时，采用此方法。满足比较条件，则结束循环；否则继续做循环操作。

③设定标志结束。当循环内又套循环，而循环次数又未知时采用此方法，如设0FFH为结束标志。

【例3.5】 编程统计BUFF缓冲区数据中负数的个数。

```
DATA   SEGMENT
BUFF   DB  67H,9EH,-6AH,0ABH,6DH
MEM    DB  ?
DATA   ENDS
CODE   SEGMENT
       ASSUME  CS:CODE,DS:DATA
START:MOV  AX,DATA
       MOV  DS,AX
       MOV  CX,5            ;循环控制次数
       LEA  BX,BUFF         ;设置缓冲区指针
       XOR  DL,DL           ;统计计数器清零
NEXT:  MOV  AL,[BX]         ;取数据
       ADD  AL,0            ;做运算,影响标志
       JNS  AA1             ;是正数,转移
       JNC  DL              ;是负数,统计加1
AA1:   INC  BX              ;移动指针
       LOOP NEXT            ;循环控制
       MOV  MEM,DL          ;保存统计结果
       MOV  AX,4C00H
       INT  21H
CODE   ENDS
       END  START
```

说明：

（1）程序的初始化包括设置缓冲区指针、设定循环控制次数、统计计数器先清零。

（2）执行部分有从BUFF缓冲区取数，进行算术运算；判断符号标志SF，是负数，则统计值加1。

（3）修改部分含移动缓冲区指针，循环次数减1。

（4）循环控制部分为CX内容不为0时，继续循环操作；否则脱离循环。

（5）结束处理是将统计结果（DL寄存器中）存入MEM单元，且将控制权交操作系统。

【例3.6】 编程统计AX寄存器中“1”的个数。

```
CODE   SEGMENT
       ASSUME  CS:CODE
START:MOV  CX,16            ;循环控制次数
```

```
      XOR  DL,DL            ;统计计数器清零
      CMP  AX,0             ;AX的内容为0吗?
      JZ  DONE              ;是0,结束循环
BB1:  SHL  AX,1             ;否则移动AX
      ADC  DL,0             ;统计"1"的个数
      LOOP  BB1
DONE: MOV  AX,4C00H
      INT  21H
CODE  ENDS
      END  START
```

说明:

(1) 程序的初始化包括设定循环控制次数、统计计数器先清零。

(2) 先判断循环是否继续，若AX内容为0，则没有必要循环。

(3) 执行部分采用移位操作，并用ADC指令统计CF的值，避免了程序分支。

【例3.7】 在BLOCK内存区中有一串字符，试编程统计“%”之前的字符个数。

```
DATA  SEGMENT
BLOCK  DB  'ANDEP0139% WR'
COUNT  EQU  $ -BLOCK
MEM  DB  0
DATA  ENDS
CODE  SEGMENT
      ASSUME  CS:CODE,DS:DATA
START:MOV  AX,DATA
      MOV  DS,AX
      MOV  SI,OFFSET  BLOCK
      MOV  CX,COUNT
LOOP1:MOV  AL,[SI]                ;取字符
      CMP  AL,'%'                 ;是%号吗
      JZ  DONE                    ;是,结束循环
      INC  BYTE PTR MEM           ;否,统计值加1
      INC  SI                     ;移动指针
      LOOP  LOOP1                 ;继续循环
DONE: MOV  AX,4C00H
      INT  21H
CODE  ENDS
      END START
```

说明:

(1) 对于字符变量的定义，必须用DB伪指令，因为一个字符的ASCII码是7位二进制

数值。

（2）本例中采用内存地址关系（$ -BLOCK）自动计算循环控制次数。

（3）本例中的统计计数器直接在内存单元MEM中。

3.4.4 子程序设计

将一个具有特定功能的代码块定义为一个过程（或子程序）。该过程可以与主程序在同一段，这时过程的属性为NEAR，即主程序调用时只将IP寄存器的值入栈保存；当过程与主程序在不同段时，过程的属性为FAR，主程序调用时，CS和IP寄存器的值都要入栈保存。子程序的最后一条语句是RET，执行该语句，返回地址从堆栈中弹出，控制返回到被调用处。

【例3.8】 用子程序结构编写寄存器AX内容乘10，结果仍在AX中。

```
XX  EQU  1000
CODE  SEGMENT
      ASSUME  CS:CODE
START:MOV  AX,XX        ;把AX赋值为,000=03E8H
      CALL  MUL10       ;调用把AX内容乘10子程序
      MOV  AX,4C00H
      INT  21H
MUL10 PROC              ;一个将AX乘10的子程序,入口参数是AX,出口参数是AX
      PUSHF             ;保护现场,保护标志寄存器和BX
      PUSH  BX
      ;下面是功能程序段,实现10*AX→AX
      ADD  AX,AX        ;2XX→AX
      MOV  BX,AX        ;2XX→BX
      ADD  AX,AX        ;4XX→AX
      ADD  AX,AX        ;8XX→AX
      ADD  AX,BX        ;8XX+2XX→AX
      POP  BX           ;恢复现场
      POPF
      RET
      MUL10  ENDP
CODE  ENDS
      END  START
```

说明：

（1）该程序只用了代码段，未用数据段，所以程序只对代码段进行了定义。

（2）主程序对AX进行赋值，然后调用子程序MUL10对AX内容进行乘10的操作。

（3）子程序MUL10包括以下5部分，即子程序功能说明、入口和出口参数说明、保护现场、实现具体操作的功能段程序及恢复现场。一个标准的子程序都应该具备这5部分。

（4）由于子程序使用了加法指令，它将影响标志寄存器；程序中还使用了 BX 作为中间变量，所以在子程序保护现场部分，用 PUSH 指令把标志寄存器和 BX 推入堆栈，完成对这两个寄存器的现场保护。

（5）在功能程序段中，利用加法指令先后完成了 2 倍 XX 的操作和 8 倍 XX 的操作，然后把 2XX 和 8XX 相加实现了 10XX。

（6）在恢复现场部分，用 POP 指令从堆栈中推出两个数，分别送给 BX 和标志寄存器，完成了恢复现场的操作。要注意的是，现场恢复过程是按照先进后出的操作顺序。

3.5 DOS 系统功能调用和 BIOS 中断调用

3.5.1 DOS 系统功能调用

PC－DOS（也称为 IBM－DOS 或 MS－DOS）是美国微软公司为 IBM－PC 微机研制的磁盘操作系统。它不仅提供了许多命令，还给用户提供了 80 多个常用子程序。DOS 功能调用就是指对这些子程序的调用，也称为系统功能调用。子程序的顺序编号称为功能调用号。

DOS 功能调用采用软中断指令“INT n”实现，调用范围为 INT 20H ~ INT 3FH。其中，“INT 21H”是一个大型中断处理程序（也称为 DOS 系统功能调用），它又细分为很多子功能处理程序，可供分别调用。

DOS 系统功能调用的一般过程是：将调用号放入 AH 中，设置入口参数，然后执行软中断语句“INT 21H”。

1. 基本的输入与输出

（1）AH＝01H，输入一个字符。

程序：

```
MOV  AH,01H
INT  21H
```

上述指令执行后，系统等待从键盘输入一个字符，输入后将该字符显示在屏幕上，并且将该字符放入 AL 寄存器。按“Ctrl”＋“Break”组合键，程序自动返回到 DOS 控制下。

（2）AH＝02H，输出一个字符。

功能：将 DL 中的字符输出到屏幕。

程序：

```
MOV  DL,'A'
MOV  AH,02H
INT  21H
```

执行结果，在屏幕上显示字符 A。

（3）AH＝05H，输出一个字符到打印机。

功能：将 DL 寄存器的字符输出到打印机。

（4）AH＝09H，输出字符串。

功能：把 DS：DX 所指单元内容作为字符串首字符，将该字符串逐个显示在屏幕上，直至遇到串尾标志“ $ ”为止。

（5）AH = 0AH，输入字符串。

功能：从键盘接收字符串到 DS：DX 所指内存缓冲区。要求内存缓冲区的格式为：首字节指出计划接收字符个数，第二个字节留作机器自动填写实际接收字符个数，从第三个字节开始存放接收的字符。若实际输入字符数少于指定数，剩余内存缓冲区填零；若实际输入字符数多于指定数，则多出的字符会自动丢失。若输入 RETURN，表示输入结束，DOS 系统自动在输入字符串的末尾加上的回车字符不被计入实际接收的字符数中。

2. 文件管理

文件：文件是具有名字的一维连续信息的集合。DOS 以文件的形式管理数字设备和磁盘数据。

文件名：在 DOS 文件系统中，文件名是一个以零结尾的字符串，该字符串可包含驱动器名、路径、文件名和扩展名，如 C：\ SAMPLE \ IVIY. ASM。

文件管理：将工作文件名和一个 16 位的数值相关联，对文件的操作不必使用文件名，而直接使用关联数值，这个数值称为文件称号。文件管理从 PC - DOS 2. 0 版本开始引入。

DOS 文件管理功能：包括建立、打开、读写、关闭、删除、查找文件以及有关的其他文件操作。这些操作是相互联系的，如读写文件之前，必须先打开或建立文件，要设置好磁盘传输区或数据缓冲区，然后才能读写，读写之后还要关闭文件等。文件管理中的最基本的几个功能调用如下。

（1）AH = 3CH，创建一个文件。

功能：建立并打开一个新文件，文件名是 DS：DX 所指的以 00H 结尾的字符串，若系统中已有相同的文件名称，则此文件会变成空白。

入口参数：DS：DX←文件名字符串的起始地址，CX←文件属性（0 表示读写，1 表示只读）。

出口参数：若建立文件成功，则 CF = 0，AX = 文件称号；否则 CF = 1，AX = 错误码（3、4 或 5，其中 3 表示找不到路径名称，4 表示文件称号已用完，5 表示存取不允许）。

（2）AH = 3DH，打开一个文件。

功能：打开名为 DS：DX 所指字符串的文件。

入口参数：DS：DX←文件名字符串的起始地址，AL = 访问码（0 表示读，1 表示写，2 表示读写）。

出口参数：若文件打开成功，则 CF = 0，AX = 文件称号；若失败，则 CF = 1，AX = 错误码（3、4、5 或 12，其中 12 表示无效访问码，其他同上）。

（3）AH = 3EH，关闭一个文件。

功能：关闭由 BX 寄存器所指文件称号的文件。

入口参数：BX←指定欲关闭文件的文件称号。

出口参数：若文件关闭成功，则 CF = 0；若文件关闭失败，则 CF = 1，AX = 6 表示无效的文件称号。

（4）AH = 3FH，读取一个文件。

功能：从 BX 寄存器所指文件称号文件内，读取 CX 个字节，且将所读取的字节存储在

DS：DX 所指定的缓冲区内。

入口参数：BX←文件称号，CX←预计读取的字节数，DS：DX←接收数据的缓冲区首地址。

出口参数：若文件读取成功，则 CF =0，AX = 实际读取的字符数；若文件读取失败，则 CF =1，AX = 出错码（5 或 6）。

（5）AH =40H，写文件。

功能：将 DS：DX 所指缓冲区中的 CX 个字节数据写到 BX 指定文件称号的文件中。

入口参数：BX←文件称号，CX←预计写入的字节数，DS：DX←源数据缓冲区地址。

出口参数：若文件写成功，则 CF =0，AX = 实际写入的字节数；若文件写失败，则 CF = 1，AX = 出错码（5 或 6）。

3. 其他

（1）AH =00H，程序终止。

功能：退出用户程序并返回操作系统。其功能与“INT 20H”指令相同。

执行该中断调用时，CS 必须指向 PSP 的起始地址。PSP 是 DOS 装入可执行程序时，为该程序生成的段前缀数据块，当被装入程序取得控制权时，DS、ES 便指向 PSP 首地址。

通常，结束用户程序并返回操作系统需要以下指令完成：

```
PUSH  DS
MOV  AX,0
PUSH  AX              ;保存 PSP 入口地址 DS:00 进栈
  ⋮
RET                   ;弹出 PSP 入口地址 DS:00 至 CS:IP
```

之所以能返回 DOS，是因为 RET 指令使程序转移到 PSP 入口，执行该入口处的“INT 20H”指令所致。

（2）AH =4CH，进程终止。

功能：结束当前执行的程序，并返回父进程 DOS 或 DEBUG（加载并启动它运行的程序）。返回时，AL 中保留返回的退出码。

例如：

```
MOV  AX,4C00H  或者  MOV  AH,4CH
INT  21H
```

4. 应用举例

【例 3.9】 利用 DOS 功能调用命令从键盘输入字符串，并在显示器上显示出该字符串。

程序如下：

```
STACK  SEGMENT  STACK
DW  256  DUP(?)
TOP  LABEL  WORD
STACK  ENDS
DATA  SEGMENT
STRING1  DB  'DO YOU WANT TO INPUT STRINGS?(Y/N)'
```

```
        DB  ODH,0AH,'$'
STRING2  DB  'PLEASE INPUT STRING.',0DH,0AH,$'
BUFIN DB  20H
      DB  ?
BUFIN1  DB  20H  DUP(?)
DATA  ENDS
CODE  SEGMENT
      ASSUME  CS:CODE,DS:DATA,SS:STACK
START:MOV  AX,DATA
      MOV  DS,AX
      LEA  DX,STRING1
      MOV  AH,09H
      INT  21H              ;显示 STRING1
      MOV  AH,01H
      INT  21H              ;等待键盘输入
      CMP  AL,'Y'
      JNZ  DONE
      LEA  DX,STRING2
      MOV  AH,09H
      INT  21H              ;显示 STRING2
      LEA  DX,BUFIN
      MOV  AH,0AH
      INT  21H              ;把键盘输入的字符串送
                            ;入由 DS:DX 指向的缓冲区
      MOV  AL,BUFIN+1       ;取输入字符串的实际长度
      CBW
      LEA  SI,BUFIN1
      ADD  SI,AX
      MOV  BYTE  PTR  [SI],'$';缓冲区以$结尾
      LEA  DX,BUFIN1
      MOV  AH,09H
      INT  21H
DONE: MOV  AH,4CH
      INT  21H
CODE  ENDS
      END  START
```

3.5.2 BIOS 中断调用

PC 微机系统的 BIOS（基本输入/输出系统）存放在内存较高地址区域的 ROM 中，它处

理系统中的全部内部中断，还提供对主要I/O接口的控制功能，如键盘、显示器、磁盘、打印机、日期与时间等。这些中断调用为用户使用计算机的硬件和软件资源提供了极大方便。

与DOS功能调用相比，采用BIOS中断调用的优点在于：运行速度快，功能更强；不受任何操作系统的约束（而DOS功能调用只可在DOS环境下适用）；某些功能仅BIOS具有。其缺点是：可移植性较差，调用也复杂些。

BIOS采用模块化结构形式，每个功能模块的入口地址都存在于中断向量表中。对这些中断的调用是通过软中断“INT n”指令来实现的，其操作数 *n* 就是BIOS提供的中断类型码。BIOS中断调用的范围为INT 05H ~ INT 1FH。

BIOS中断调用的方法是：首先按照要求将入口参数置入相应寄存器，然后写明软件中断指令“INT n”。

【例3.10】 键盘输入调用（类型码为16H的中断调用：INT 16H）。

这种中断类型调用有3个功能，功能号为0、1、2，功能号放在AH寄存器中。当AH = 02H时，其功能是检查键盘上各特殊功能键的状态。执行后，各种特殊功能键的状态放入AL寄存器中，其对应关系如图3.1所示。

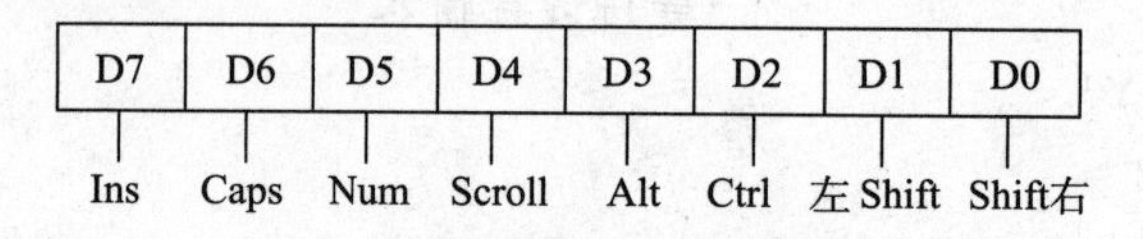

图3.1　键盘特殊功能键状态字

这个状态字被记录在内存0040H：0017H单元中。若某键对应位为1，表示该键状态为ON，处于按下状态；若对应位为0，表示该键状态为OFF，处于断开状态。

比如，检查Ctrl键是否按下，若按下则转移到相应程序段执行，可用以下程序：

```
MOV  AH,02H                    ;置功能号
INT  16H                       ;取键盘状态存到AL中
AND  AL,00000010B              ;检查Ctrl键是否按下
JNZ  Ctrl - ON                 ;若按下,转到相应处理程序
     …
Ctrl - ON:…
```

3.6　宏指令、条件汇编及上机过程

3.6.1　宏指令

宏指令是一组汇编语言语句序列的缩写，是程序员事先自定义的“指令”，在宏指令出现的地方，汇编程序自动把它们替换成相应的语句序列。

1. 宏指令的使用

宏指令的使用包括宏定义、宏调用和宏扩展。

（1）宏定义。

格式：<宏指令名>　MACRO　[形参][，形参]…

　　　　　　　　　　　⋮

　　　　　　　　　　　ENDM

说明：宏指令名是为该宏定义起的名字，可以像指令助记符一样出现在源程序中；它允许和指令性语句助记符相同，以便重新定义该指令的功能；形参间用逗号或空格隔开，在宏指令调用时，形参被实参依次取代，形参为可选项；MACRO 表示宏定义开始，ENDM 表示宏定义结束，二者之间的程序段称为宏体。

（2）宏调用。

格式：　<宏指令名>　[实参][，实参]…

功能：宏指令名的调用就是宏调用，它要求汇编程序把定义的宏体目标代码复制到调用点；调用时实参依次替代形参，实参数目与形参数目可以不相同，当实参数多于形参数时，忽略多余实参，当实参数少于形参数时，剩余的形参处理为空白。

（3）宏扩展。

当汇编程序扫描到源程序中的宏调用时，就把对应宏定义的宏体指令序列插入到宏调用所在处，用实参替代形参，并在插入的每条指令前面加上一个“+”号，这一过程就称为宏扩展。

【例 3.11】　若给定宏定义如下：

```
FOP  MACRO  P1,P2,P3
MOV  AX,P1
     P2 P3
ENDM
```

且宏调用如下：

```
FOP  WORD_VAR,INC,AX
```

则宏展开后的结果如下：

```
MOV  AX,WORD_VAR
INC  AX
```

又如：字型查表宏指令的定义及调用如下：

```
FTab  MACRO  V,N          ;宏定义
LEA  SI,V
MOV  AX,N
ADD  SI,AX
MOV  AX,[SI]
ENDM                      ;结束
FTab  Y,6                 ;宏调用:[Y+6]→AX
```

2. 用于宏定义的其他伪指令

1）LOCAL

格式：LOCAL　<符号表>

功能：只要将宏体中的变量和标号列在 LOCAL 指令的符号表中，汇编程序在宏扩展时

用从小到大的特殊序列符号替换它们。

说明：该指令只能在宏定义中使用并放在宏体起始行。

2）PURGE

格式：PURGE <宏指令名表>

功能：宏指令名表所列的宏定义被废弃，不再有效。

3）特殊的宏操作符

(1)%：取表达式操作符。

功能：用在宏体中，则在宏扩展时用表达式的值取代表达式，若在宏体中表达式前没有加%，则在宏扩展时用表达式本身取代。

(2) &：标识字符串或符号中的形参操作符。

功能：加在标识字符串或符号中的形参前，以在宏扩展时使用实参代替这个形参。

(3)!：标识普通字符操作符。

功能：出现在宏指令中时，不管其后是什么字符，都作为一般字符处理，而不再具有前述操作符功能。

【例 3.12】 带操作符“&”的宏指令的定义及调用。

```
ShfX  MACRO  OP,S,N              ;宏定义
MOV  CL,N
S&OP  S,CL
ENDM                             ;结束
ShfX  HL,AX,4                    ;宏调用,AX 逻辑左移 4 次
ShfX  AR,BX,7                    ;宏调用,BX 算术右移 7 次
```

3. 重复块宏指令

```
格式：REPT   <整数表达式）
           ⋮                     ; 重复体
      ENDM
```

功能：重复执行重复体，重复次数必须有确定值且由整数表达式给出。

【例 3.13】 在当前内存区定义 10 个字节数：3，6，9，…，30。

```
X=0
REPT  10             ;宏定义
X=X+3
DB  X
ENDM                 ;结束
```

3.6.2 条件汇编

汇编程序能根据条件把一段源程序包括在汇编语言程序内或者把它排除在外，这里就用到条件汇编这样的伪指令。其格式如下：

```
    IF  XX  argument
              …             ;自变量满足给定条件汇编此块
```

```
        [ELSE]
        …                   ;自变量不满足给定条件汇编此块
ENDIF
```

自变量必须在汇编程序第一遍扫视后就成为确定的数值。其中的 XX 条件如下：

```
IF  expression          ;汇编程序求出表达式的值,如此值不为 0 则满足条件
IFE  expression         ;如求出表达式的值为 0,则满足条件
IFDEF  symbol           ;如符号已在程序中定义,或者已用 EXTRN 伪指令说明
                        ;该符号是在外部定义的,则满足条件
IFNDEF  symbol          ;如符号未定义或未通过 EXTRN 说明为外部符号则满足条件
IFB  <argument>         ;如自变量为空则满足条件
IFNB  <argument>        ;如自变量不为空则满足条件
IFIDN  <argue-1>,<argue-2>;如果字符串<argue-1>和字符串<argue-2>相
                          ;同,则满足条件
IFDIF  <argue-1>,<argue-2>;如果字符串<argue-1>和字符串<argue-2>不
                          ;相同,则满足条件
```

条件伪指令可以用在宏定义体内，也可以用在宏定义体外，也允许嵌套任意次。

【例 3.14】 可用 DOS 或 BIOS 功能调用输入字符的宏定义。

```
Input  MACRO
IFDEF  DOS
MOV  AH,1
INT  21H
ELSE
MOV  AH,0
INT  16H
END
RNDIM
```

在引用宏指令 Input 时，汇编程序会根据符号 DOS 是否已定义来生成调用不同输入功能的程序段。

3.6.3　汇编语言程序上机过程

汇编语言源程序编写完后，需要经过几个步骤生成可执行文件，才可以在机器上运行。

(1) 建立汇编源程序，打开文本编辑器（如 EDIT. COM、TURBO. EXE、TC. EXE、C. EXE 等），输入源程序，保存为 ASM 文件。

(2) 用汇编程序（如 MASM. EXE、ASM. EXE 等）产生二进制目标文件（OBJ 文件）及列表文件（LST 文件）。

(3) 用链接程序（如 LINK. EXE 等）将 OBJ 文件链接成可执行文件（EXE 文件或 COM 文件）。

(4) 在当前盘下输入可执行文件名即可运行程序。

(5) 如果在汇编、链接和运行中出现问题，可以用调试程序（如 DEBUG. EXE 等）跟踪检查，发现问题进行修改后再运行。

1. 建立或编辑源文件

这个过程也称为源代码录入。可通过 MD - DOS 自带的 EDIT. EXE 文本编辑器进行输入，在 DOS 提示符下输入"EDIT"并按 Enter 键，这时如果系统内可调用，EDIT 的操作画面便会出现在屏幕上，就可在提示下进行录入了，当录入完毕后，选择存盘并给输入的文件起一个文件名，形式为 filename. asm。其中 filename 为文件名，由 1 ~ 8 个字符组成，asm 是为汇编程序识别而必须加上去的，不可更改。也可通过"记事本"等软件建立或编辑源文件。

2. 汇编过程

汇编过程就是把编写正确的源代码编译为机器语言、程序清单及交叉引用表的目标文件。如果此时程序有语句错误，系统将报错，并指出在第几行、什么类型的错误，可根据提示逐一修改。

在 DOS 提示符下输入"MASM filename"并按 Enter 键（注：假定系统内的汇编程序为 MASM. EXE，如果系统的汇编程序为 ASM. EXE 时，则输入"ASM filename"。其中 filename 为刚才建立的文件名），这时汇编程序的输出文件可以有 3 个（扩展名分别为 . obj、. lst、. crf），会出现 3 次提问，在此直接按 Enter 键即可。下面显示的信息是源程序中的错误个数，如果为 0 则表示顺利通过。如果不为 0 就说明有错误，并指出错误出现的行，可依据这个提示进行修改。但如果错误太多还未等看清就显示过去了，可用 MASM < filename > file_ame"（filename 为一个没用过的文件名，用以存放出错信息）命令将错误信息存于一个指定的文件，再使用文本编辑器查看。

若编译不通过，就需要重新修改。首先要清楚，在编译中检测出的错误均为每一条语句的语法或用法错误，它并不能检测出程序的逻辑设计（如语句位置安排等）错误，所以要记好出错的行号以便修改。在记录行号后，应再次执行"EDIT filename. asm"命令，依据行号进行修改并存盘，再次进行汇编，直至编译通过为止。

3. 链接为可执行文件

即链接为 EXE 或 COM 文件。在 DOS 提示符下输入"LINK filename"并按 Enter 键，链接后会产生一个可执行文件，运行编译好的可执行文件就可以得到结果了。

3.7 实验 宏汇编指令

1. 实验目的

(1) 学习使用宏汇编程序运行汇编源程序的方法。

(2) 掌握伪指令的正确使用。

(3) 了解 . EXE 与 . COM 文件的区别。

2. 实验内容

(1) 完成下面汇编程序的编辑、汇编和链接。该程序在 CRT 上显示一串英文字符"How are you !".

```
data   segment
s1      db  'How are you ! ','$'
data   ends
stack  segment  para  stack
        db  64  dup(?)
stack  ends
code   segment
        assume  cs:code,ds:data
start: mov  ax,data
        mov  ds,ax
        mov  ah,9h
        mov  dx,offset  s1
        int  21h
        mov  ah,4ch
        int  21h
code   ends
end    start
```

（2）修改该程序，使之显示10次字符串。

（3）生成.EXE文件后，用DEBUG命令查看该程序装入内存情况，与.COM文件比较，分析IP值及段寄存器值有何不同。

3. 实验要求

（1）阅读源程序，并填注释。

（2）通过TYPE打印.MAP文件，记录各段的物理地址，并与DEBUG命令查看的结果比较。通过TYPE打印.REF和.LST文件，记录分析内容的含义。

4. 实验预习报告要求

编制实验内容（2）要求的汇编语言源程序，并画出程序流程图。

习　题　3

1. 填空题

（1）下列程序段运行后，X单元的内容为＿＿＿＿＿＿。

```
…
X  DW  10
Y  DW  20
Z  DW  100,40,66,80
…
   MOV  BX,OFFSET  Z
   MOV  AX,[BX]
```

```
        MOV  Y,AX
        MOV  AX,[BX+2]
        ADD  AX,Y
        MOV  X,AX
        …
```

（2）以下程序段执行后，（AX）为__________。

```
…
A  DW  124,345,128,255,512,127,678,789
B  DW  5
…
MOV  BX,OFFSET  A
MOV  SI,B
MOV  AX,[BX+SI]
…
```

2. 编程题

（1）编写 8086 汇编语言程序，将寄存器 AX 的高 8 位传送到寄存器 BL，AX 的低 8 位传送到寄存器 DL。

（2）将 DX 寄存器的内容从低位到高位的顺序分成 4 组，且将各组数分别送到寄存器 AL、BL、CL 和 DL。

（3）判断 MEM 单元的数据，编程将奇数存入 MEMA 单元，将偶数存入 MEMB 单元。

（4）统计 9 个数中偶数的个数，并将结果在屏幕上显示。

（5）试将一串 16 位无符号数加密，加密方法是每个数乘 2。

（6）统计 BLOCK1 和 BLOCK2 单元数据中对应位不同的有多少位？

第 4 章

存　储　器

存储器是组成计算机系统的重要部分。自从冯·诺依曼提出存储程序计算机概念以后，存储器的性能一直是计算机性能的主要指标之一。存储器是指许多存储单元的集合，用以存放计算机要执行的程序和有关数据。存储器根据其在计算机系统的地位和位置分为内存储器（内存）和外存储器（外存）。

本章将介绍计算机的存储体系的基本概念和组成，讲述典型的半导体存储器芯片的结构、工作原理和外特征以及内存储器的基本技术、CPU 与内存储器的接口技术。

4.1　存储器分类

一台计算机的内存是指 CPU 能够通过指令中的地址码直接访问的存储器，一般直接与计算机的三大总线（即数据总线、地址总线和控制总线）相连，常用于存放处于活动状态的程序和数据，如操作系统的常驻部分、正在运行的用户程序等。这要求各存储单元的内容都可以被 CPU 随机访问，目前一般采用半导体存储器实现。内存是计算机系统必不可少的部件，也叫主存储器。外存一般不能为 CPU 直接访问，通常用来存放当前不活跃的程序和数据。外存是主存储器的补充，所以又叫辅助存储器，目前一般用磁盘、磁带等磁介质、光盘和半导体存储器（如 U 盘）等实现。

由于 CPU 的寄存器和算术逻辑单元都由高速器件组成，因此指令执行速度在很大程度上取决于数据存入和读出主存储器的速度。计算机解题能力的提高、服务范围的扩大、系统软件的日益丰富，对主存储器技术也提出了更高的要求，当新的计算机系统问世时，都伴随着主存储器工艺的更新和改进。正因为这样，存储器的种类日益繁多，分类的方法也有很多种。下面分别从存储器的用途、存取方式等角度对存储器进行分类。

4.1.1　按用途分类

按用途分类，存储器可分成内部存储器和外部存储器。

1. 内部存储器

内部存储器简称为内存，这是主机的一个组成部分。用来存放当前正在使用或经常使用的程序和数据，CPU 可以直接对它进行访问。内存的存取速度快，通常由 MOS（Metal Oxide Semiconductor，金属氧化物半导体）型半导体存储器组成。它包括 ROM（Read Only Memory，只读存储器）和 RAM（Random Access Memory，随机存取存储器）两种类型，ROM 用于存放系统软件、系统参数或永久性数据，而 RAM 则存放暂时性数据和应用程序，当电源关闭后存放在 RAM 中的信息也将全部消失。

内存容量受微机系统的地址总线位数的限制，对于 8086 系统的 20 位地址总线，可寻址内存空间为 1 MB；80486 微机系统的 32 位地址总线，可寻址内存空间为 4 GB；Pentium 的可寻址内存空间达到 64 GB。实际使用中，由于内存芯片价格较高，一般微机系统的内存容量配置为 32 ~256 MB。由于内存存取速度快和容量较小的特点，被用来存放系统软件、参数以及当前正在运行的部分应用程序和数据。而绝大多数的应用程序和数据被存放在外部存储器中。

2. 外部存储器

外部存储器简称外存或辅助存储器，用来存放当前暂时不参加运算的程序和数据。外存的特点是容量大、存取速度较慢、CPU 不能直接访问。但是，储存的数据可长期保存，这些是内存所不具备的。因此，外存在计算机系统中也是不可缺少的存储设备。

目前，微机系统中使用的外存有软盘、硬盘、光盘、盒式磁带和微缩胶片等。但是，外存都需要配置专用的驱动电路才能完成对它们的访问，如软盘要配软盘驱动器、硬盘要配硬盘驱动器等。

4.1.2 按信息存取方式分类

按信息的存取方式分类，存储器通常分为 RAM 和 ROM 两类。

1. 随机存取存储器

随机存取存储器，就是可以读出和写入的半导体存储器，简称 RAM。CPU 根据 RAM 的地址作随机地读取或写入操作，而存取操作所需的时间与信息存储位置是无关的。由于 RAM 的这个特点，在内存中 RAM 作为主体部分。根据 RAM 器件结构又可分为静态 RAM 和动态 RAM 两种。

1）静态 RAM（Static RAM）

静态 RAM 存储器简称 SRAM。这种存储器件的特点是存取速度很快，在不掉电的情况下，SRAM 中的数据不会自动消失。SRAM 采用多管的 MOS 器件构成，器件与微处理器的连接比较方便，但集成度较低且功耗较大。常见的 SRAM 有 2114、6116、6264 等。这类器件常在存储容量较少的系统中使用，如高速缓冲存储器（Cache）。

2）动态 RAM（Dynamic RAM）

动态 RAM 存储器简称 DRAM。这种存储器件在使用时，要求定期地进行刷新操作（Refresh）；否则，DRAM 中的信息在 2 ~8 ms 后便自动消失。故需要增设额外的刷新电路，即重写电路。DRAM 采用单管 MOS 构成，集成度高，功耗也很小。SRAM 速度是 DRAM 的 2 ~5 倍，但 SRAM 价格比较贵。因此，微机的内存都用 DRAM 作为主要部件。常见的 DRAM 有 2116、2118、6164、MN4164 等。

另外，还有准静态 RAM（Pseudo Static RAM），简称 PSRAM。这是一种介于 SRAM 和 DRAM 之间的存储器件。

2. 只读存储器

只读存储器简称 ROM。特点是在系统运行时只能读取，不能写入，关闭电源后 ROM 中的信息不会丢失。因此，ROM 被用于存放系统程序（如 BIOS）和固化应用程序。这类存储器根据电路结构可分为以下几种。

(1) PROM：可编程 ROM（Programmable ROM）。

将程序写入 PROM 后，就不可以再修改。

(2) EPROM：可擦除、可编程 ROM（Erasable PROM）。

设计的程序写入后，可用紫外光照射擦除 ROM 中的内容，重新写入新的程序。

(3) E^2PROM：电可擦除、可编程 ROM（Electrically Erasable PROM）。

被固化在该芯片中的程序，可以利用电压来擦除，重新写入新的程序。

图4.1 给出了存储器的分类。半导体存储器种类很多，从不同角度出发还可以有不同的分类。

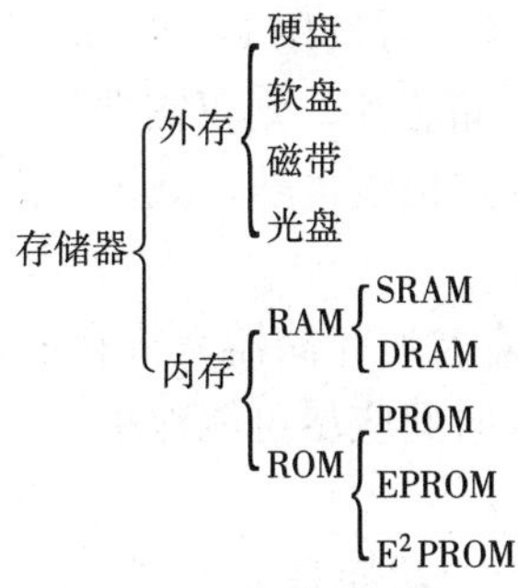

图4.1 存储器分类

从器件原理的角度上看，可以分为单极型存储器和双极型存储器两种。单极型存储器是采用 MOS 技术制作的，这种器件具有集成度高、功耗低等特点。目前，微机系统的内存大多采用单极型存储器（即 MOS 存储器）。双极型存储器大多采用晶体管技术。这种器件的特点是工作速度快，但集成度低。因此，在计算机系统中作为高速缓冲器（Cache）使用。

4.1.3 主要性能及特点

不同存储器芯片的存取速度、存取方式、易挥发性等性能差异很大，表4.1 列出了不同存储器的性能。总的来说，不同存储介质的存储器在性能指标上各有特点。

表4.1 不同存储器的性能

存储器名称	存取速度	存取方式	易挥发性	价格/位	可靠性
SRAM	最快	读/写	有	高	高
DRAM	较快	读/写	有	较低	较高
PROM	较快	只读	无	高	高
EPROM	较快	只读	无	高	高
E^2PROM	较快	只读	无	高	高
硬盘	快	读/写	无	低	较高
软盘	慢	读/写	无	低	较低
磁带	最慢	读/写	无	低	较低
光盘	快	读/写	无	低	高

选用存储器时，除了要考虑 RAM 和 ROM 的应用场合要求外，还要注意下面的问题。

（1）存储器的易挥发性。

易挥发性就是指在电源断开后，存储器中信息是否丢失。ROM 器件在断电后信息不会丢失，则称为不易挥发的，而 RAM 器件就具有易挥发性。这样，在考虑系统安全时，就必须设计一个备用的电池，以避免交流电源瞬间掉电引起的信息丢失问题。另外，DRAM 器件需要定时刷新的特性，对系统设计也增加了相应的复杂性。

（2）存储芯片的容量。

用一定数量的存储器芯片构成一个存储系统时，所选芯片的容量对系统总线的负载有直接影响。例如，一个 8 KB 的存储系统，若选用 1K×1 bit 的存储芯片构成这个存储系统，则需要用 64 片，而选用 8K×8 bit 的存储芯片，则仅需要用 1 片，器件的数量明显地减少了，同时，系统的地址总线和数据总线的连接线也随之减少，降低了对总线负载的要求。

（3）存取时间。

存取时间是指从 CPU 发出存取请求到存储器完成存取操作的这段时间，它包括存储器的寻址时间和传送数据的时间。存取时间应尽可能地小。

（4）功耗。

对于小容量、无特殊要求的系统，功耗是无关紧要的。但是，在使用电池供电的系统中，功耗又是非常重要的，如微机系统中对 CMOS（互补金属氧化物半导体）的电池供电。

（5）可靠性和价格。

4.2 多层存储结构概念

半导体存储器尽管在速度、容量、价格和制造工艺上有很大提高，但从计算机技术发展来看，仅从改进内存工艺技术着眼，内存的工作速度总是不能满足 CPU 的需要，同时内存在容量上总是落后于系统软件和应用软件的需求。因此，要取得一个兼有大容量、高速度和低成本的存储系统，应该在系统结构的设计上综合利用各种存储工艺的特长，回避其弱点，构成一个较为合理的存储系统，这样就提出了多层存储结构概念。

图 4.2 所示的结构就是目前各类计算机中广泛采用的多层存储体系结构，这是一个金字塔的结构。从观念上说，在计算机中凡是能存储程序和数据的都属于计算机的存储体系。这样，CPU 中的寄存器以其访问速度最快、容量最小而处于存储体系的最上端。这些寄存器一般位于微处理器内部，如 8086 微处理器中有 8 个 16 位的寄存器，后来的 80X86 系列微处理器中既有 16 位的段寄存器，也有 32 位的数据寄存器和控制寄存器以及 64 位、80 位的其他寄存器等。这些寄存器的用途有些是固定的，有些是用户指定的，因此也称为通用寄存器组。微处理器存取这些寄存器的速度最高，一般在一个时钟周期中完成。对于用户来说，只要充分利用并恰当地安排这些寄存器，这对提高系统性能是有极大帮助的。总体来说，设置系列寄存器一个重要的功能是为了尽可能减少微处理器从存储器读写数据的次数。由于寄存器设计在微处理器内部，受芯片面积、集成度、管理等方面的限制，寄存器的数量相对来说是很少的，合理和充分利用寄存器资源对用户在提高软件性能上很有必要。

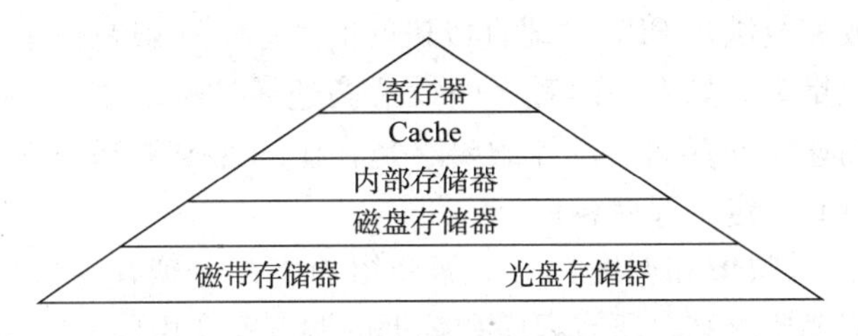

图 4.2　微型计算机存储体系的分层结构

第二级是高速缓存（Cache）。高速缓存是计算机提高整体性能的一种技术。在微机系统中引入该项技术是从 80486 CPU 开始的。目前的微机系统中采用两级高速缓存（Cache L1 和 Cache L2）。第一级高速缓存 Cache L1 设计在微处理器内部，微处理器对高速缓存的访问非常快捷；第二级高速缓存 Cache L2 安排在微处理器外，通常采用静态的随机存储器，以保证其存取速度。

第三级是内存，用于存放运行的程序和数据。从传统意义上看，微处理器直接对内存进行访问和操作；但在现代微型计算机系统中，微处理器的实际操作是针对内存中的副本的（内存存在高速缓存中的数据相当于内存的副本），微处理器访问时一般直接访问高速缓存，而不是内存，因此内存就可以采用速度较慢、集成度较高的存储器芯片，以提高整个微型计算机系统的性能价格比。这类存储器通常采用动态随机访问存储器（DRAM），现在的内存大都采用价廉的同步动态随机访问存储器（SDRAM）。

内存除了采用大量的动态随机存储器外，还有部分是用于保存固化程序和数据的只读存储器。这些只读存储器通常有 ROM、EPROM、E^2PROM 或 Flash（也叫闪存）。现代微型计算机大都采用 Flash 来存放这些固化程序和数据。相对而言，Flash 的访问速度较慢，但保存其中的程序主要是系统启动时执行的，对其访问速度并不需要有特殊要求。这样，使用较低速度的 Flash 对整个微型计算机系统影响不大。

接下来就是具有大存储容量的外部存储器（又称为海量存储器、辅助存储器等），目前多数使用磁盘、磁带、光盘或 U 盘等，保存在这类存储器上的信息非易失性是显然的。在微型计算机系统中，更多使用的是硬盘和光盘。这类存储器的容量已有上百 GB。由于受机械动作的限制，外部存储器在速度上与半导体存储器有较大的差距，这类存储器主要用于保存后备的程序和数据。现代微型计算机系统中广泛采用虚拟存储器的技术，即计算机已经具有虚拟存储管理的能力。利用虚拟存储管理，可在硬盘中开辟一块存储空间，作为主存空间的延续，CPU 可以对这部分空间进行“直接”访问，这样就可以在实际内存较小的情况下运行较大的程序。由于体积小、可靠性高和携带方便，U 盘目前已经替代了软盘作为便携式小容量的外存。

从整个微型计算机的分层结构看，整个结构主要是两个层次，即 Cache - 主存层次和主存 - 辅存层次。这样，结构中的每种存储器不再是孤立的存储部件，而是组成一个有机的整体。整个系统所要达到的理想指标具有 Cache 的速度和辅存的容量。

4.2.1　Cache - 主存层次

Cache - 主存层次解决的是 CPU 与主存在速度上的差距。由于容量、价格、功耗等原因，主存不可能设计成完全满足 CPU 立即直接访问的速率，一般在速率上与 CPU 中的运算器、控制器相差一个数量级。如果在两者之间设置高速缓冲存储器（Cache），就能较好地解决存取速率问题。高速缓冲存储器设计的要求是在访问速率上基本满足 CPU 中运算器和主控器的速率，同时具有一定的存储容量。

Cache - 主存间的地址映像和调度，与下面介绍的主存 - 辅存层次所采用的技术相仿，所不同的是因其访问速率要求高，所有程序和数据的调度完全由硬件来实现。

从 CPU 的角度看，Cache - 主存层次的访问速率接近于 Cache，但容量是主存的，而每次使用价格则接近于主存，因此解决了速率与成本之间的矛盾。

4.2.2 主存 - 辅存层次

主存 - 辅存层次解决的是存储器的大容量要求和低成本之间的矛盾。辅存作为外部设备的组成部分，它的信息存储的访问编址和主存的编址无关，早期的计算机要做到程序对外存进行访问，需要程序员花费精力和时间把大程序预先分成块，确定好这些程序块在辅存中的位置和装入主存的地址，而且在运行时还要预先安排各块如何和何时调入调出等。现代操作系统已经完全具备了这个功能，不再需要程序员自己去安排主存、辅存间的地址定位，而是由操作系统和辅助软/硬件自动实现。程序员可以把主存、辅存看成统一的整体，可以利用比主存实际容量大得多的逻辑地址编写程序。这种系统的不断发展和完善，就逐步形成了现在广泛使用的虚拟存储系统。在这个系统中，程序员可用机器指令地址码对整个程序统一编址，就像程序员具有对于这个地址码宽度的全部虚存空间一样。这个空间可以比主存实际空间大得多，以便存储整个用户程序。这种指令地址码称为虚拟地址、逻辑地址或程序地址等，其对应的存储容量称为虚存容量或程序空间；实际主存的地址称为物理地址、实（主）地址，其对应的存储容量称为主存容量、实存容量或实（主）存空间。

当用虚拟地址访问主存时，机器自动把它经辅助软件、硬件变换成主存实地址，然后查看这个地址所对应的单元内容是否已经装入主存。如果已在主存中，就进行访问；否则，就经辅助的硬件、软件把它所在的那块程序或数据由辅存调入主存，然后进行访问。这些操作对程序员来说是透明的，即不用程序员来安排，由计算机自动实现。

4.3 主存储器及存储控制

4.3.1 主存储器

1. 主存储器的主要指标

衡量一个主存储器的性能指标主要有存储容量、存取时间/存储周期和可靠性等。

存储器可以容纳的二进制信息量称为存储容量。计算机能够利用的主存储器最大容量又取决于计算机设计的体系结构和指令的寻址方式。各种寻址方式最终形成的有效的直接地址用以访问主存储器，因此 CPU 的地址位数影响其对主存储器的可寻址空间。一般的存储单元以字节为单位。

例如，具有 16 位地址的计算机能够寻址的存储单元是 64 KB，以 8086 CPU 组成的计算机，因其有 20 根地址线，可寻址的存储单元为 1 MB，而主存容量为 16 MB 时，就需要计算机能产生 24 位地址。

微型计算机系统的存储容量有两个概念要清楚：一个是 CPU 的最大容量，这是由 CPU 的地址线的多少决定的；另一个是实际容量，是指在一个实际的微型计算机系统中具体安装了多大的内存。通常，计算机系统提供的最大容量要远大于实际的装机容量。例如，Pentium 4 CPU 设计的地址线是 36 位，其最大容量应该是 2^{36}，即 64 GB，但在采用 Pentium 4 的微型计算机系统中一般也只装配了 512 MB 的内存容量。

主存储器的另一个重要的性能指标是存储器的速度，常用存储器存取时间和存储周期来表示。存储器存取时间（Memory Access Time）又称为存储器访问时间，是指从启动一次存储器操作到完成该操作所需要的时间。例如，从读操作命令发出到该操作完成，并将数据读入数据缓冲寄存器为止所经历的时间，即为存储器存取时间。

存储周期（Memory Cycle Time）指连续启动两次独立的存储操作（如连续两次读操作）所需间隔的最小时间。通常，存储周期略大于存取时间，其差别与主存储器的物理实现细节有关。

可靠性用平均故障间隔时间 MTBF（Mean Time Between Failures）来衡量。显然，MTBF 越长，可靠性越高。对于某些可靠性要求高的计算机系统（如银行系统的服务器等），除了选择 MTBF 好的芯片外，还可以用纠错编码技术来延长 MTBF，以提高存储器的可靠性。

2. 主存储器的基本操作

主存储器和 CPU 的关系极为密切，这是因为 CPU 需要执行的指令和待处理的数据及结果都暂存在那里。主存储器 CPU 的连接是通过总线来完成的，其形式如图 4.3 所示。

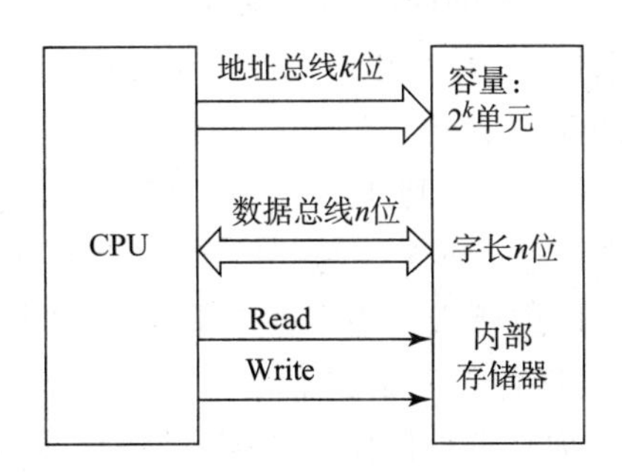

图 4.3　CPU 与内存连接示意图

从系统结构的观点看，可把主存储器视为一个黑匣子，在 CPU 中设置两个寄存器来实现存储器和 CPU 之间的数据传输：存储器地址寄存器（Memory Address Register，MAR）和存储器缓冲寄存器（Memory Buffer Register，MBR）。当然，存储器本身内部也有地址和数据寄存器，分别与 MAR 和 MBR 相联系，这一点在研究存储器内部构造时再介绍。MAR 的位数就是地址线的多少，设其为 k 位二进制数，MBR 的位数就是其字长，设其为 n。于是，存储器可包含多达 2^k 个可寻址单元；而在一个存储周期中，有 n 位数据在存储器和 CPU 之间传输。总的来说，存储器总线包括 k 条地址线和 n 条数据线，加上必要的控制线，如

Read（读）、Write（写）等。控制线的作用是规定数据传输的性质和协调操作步骤，在字节寻址的计算机中，还要增加一些控制线，用来表示什么时候只需传输一个字节，而不是 n 位整字长等。

现在来看主存储器的基本操作过程，即 CPU 对主存储器的一次访问：读或写。

为了从存储器中读一个数据并送到 CPU 中，CPU 先将指令中利用寻址方式获得的物理地址送入 MAR 中，经地址总线送往主存储器，CPU 接着置存储器读控制线 Read 有效，存储器的一次读操作即可开始，在读控制线 Read 的作用下，被地址线选中的存储器某个单元的内容就送到了数据总线。CPU 为等待从存储器读出数据，需要暂时封锁自己的流程，或者安排一些与该数无关的操作。当存储器完成本次操作，CPU 通过数据线把所读的数据送入 MBR。

与读类似，为了"写"一个数据到主存，CPU 先通过指令确定需要保存数据在主存某个单元的地址，并把此地址经 MAR 送地址总线，将数据送到数据总线。接着 CPU 置存储器写控制线 Write 有效，存储器的写操作即开始，主存储器从数据总线接收数据并按地址总线指定的地址存储。

4.3.2 主存储器的基本组成

目前，半导体存储器以其具有的速度快、功耗低、价格低、模块化程度高以及装配密度大等优点，广泛应用在各种计算机系统中。本节介绍 RAM 的基本存储电路和结构。

MOS 型器件构成的 RAM 可分为静态 RAM 和动态 RAM 两种。静态 RAM 通常由六管构成的触发器作为基本存储电路。下面介绍图 4.4 所示六管静态存储单元电路的工作过程。

图 4.4 的虚线框中央由 $T_1 \sim T_4$ 组成的是一个交叉耦合而成的双稳态触发器（T_3 和 T_4 是负载管），T_5 和 T_6 作为控制管。当 X 的译码输出线为高电平时，T_5 和 T_6 导通，A、B 端就与位线 D 和 $\overline{D}$ 相连；当该电路被选中时，相应的 Y 译码输出也是高电平，故 T_7 和 T_8 也导通，于是 D 和 $\overline{D}$ 外部数据线的输入/输出电路 I/O 和 $\overline{I/O}$ 相通。需要对存储器写入时，写入信息自 I/O 和 $\overline{I/O}$ 线输入。若要写"1"，则 I/O 线为"1"，$\overline{I/O}$ 线为"0"。它们通过 T_7、T_8 以及 T_5、T_6 分别与 A 端和 B 端相连，使 A 端为"1"，B 端为"0"，强迫 T_2 导通，T_1 截止，相当于把输入电荷存储于 T_1 和 T_2 的栅极。由于存储单元有电源和两个负载管，可以不断地向栅极补充电荷，只要不掉电就能保持写入的信号不丢失。与动态 RAM 相比，它不用刷新。其读出的情况同写入类似，而且这种读出是非破坏性的，即信息在读出后，仍保留在存储电路内。

动态 RAM 通常由单管组成，基本存储电路如图 4.5 所示，T_s 和电容 C_s 构成最简单的动态存储单元。写入时，字选择线为"1 "，T_s 导通，写入信号由位线（数据线）存入电容 C_s 中；在读出时，字选择线为"1"，存储在电容 C_s 上的电荷通过 T_s 输出到数据线上，通过读出放大器即可得到存储信息。为了节省面积，单管存储电荷的电容不可能做得很大，一般比数据线上的分布电容 C_d 小，因此每次读出后，存储内容就被破坏，必须采取刷新技术恢复原来的信息。

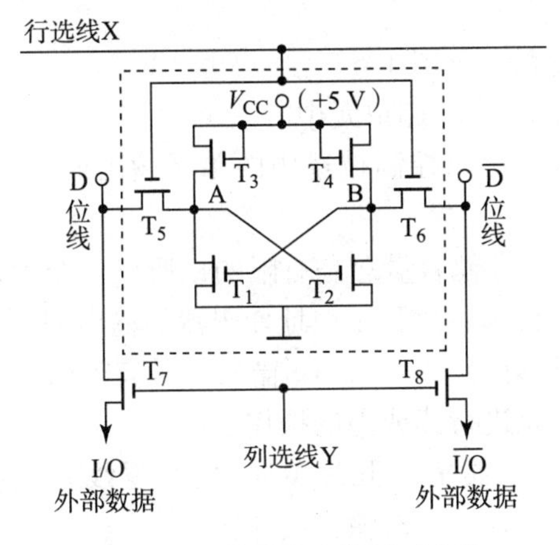

图4.4 六管静态存储单元电路

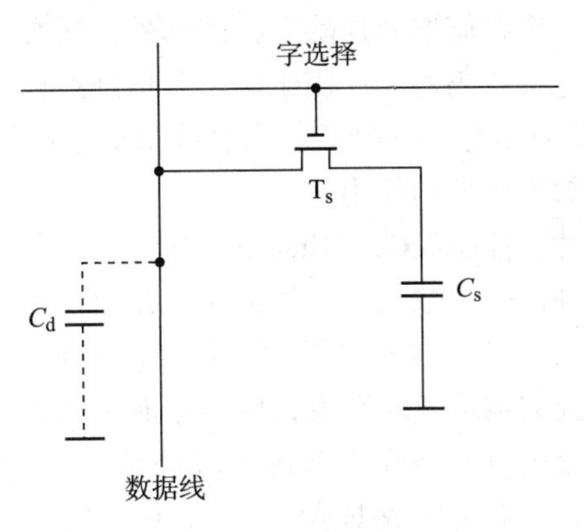

图4.5 单管动态存储单元

1. 存储体

存储器由大量的基本存储电路组成，这些存储电路有规则地组合起来就成为存储体。在较大容量的存储器中，往往把各个字对应的位组织在一个片中，这样的存储芯片称为多字一位片，如256K×1bit、512K×1bit等。现在多采用把各个字的几位组织在一个片中，称为多字多位片，如256K×4bit、225K×8bit等。

图4.6是一个典型的RAM示意图。它的存储体是4 096×1，即4 096个字同一位。同一位的不同字通常排成矩阵的形式，即64×64=4 096，这是为了便于译码寻址。

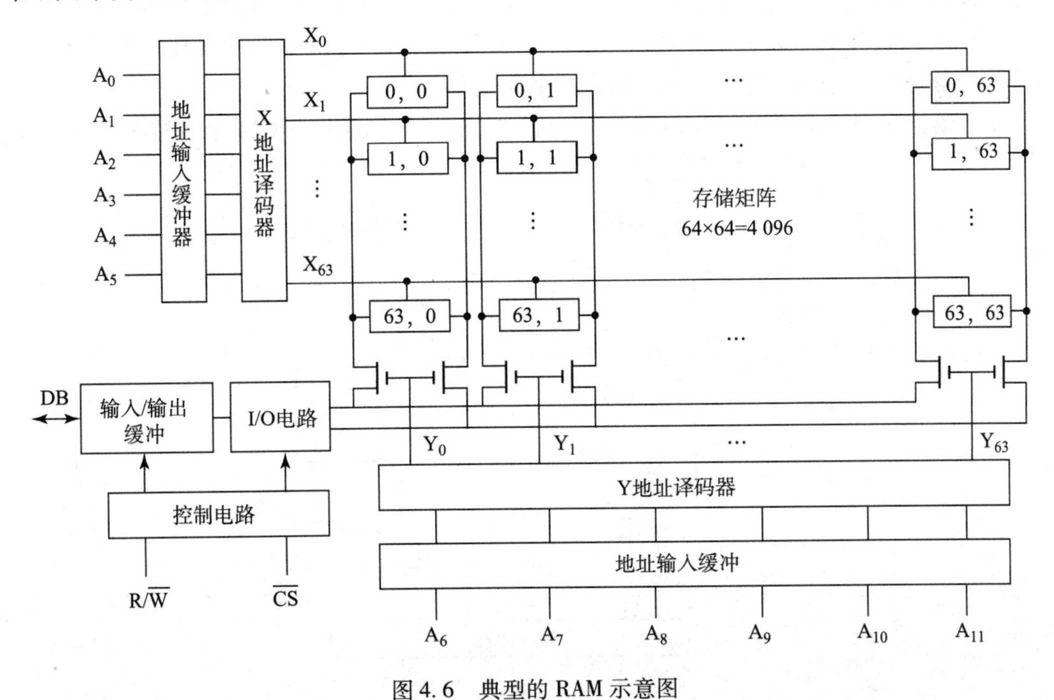

图4.6 典型的RAM示意图

2. 外围电路

一个存储器芯片除了存储体外，还有许多外围电路，见图 4.6。

地址译码器——用于对 n 条地址线译码，以选择 2^n 个存储单元中的一个。

I/O 电路——处于数据总线和被选用的单元之间，用以控制被选中的单元读出或写入，具有放大信息的作用。

片选控制端 $\overline{CS}$（Chip Select）——由于每片芯片的存储容量总是有限的，所以一个存储体往往由一定数量的芯片组成。在地址选择时，首先要选芯片，用地址译码器的输出和一些控制信号（如 8086 CPU 的 $M/\overline{IO}$）形成片选信号。只有当某一片的 $\overline{CS}$ 输入信号有效时，该片所连的地址线才有效，这样才能对该片上的存储单元进行读或写的操作。

集电极开路或三态输出缓冲器——在实际系统中，常需将几片 RAM 的数据线并联使用，或与双向的数据总线相接，因而需要用到集电极开路或三态输出缓冲器。

另外，在动态 MOS 型 RAM 中还有预充、刷新等方面的控制电路等。

3. 地址译码方式

存储器的地址译码有两种方式：一种是单译码方式，又称字结构；另一种是双译码方式，又称复合译码结构。

在字结构中，n 根地址输入经全译码有 2^n 个输出，以选择 2^n 个字，如 16 个字对应 $A_3 \sim A_0$。共 4 根地址线，经译码获得 16 根选择线。显然，随着存储字的增加，译码输出的端线及相应的驱动电路会急剧增加，存储器成本也将迅速增加，这种译码方式仅适用于小容量存储器。

复合译码结构——往往用于地址位数 n 很大时，把 n 位地址线分成接近相等的两段，分别译码，产生一组 X 地址线和一组 Y 地址线，然后让 X 地址线和 Y 地址线在字存储单元列成矩阵的存储体中一一相“与”，选择相应的字存储单元。

图 4.7 给出了一个含有 1 × 1 024 个字的存储器的双译码电路，1 024 个字按 32 × 32 的矩

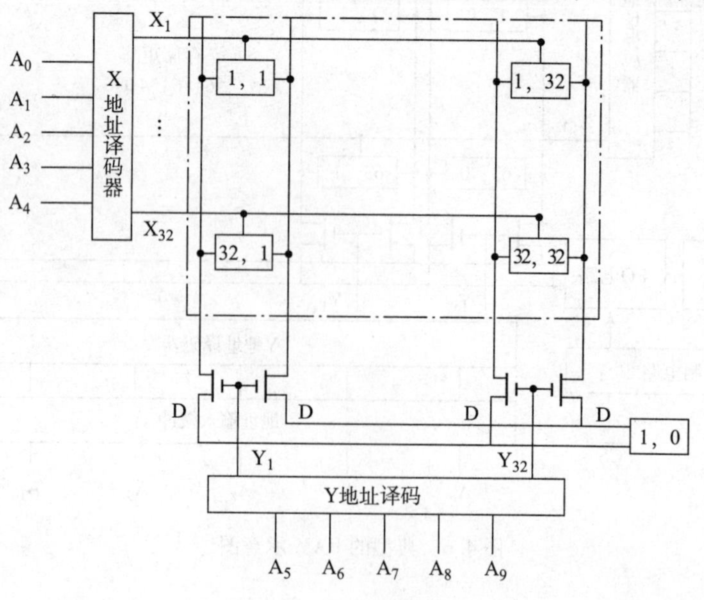

图 4.7　双译码存储电路

阵排列。要对 1 024 个字进行访问，需要 10 根地址线，即 1 024 = 2^{10}，10 根地址线分成两组，$A_0 \sim A_4$ 为一组，$A_5 \sim A_9$ 为另一组，前组经 X 译码器输出 32 条行选择线，后组经 Y 译码器输出 32 条字选择线。行选择线和字选择线的组合可以方便地找到 1 024 个字中的任何一个，而译码器输出的总端线仅为 64（$2^5 + 2^5$）根，而不是采用单译码时的 1 024（2^{10}）根。由此可见，双译码电路比单译码电路具有优越性。

4.4　8086 系统的存储器组织

4.4.1　8086 CPU 的存储器接口

1. 不同模式下 CPU 的存储器接口

在 8086 最小模式系统和最大模式系统中，8086 CPU 可寻址的最大存储空间为 1 MB。另外，8086 最小模式系统和最大模式系统的配置是不一样的。8086 最大模式系统中增设了一个总线控制器 8288 和一个总线仲裁器 8289，因此 8086 CPU 和存储器系统的接口在这两种模式中是不同的。

图 4.8 是 8086 最小模式系统的存储器接口示意图，寻址存储单元的信号由多路复用的地址/数据总线 $AD_{15} \sim AD_0$、地址线 $A_{19} \sim A_0$ 和总线高位有效信号 $\overline{BHE}$ 提供。存储器的控制信号 ALE、$\overline{RD}$、$\overline{WR}$、$M/\overline{IO}$、$DT/\overline{R}$ 和 $\overline{DEN}$ 直接由 8086 CPU 产生。

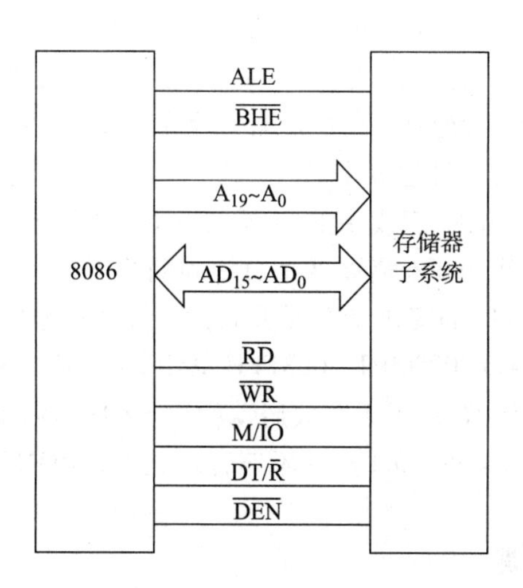

图 4.8　8086 最小模式系统存储器接口

图 4.9 是 8086 最大模式系统的存储器接口示意图。该电路包括一片 8288 总线控制器芯片。8288 接收 8086 发送的总线状态信息 $\overline{S_2}$、$\overline{S_1}$、$\overline{S_0}$，将这 3 位标识总线周期类型的状态信号译码，产生读/写信号 $\overline{MRDC}$、$\overline{MWTC}$、$\overline{AMWC}$ 以及控制信号 ALE、$DT/\overline{R}$ 和 $\overline{DEN}$。由此可见，在最大模式系统中，8288 代替了 8086 CPU 产生和存储器接口的大多数定时和控制信号，仅 $\overline{BHE}$ 和 $\overline{RD}$ 信号仍然由 8086 CPU 提供。

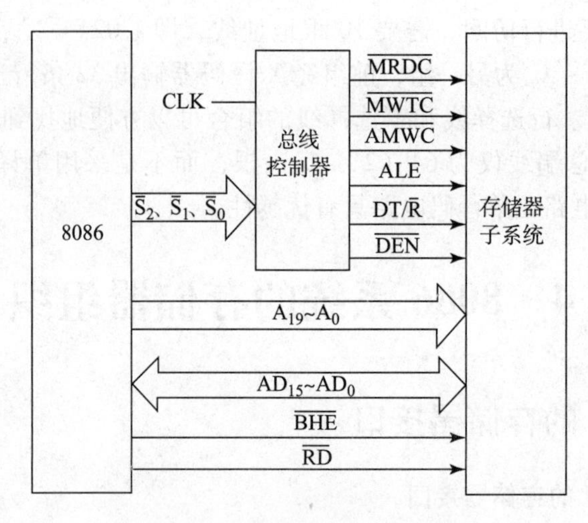

图 4.9 8086 最大模式系统存储器接口

在 8086 存储器系统中，20 位地址总线（$A_{19}\sim A_0$）的最大寻址存储空间是 1 MB，其地址范围为 00000H ~ FFFFFH。显然，在 8086 微机系统中，存储器系统实际上是以字节为单位组成的一维线性空间。8086 寻址的 1 MB 存储器空间可以分成两个 512 KB 的存储体，一个存储体包含偶数地址，另一个存储体包含奇数地址。任何两个连续的字节可以作为一个字来访问，显然其中一个字节必定来自偶地址存储体，另一个必定来自奇地址存储体，地址值较低的字节是低位有效字节，地址值较高的字节是高位有效字节。

为了有效地使用存储空间，一个字可以存储在以偶地址或奇地址开始的连续两个字节单元中，地址的最低有效位 A_0 决定了字的边界。如果 A_0 是 0，则字存放在偶地址边界中，其低 8 位有效字节存储于偶地址单元中，高 8 位有效字节存储于相邻的奇地址单元中。同理，如果 A_0 是 1，则字是存放在奇地址边界上。

对所有位于偶地址边界上的字节或字的访问，8086 只需一个总线周期就能完成，而对于在奇地址边界上的字的访问，8086 需要两个总线周期才能实现。

8086 系统的 1 MB 存储空间的安排是有要求的，其最高和最低地址空间是留给某些特殊的处理功能使用的。如存储单元 00000H ~ 003FFH 共 1024 B 用于存放 Intel 保留的 256 种中断矢量，FFFF0H ~ FFFFFH 共 16 B 用于存放启动程序。8086 应用程序不能把这些区域改作其他用途；否则会使系统与未来的 Intel 产品不兼容。此外，ROM 和 RAM 可位于 1 MB 存储空间的任何位置。

2. 接口设计中的一些问题

上面介绍了 8086 CPU 的存储器接口，当 8086 CPU 与存储器系统实际连接时，还要考虑许多具体问题。

（1）CPU 总线的负载能力。CPU 总线在设计时对负载能力都有一定限制。在小型系统中，CPU 可以直接与存储器相连，而在较大的系统中，就需要增加缓冲器、驱动器等。

（2）CPU 的时序和存储器的存取速度之间的配合问题。系统中，CPU 的读写时序是固定的，这时就要考虑对存储器存取速度的要求；若存储器已经确定，则需要考虑是否要插入等待周期 T_W。例如，8086 CPU 的主频采用 5 MHz，则 1 个时钟周期为 200 ns，将每个时钟周期称为1个T状态。CPU与存储器交换数据，或者从存储器取出指令，必须执行1个总线周期，而最小总线周期由4个T状态组成。如果存储器速度比较慢，CPU就会根据存储器送来的“未准备好”信号（READY信号无效），在T_3状态后插入等待状态T_W，从而延长了总线周期，直到存储器准备完成。

（3）存储器的地址分配和选片问题。内存的扩展和因不同用途的划区都涉及存储器的地址分配和选择。当多片存储芯片组成存储器时，还有一个片选信号的问题。

本节在介绍8086 CPU与ROM、静态RAM的具体连接方法的同时，还将介绍存储器扩展以及地址译码技术。

3. CPU提供的信号线

无论是8086最小模式系统存储器接口还是8086最大模式系统存储器接口，其提供的相关信号线对存储器一方来说应该是一样的。下面重点讨论这些信号线的作用及接口电路。

在实际的存储器接口电路中，CPU直接提供的或通过一些简单电路如总线控制芯片提供的信号线如下。

（1）$D_0 \sim D_{15}$：16位数据线，在接口电路中分成两部分，即低8位数据线$D_0 \sim D_7$和高8位数据线$D_8 \sim D_{15}$。CPU可以分别对低8位数据线和高8位数据线进行操作，也可以同时对16位数据线进行操作，例如：

```
MOV  AL,[0000]          ;对低8位数据线进行操作
MOV  AH,[0001]          ;对高8位数据线进行操作
MOV  AX,[0000]          ;对16位数据线进行操作
```

读者将看到，由于8086 CPU对数据线操作的多样性，使其接口电路较一般的8位CPU如Z80或8088等存储器接口电路复杂得多。

（2）$A_0 \sim A_{19}$：20位地址线。尽管8086 CPU是16位，但其内存单元仍是8位的。也就是说，8086 CPU所允许的最大内存容量是1 MB，而不是1M个字。

（3）$M/\overline{IO}$：存储器或I/O端口访问信号。8086 CPU地址线上的信息有两种，一种是内存地址，另一种是外设地址。$M/\overline{IO}$信号指定了当前地址线上地址信息的类型。如$M/\overline{IO}=0$，表明地址线上的信息为外设地址；$M/\overline{IO}=1$，表明地址线上的信息为内存地址信息。

（4）$\overline{RD}$：读信号线。当其有效时，表明CPU从内存读数据，这时数据线的数据流沿内存、数据总线到CPU的方向流动。

（5）$\overline{WR}$：写信号线。当其有效时，表明CPU写数据到内存，这时数据线的数据流沿CPU、数据总线到内存的方向流动。

（6）$\overline{BHE}$：总线高位有效信号。当其有效时，表示CPU是对高8位的数据线的操作。对初学者来说，也许$\overline{BHE}$的作用和功能是比较令人困惑的。与一般的8位CPU相比，$\overline{BHE}$是8086 CPU系列所特有的，是掌握8086 CPU与内存接口的关键点之一。

4.4.2 存储器接口举例

不同类型的存储器所提供的信号线大同小异，这里仅讨论两种类型的存储器：一种是可擦写的只读存储器EPROM；另一种是静态的随机读写存储器RAM。

1. ROM扩展电路

只读存储器在计算机系统中的功能主要是存储程序、常数和系统参数等。这些信息

有一个共同的特点就是在计算机工作过程中保持不变，CPU 只能对其所在单元进行读操作而不能进行写操作。如果需要对存储单元的数据进行更新，则需要特殊手段进行数据写入。如对于 EPROM，如果要把信息写入芯片，首先要把芯片放在一定强度的紫外线下照射一段时间，然后对芯片的一个相关引脚施加大于 12 V 以上电压并保持一定的写入时间，才能把数据写入。则称这个操作过程为芯片编程，称这个 12 V 以上的电压为编程电压。

目前常用的 EPROM 芯片有一个系列，型号为 2716、2732、…、27256 等。型号和容量有直接的关系，即“27”后面的数字除以 8 就是容量，单位是 KB。比如，2716 的容量是 16/8 = 2，即 2 KB，它有 11 根地址线，2732 的容量是 4 KB（32/8），因此它有 12 根地址线。

27 系列 EPROM 芯片的信号线（见图 4.10）可分为以下几类。

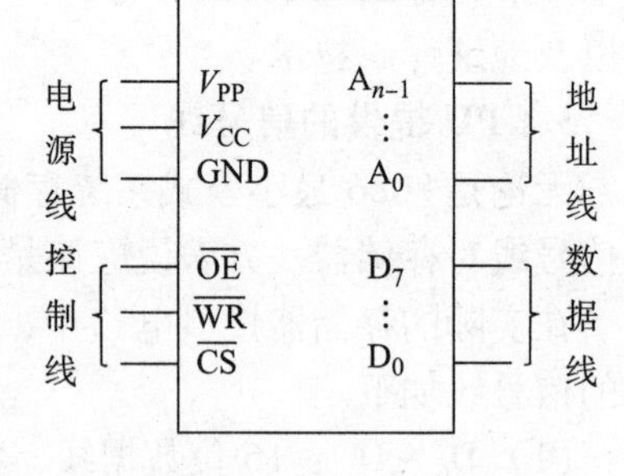

图 4.10 EPROM 管脚分类

（1）总线部分。

- $D_0 \sim D_7$——数据线。
- $A_0 \sim A_{n-1}$——地址线，n 是地址线根数。对于 2716，$n = 11$，对于 27256，$n = 15$。

（2）电源部分。

- V_{CC}，GND——电源线和地线。
- V_{PP}——编程电压。在 CPU 仅对芯片进行读操作时，V_{PP}一般直接接电源电压。

（3）控制部分。

- $\overline{OE}$——读控制线。当其有效时，数据从 EPROM 内的某个单元通过数据线传送到 CPU。
- $\overline{CS}$——片选线。该信号一般为低电平有效，有效时表示本芯片工作。在芯片编程时这根线作为编程控制线。

下面讨论$\overline{CS}$信号的意义。对于一个内存容量需求较大的系统，往往有多个内存芯片。当然 CPU 对这些芯片进行访问时，不可能所有芯片都同时与 CPU 交换数据，只有 CPU 所指定的芯片才能与其传送数据。$\overline{CS}$就起了这个“指定”的作用。也就是说，当 CPU 对内存进行访问时，只有指定芯片的$\overline{CS}$有效，而其他芯片的$\overline{CS}$无效。

$\overline{CS}$信号一般是由高位地址线产生的，它是计算机接口中的一个极为重要的部分。掌握了它，也就掌握了计算机的存储器接口和 I/O 接口电路的设计。

下面结合一个例子来讨论$\overline{CS}$信号的产生。

【例 4.1】 设计一个 ROM 扩展电路，容量为 32K 字，地址从 00000H 开始。

在着手设计这个接口电路前，首先确定内存的容量及选用的 EPROM 型号。前面讲过，尽管 8086 CPU 是 16 位的，但其内存单元仍是 8 位的，而 32K 字的容量实际就是 64 KB。如果选用 27256，因为它是 32 KB 的容量，所以要计算所需 27256 芯片的个数：（32K × 16）/（32K × 8） = 2，即要用两片 27256。其中一片存储低 8 位信息，接 CPU 数据线的 $D_0 \sim D_7$；另一片存储高 8 位信息，接 CPU 数据线的 $D_8 \sim D_{15}$。最后合成的效果就是存储 32K 字的信息量。图 4.11 所示为 27256 的引脚排列。

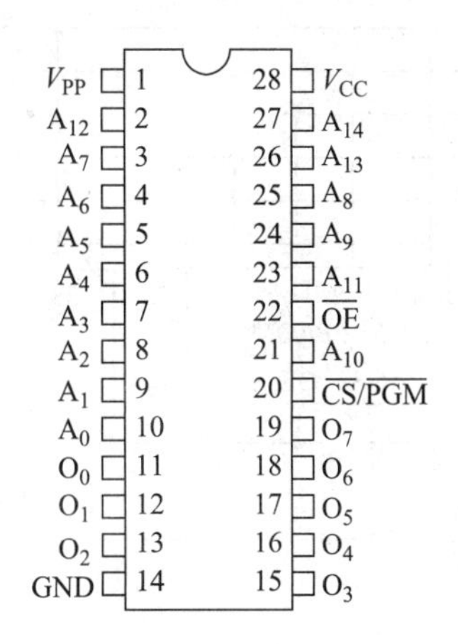

图 4.11 27256 引脚排列

然后计算它的地址范围。对于地址从 00000H 开始的 64 KB 容量的存储器，其地址范围为 00000H ~ 0FFFFH。表 4.2 给出了地址的变化范围。

表 4.2 64 KB EPROM 内存地址范围

序号类型	$A_{19}A_{18}A_{17}A_{16}$	$A_{15}A_{14}A_{13}A_{12}A_{11}A_{10}A_9A_8A_7A_6A_5A_4A_3A_2A_1A_0$
最小地址序号	0 0 0 0	0 0 0 0 0 0 0 0 0 0 0 0 0 0 0 0
最大地址序号	0 0 0 0	1 1 1 1 1 1 1 1 1 1 1 1 1 1 1 1

当 CPU 的低位地址线 $A_{15} \sim A_0$ 从 0000H 变化到 FFFFH 时，其高位地址 $A_{19} \sim A_{16}$ 保持不变，仍为 0H。这就提示我们，片选信号由 $A_{19} \sim A_{16}$ 产生。当其为 0H 时，片选信号有效。而 CPU 的 $A_{15} \sim A_0$ 作为 EPROM 的片内单元的译码线，可以寻址 64 KB（2^{16}），应直接与芯片的地址输入线 $A_{14} \sim A_0$ 相连接。当其发生变化时，可以选中芯片内的任一指定单元。

读者可能注意到这里有一个小问题还没有解决，27256 的地址输入线为 15 根（$A_{14} \sim A_0$），而 CPU 的地址线除去产生片选信号的 4 根线，还剩下 16 根（$A_{15} \sim A_0$），它们如何和 27256 相连呢？解决这个问题的关键就要考虑 8086 CPU 是一个 16 位 CPU，可以进行 16 位操作。8086 CPU 在读数据时，是 16 位的操作，同时读一个偶地址单元和一个奇地址单元。这就表明 CPU 的地址线 A_0 是不能参与地址译码的，因为一旦 A_0 参与地址的译码，就会区别奇、偶地址，这样就不可能同时读出两个单元的内容，即 16 位信息了。这样得出了图 4.12 所示的接口电路。

如果 DS 内容为 0000H，当 CPU 执行指令“MOV AX，[0000]”时，对 ROM 芯片的操作过程如下：首先 CPU 通过其地址线发地址信息 00000H；接着 $M/\overline{IO}$ 有效，表示地址线上的信息为内存地址；于是 $\overline{CS}$ 信号有效，两片 EPROM 都可以工作，同时由于 $A_{15} \sim A_1$ 全为 0，两个芯片的第 0 号单元均被选中；最后 CPU 发读信号，$\overline{RD}$ 有效，数据从两片 EPROM 的 0 号单元通过数据线 $D_0 \sim D_{15}$ 传输到 CPU 内。

接 CPU 数据线 $D_0 \sim D_7$ 的存储器芯片为偶片，接 CPU 数据线 $D_8 \sim D_{15}$ 的存储器芯片为奇片。对于指令

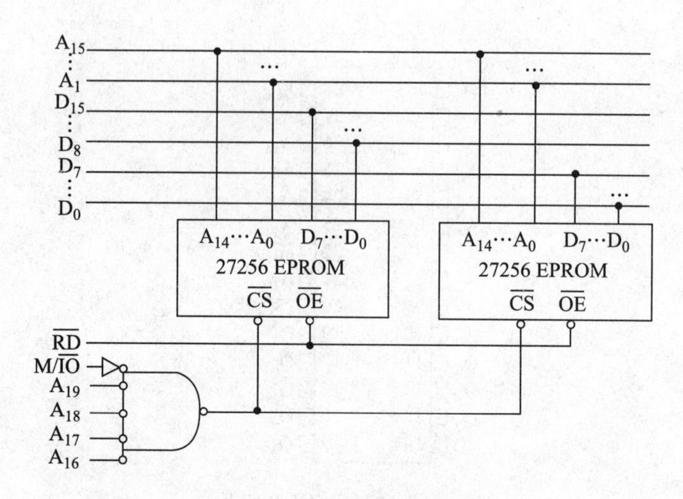

图 4.12 64 KB ROM 扩展电路

```
MOV  AX,[0000]
```

CPU 实际是对地址 0000H 单元和 0001H 单元进行了操作。所以，偶片 EPROM 的第 0 号单元在整个内存系统中的地址为 00000H，而奇片 EPROM 的第 0 号单元在整个内存系统中的地址为 00001H。

2. RAM 扩展电路

随机读写存储器在计算机系统中的功能主要是存储程序、变量等。在计算机运行过程中，程序所处理的变量可能要随时更新，甚至运行的程序都有可能被系统动态删除以腾出空间给其他进程。这类信息用 ROM 来存储是不行的。当然用 RAM 存储时，如果计算机关机，这些信息也将不复存在。

目前，静态 RAM 常用的芯片也有一个系列，型号为 6116、6264、62256 等。与 27 系列的 EPROM 一样，型号和容量有直接的关系，即“61”或“62”后面的数字除以 8 就是容量，单位是 KB。比如，6116 的容量是 2 KB（16/8），6264 的容量是 8 KB（64/8）。

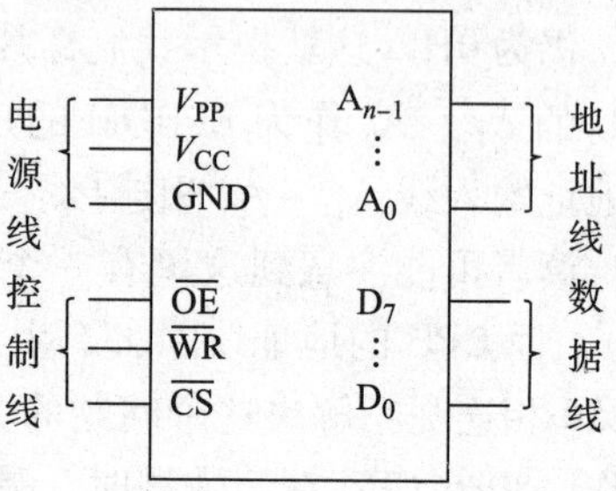

电源线 / 控制线：V_{PP}、V_{CC}、GND；$\overline{OE}$、$\overline{WR}$、$\overline{CS}$
地址线 / 数据线：A_{n-1} ⋮ A_0；D_7 ⋮ D_0

图 4.13 EPROM 引脚分类

RAM 芯片的信号线（见图 4.13）可分为以下几类。

（1）总线部分。

- $D_0 \sim D_7$——数据线。
- $A_0 \sim A_{n-1}$——地址线，n 是地址线根数。对于 6116，$n = 11$，对于 62256，$n = 15$。

（2）电源部分。

- V_{CC}、GND——电源线和地线。

（3）控制部分。

- $\overline{WR}$——写控制线。当其有效时，CPU 把数据通过数据线传输到 RAM 中的某个单元。
- $\overline{OE}$——读控制线。当其有效时，数据从 RAM 内的某个单元通过数据线传送到 CPU。
- $\overline{CS}$——片选线。该信号一般为低电平有效，有效时表示本芯片工作。

RAM 的接口电路要比 ROM 复杂些，下面结合一个例子来讨论 RAM 的接口电路。

【例 4.2】　设计一个 RAM 扩展电路，容量为 32K 字，地址从 10000H 开始，芯片采用 62256。图 4.14 所示为 62256 的引脚排列。

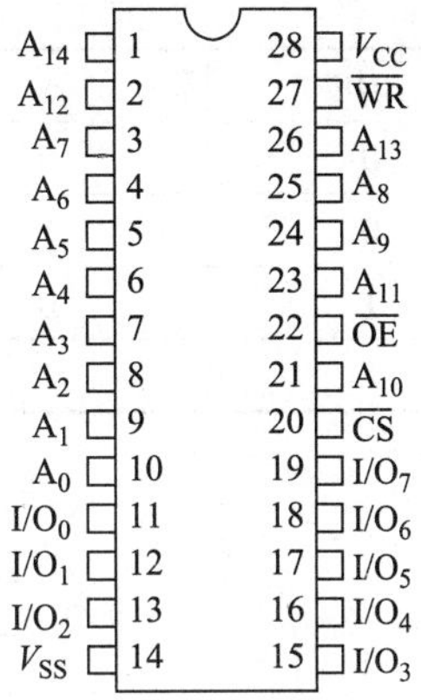

首先确定内存的容量及所需芯片的个数。因为 32K 字的容量实际就是 64 KB，而选用的 62256 的容量是 32 KB，所以要计算所需 62256 芯片的个数：（32K × 16）/（32K × 8）= 2，即需用 62256 芯片两片。其中一片为偶片存储，接 CPU 数据线的 $D_0 \sim D_7$；另一片为奇片存储，接 CPU 数据线的 $D_8 \sim D_{15}$。最后合成的效果就是存储 32K 字的信息量。

然后讨论 $\overline{CS}$ 信号的产生。对于地址从 10000H 开始的 64 KB 容量的存储器，其地址为 10000H ~ 1FFFFH。表 4.3 给出了地址的变化范围。

图 4.14　62256 引脚排列

表 4.3　64 KB RAM 地址范围

序号类型	$A_{19}A_{18}A_{17}A_{16}$	$A_{15}A_{14}A_{13}A_{12}A_{11}A_{10}A_9A_8A_7A_6A_5A_4A_3A_2A_1A_0$
最小地址序号	0 0 0 1	0 0 0 0 0 0 0 0 0 0 0 0 0 0 0 0
最大地址序号	0 0 0 1	1 1 1 1 1 1 1 1 1 1 1 1 1 1 1 1

可以看出，当 CPU 的低位地址线 $A_{15} \sim A_0$ 从 0000H 变化到 FFFFH 时，其高位地址 $A_{19} \sim A_{16}$ 保持不变，显然片选信号应该由 $A_{19} \sim A_{16}$ 产生。当其为 0001H 时，片选信号有效。CPU 的 $A_{15} \sim A_0$ 作为 RAM 的片内单元的译码线，可以寻址 64 KB，应直接与芯片的地址输入线 $A_{14} \sim A_0$ 相连接，而 CPU 的 A_0 作为奇/偶片选择。

下面讨论与 EPROM 接口电路不同的方面。ROM 在正常工作过程中，CPU 对它仅做只读不写的操作，即总是 16 位的操作；但对 RAM 的操作要复杂得多，因为 CPU 不仅对它进行读操作，还要进行写操作。写操作有 3 种类型，即写 16 位数据、写低 8 位数据和写高 8 位数据。对于 16 位的数据读/写操作，接口电路中 RAM 区的偶片和奇片同时工作；而写 8 位的数据操作，接口电路中只有偶片 RAM 或奇片 RAM 中的一片工作。这表明为了区别偶片和奇片，在设计 RAM 的接口电路中应该把 CPU 的地址线 A_0 用上，因为 A_0 可以区别出偶地址和奇地址。但当 CPU 对 16 位数据读和写时，偶片和奇片同时工作，A_0 又是不能用的。

如何解决这个问题呢？由于写操作有 3 种类型，而 A_0 只能提供两个逻辑状态，所以仅用 A_0 是不可能同时解决 3 种类型的写操作的。为此，8086 CPU 提供了另一根控制线，即总线高位有效信号 $\overline{BHE}$。当它有效时，表明 CPU 对高 8 位的数据线进行操作。A_0 和 $\overline{BHE}$ 有 4 种逻辑组合，因此完全可以表示 3 种不同类型的数据操作，从而解决了上述的问题。表 4.4 给出了 A_0 和 $\overline{BHE}$ 逻辑组合所对应的 8086 CPU 不同类型的数据操作。这样，就得出图 4.15 所示的 RAM 与 8086 CPU 的接口电路。

表 4.4 A_0 和 $\overline{BHE}$ 编码含义

$\overline{BHE}$	A_0	总线使用情况
0	0	16 位数据总线上进行字传送
0	1	高 8 位数据总线上进行字节传送
1	0	低 8 位数据总线上进行字节传送
1	1	无效

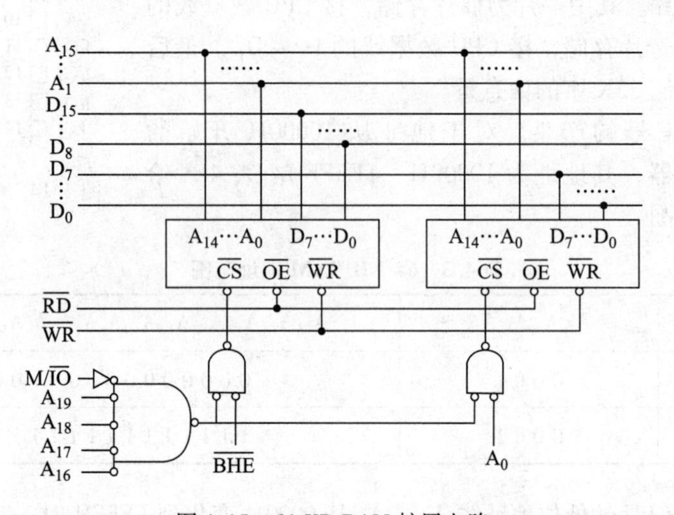

图 4.15 64 KB RAM 扩展电路

如果 DS 内容为 0001H，当 CPU 执行指令“MOV [0000]，AX”时，CPU 发相关信息如下：AX 内容进入数据线 D_{15} ~ D_0，地址线除 A_{16} = 1 外，其余全为 0，$\overline{BHE}$ 和 A_0 也为 0，$\overline{WR}$ 有效，这样两片 RAM 都可以工作，两个芯片的第 0 号单元均被选中，16 位数据低 8 位和高 8 位分别进入偶片 RAM 和奇片 RAM 的 0 号单元。

当 CPU 执行指令“MOV [0001]，AL”时，CPU 发相关信息如下：AL 内容送数据线 D_{15} ~ D_8，地址线除 A_{16} = 1 外，其余全为 0，$\overline{BHE}$ 为 0，A_0 为 1，$\overline{WR}$ 有效，这样奇片 RAM 可以工作，数据便进入奇片 RAM 的 0 号单元。

3. 3 - 8 译码器 74LS138

前面所举的例子中片选信号是由组合逻辑电路产生的。这种电路的不足之处在于市场上可能没有相应的定型芯片，必须自己用相关元件来组合形成。这样，$\overline{CS}$ 的产生电路就比较复杂。若要扩展大容量内存，每组的存储器都要有自己的译码电路，这个问题就更加突出。

在实际译码电路的设计中，常用 3 - 8 译码器 74LS138，而不是采用上面的组合逻辑电路。用 74LS138 作为译码电路的主体器件有以下两个优点。

(1) 速度快。电路中往往使用一片 74LS138 芯片就完成了 $\overline{CS}$ 信号的产生，信号由级联而造成的延时大大减少，从而提高了译码速度。

(2) 译码系统简单。一片 74LS138 译码芯片可以提供 8 个片选信号，大大简化了译码电路。

74LS138 是 3 - 8 译码器，有 3 个“选择输入端”C、B、A，可以选择 8 个输出线 $\overline{Y}_0$ ~

$\overline{Y}_7$。当C、B、A的信号组合选择到某个输出线时，这个输出线就有效，即输出为低电平。74LS138还有3个“使能输入端”（又称为“允许端”或“控制端”）G_1、$\overline{G}_{2A}$和$\overline{G}_{2B}$，当其有效时，即$G_1=1$，$\overline{G}_{2A}=0$，$\overline{G}_{2B}=0$，译码器才能工作。其功能如表4.5所列。

表4.5　74LS138 功能表

输入						输出							
使能			选择										
G_1	$\overline{G}_{2A}$	$\overline{G}_{2B}$	C	B	A	$\overline{Y}_7$	$\overline{Y}_6$	$\overline{Y}_5$	$\overline{Y}_4$	$\overline{Y}_3$	$\overline{Y}_2$	$\overline{Y}_1$	$\overline{Y}_0$
1	0	0	0	0	0	1	1	1	1	1	1	1	0
1	0	0	0	0	1	1	1	1	1	1	1	0	1
1	0	0	0	1	0	1	1	1	1	1	0	1	1
1	0	0	0	1	1	1	1	1	1	0	1	1	1
1	0	0	1	0	0	1	1	1	0	1	1	1	1
1	0	0	1	0	1	1	1	0	1	1	1	1	1
1	0	0	1	1	0	1	0	1	1	1	1	1	1
1	0	0	1	1	1	0	1	1	1	1	1	1	1
其他			×	×	×	1	1	1	1	1	1	1	1

根据表4.5，可以容易地实现本节中所举的存储器接口电路，以128 KB内存扩展电路为例，如图4.16所示。这个译码电路可以提供8个片选信号，最大可扩展512 KB内存，而电路中只有一个74LS138芯片。

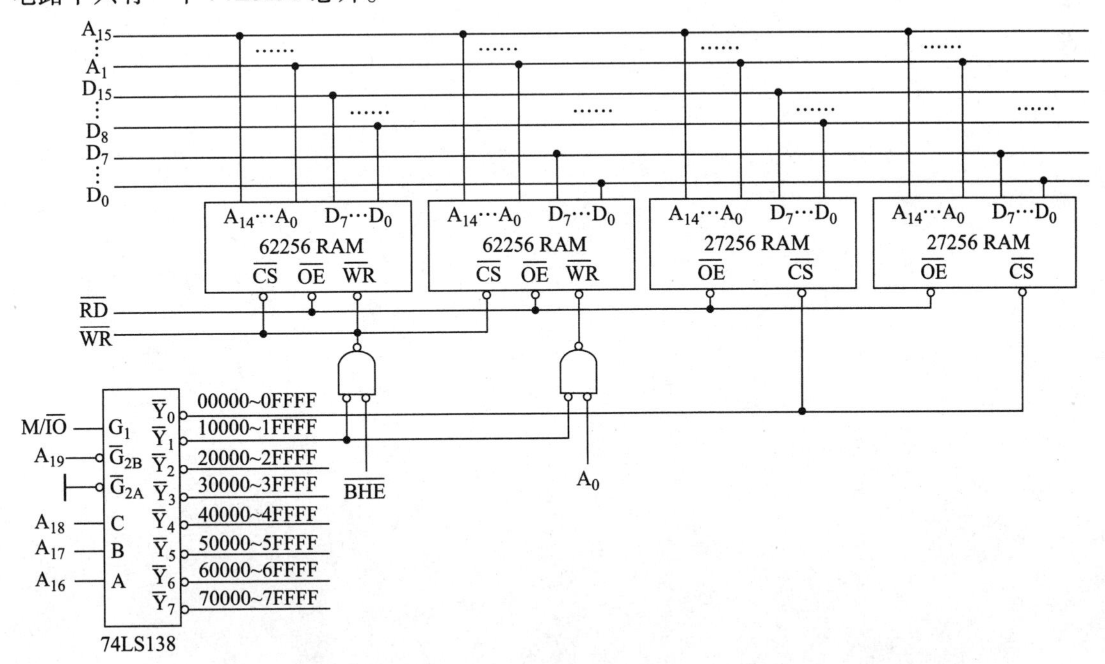

图4.16　128 KB内存扩展电路

从图4.16可以看出，采用74LS138产生片选信号的一般方案是：地址总线的低位部分接存储器，高位部分接74LS138选择输入端和使能输入端，同时$M/\overline{IO}$接74LS138使能输入端。当高位地址的信号线数目大于74LS138选择输入端和使能输入端的数目时，可考虑部分译码方案和采用组合逻辑电路，如或门对部分地址线进行综合后再接74LS138。

习　题　4

1. 按存储器在计算机中的用途，存储器可分成哪几类？简述其特点。
2. 什么叫RAM和ROM？RAM和ROM各自的特点是什么？
3. 什么是多层次存储结构？它有什么作用？
4. 主存储器的主要技术指标有哪些？
5. 8086 CPU与存储器连接时要考虑哪几方面的因素？
6. 在8086系统中，若用1 024×1位的RAM芯片组成16K×8位的存储器，需要多少芯片？在CPU的线中有多少位参与片内寻址？

第 5 章

微型计算机的输入/输出

5.1 I/O 接口概述

输入与输出（I/O）接口是计算机系统的一个重要组成部分，是 CPU 与外设之间的连接电路，能够实现计算机与外界之间的信息交换。I/O 接口技术就是 CPU 与外设进行数据交换的一门技术，在微机系统设计和应用中都占有重要的地位。I/O 接口电路位于 CPU 与外设之间，是用来协助完成数据传送和控制任务的逻辑电路，是 CPU 与外界进行数据交换的中转站。外设通过 I/O 接口电路把信息传送给微处理器进行处理，微处理器将处理完的信息通过 I/O 接口电路传送给外设。可见，如果没有 I/O 接口电路，计算机就无法实现各种输入/输出功能。

I/O 接口技术采用了软件和硬件相结合的方式，其中，接口电路属于硬件系统，是信息传递的物理通道；对应的驱动程序则属于软件系统，用于控制接口电路按要求工作。因此，接口技术的学习必须注意软、硬相结合的特点。

5.1.1 接口的功能

为满足不同应用的要求，人们为计算机系统配置了不同的外设，如键盘、显示器、鼠标、硬盘、网卡、图像采集卡等。由于这些外设的工作原理各不相同、性能特点各异，因此对应的接口电路也不一样。一般而言，接口电路具有以下功能。

1. 数据缓冲功能

微型计算机系统工作时，总线是非常繁忙的，由于总线的工作速度快，而外设的工作速度相对较慢，为解决二者速度上的差异，提高 CPU 和总线的工作效率，在接口电路中一般都设置了 I/O 数据寄存器（或数据存储器）。在输入数据时，外设先将数据输入暂存在寄存器中，然后通知 CPU，并等待 CPU 读取。在输出数据时，CPU 先将数据输出暂存在寄存器中，然后通知外设，在外设空闲时完成数据的输出。数据寄存器将外设与总线分隔开来，实现数据的缓冲，其自身与总线之间通常需要加入三态门（驱动芯片）等隔离器件，只有在接口被选中时才打开三态门，从而使数据寄存器连接到总线上。

2. 通信联络功能

一般情况下，CPU 与外设的工作是异步的，为进行可靠的数据传递，CPU 只有在外设准备好数据后才能输入；外设也只有在 CPU 已准备好数据后才能读取。因此，在接口电路中需要设置联络信号，使 CPU 和外设了解接口的工作状态信息，从而正确地工作。以外设为例，对输入接口而言，联络信号向输入设备显示数据输入寄存器中的数据是否已被 CPU 读取，如果已被 CPU 读取，表明输入寄存器空闲，输入设备可以输入下一个数据；如果未被 CPU 读取，输入设备则应等待；否则，新输入的数据将覆盖前一个数据，从而使其丢失。对输出接口而言，联络信号向输出设备显示 CPU 是否已将数据写入输出数据寄存器。如果是，则外设才能读取数据；否则，外设必须等待。

3. 信号转换功能

一般而言，所有外设都只能接收符合其自身要求的信息（如电平高低、信号的顺序等）。这些信息与 CPU 的信号可能出现不兼容的情况，此时，就要求接口电路能够完成信号的转换，使外设和 CPU 都能接收到符合各自要求的信号。常见的转换包括以下几种。

（1）电平高低的转换。在不同的设备上，相同的逻辑所表现的物理电平范围可能不同，因此接口电路需要完成电平的转换，从而使逻辑关系符合要求。

（2）信息格式的转换。在不同种类的设备上传递信息的格式会有所不同。例如，总线以并行的方式传递数据，而某些外设以串行的方式传递数据，此时，相应的接口就必须实现并行数据和串行数据之间的转换。

（3）时序关系的转换。在系统中经常利用信号之间的顺序关系来实现控制目的，不同设备的控制时序可能不同，为了使控制信息能够正确传递，接口电路必须能够完成时序关系的配合和控制。

（4）信号类型的转换。现在的计算机是数字式的计算机，其信息均是以数字信号的形式存在的，某些外设的信息是模拟信号，因此需要对应的接口电路能够实现数/模和模/数转换。

4. 地址译码和读/写控制功能

同 CPU 对存储器的访问控制方法一样，在计算机系统中也采用编址的方式来选择外部设备。接口电路利用译码器对地址总线上的地址信息进行译码，当总线上的地址信息与接口电路设定的地址吻合时，才允许接口电路工作。同时，在接口电路中还需要读/写控制信号，数据在其控制下完成实际的输入与输出。

5. 中断管理功能

中断是 CPU 与外部设备之间进行 I/O 操作的有效方式之一，这种 I/O 方式一直被大多数计算机系统所采用，它可以充分提高 CPU 的效率，同时外部设备的需求也能被及时响应。为了使用中断，接口电路必须产生符合计算机中断系统要求的中断请求信号并保持到 CPU 开始响应。另外，接口电路也必须具备撤销中断请求信号的能力。

6. 可编程功能

外部设备种类繁多，若针对每种设备均设计专用的接口电路，这样既不经济又没有必要，也不利于标准化。因此，接口电路应具备一定的可编程能力，这样在不改变硬件的情况下，只需修改设定就能改变接口的工作方式，从而增加接口的灵活性和可扩展能力。

5.1.2 接口中的信息类型

在接口电路中传递的信息按性质的不同，可分成 3 类，即数据信息、状态信息和控制信息。

1. 数据信息

数据信息是 CPU 与外部设备之间通过接口传递的数据，如从键盘得到的按键信息、向打印机输出的字符信息等。数据信息又可分成数字量、模拟量和开关量。

（1）数字量是数值、字符及其他信息的编码，一般是以 8 位、16 位或 32 位表达和传递的。

（2）模拟量是连续的电信号。对于输入来说，它来自于各种传感器及其处理电路。传感器将外设中的各种物理信息（如压力、温度、位移等）转变成连续的电信号，再经过滤波、放大等处理，最后被传送到接口中。模拟量在接口中必须进行 A/D 转换，将其转换成数字量后才能被 CPU 读入；对于输出来说，CPU 输出的数字量必须在接口中经过 D/A 转换后才能被模拟设备所接收。

（3）开关量是只具备两个状态的量，如开关的闭合与关断、电机的运行和停止、阀门的打开与关闭等。这些量只需占用二进制数中的一位即可表示，故数据长度为 n 位的接口一次可最多输入/输出 n 位的开关量。

2. 状态信息

状态信息用来表达外设当前的工作状态。例如，输入时，它反映设备是否已准备好数据；输出时，它反映设备是否能够接收数据。同时，状态信息也可用于表达接口自身的工作状态，这样 CPU 通过读取状态信息，不仅知道外部设备工作的情况，同时也能了解接口工作的状况，从而协调好处理工作，保障数据信息的顺利传送。

3. 控制信息

控制信息是 CPU 用来控制外设和接口工作的命令。控制信息一般通过专门的控制信号来实现对外设和接口的控制。

5.1.3　接口的典型结构

数据信息、状态信息和控制信息在 CPU 与接口之间传递，但对于 CPU 而言，这 3 种信息均可视为广义上的“数据”信息，通过数据总线实现输入与输出。在接口内部，通过使用不同的寄存器分别将它们保存起来，从而实现其各自的功能。一个典型的接口是由端口、地址译码、总线驱动和控制逻辑 4 部分组成的，如图 5.1 所示。

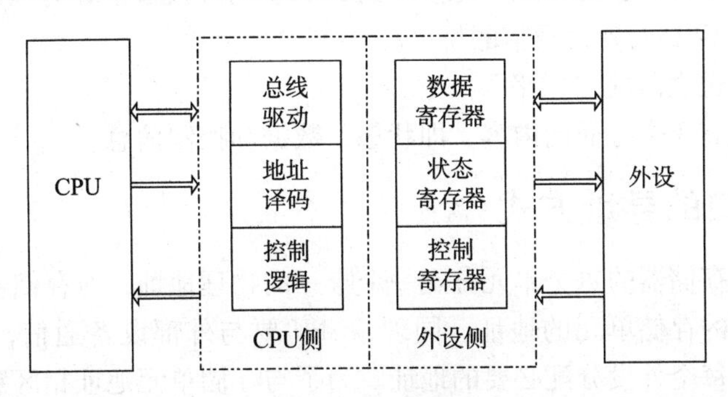

图 5.1　接口的典型结构

1. 端口

端口是指接口电路中能够被 CPU 直接访问的寄存器。按照保存在端口中数据的性质，端口可分成数据端口、状态端口和控制端口 3 类。为了识别不同的端口，每个端口都分配了地址，在同一接口中，端口的地址通常是相邻的，即一个接口占用一段连续的地址空间。为了节省地址资源，多个端口可共享同一个地址，此时可通过读/写控制、访问顺序及特征位等手段加以区别。

2. 地址译码

由于需要通过地址来识别端口，因此接口中必须要有地址译码电路。硬件设计时，通常将同一接口中的端口地址安排为相邻的。因此，用地址总线的高位进行译码实现对接口电路的选择，用地址总线的低位进行译码实现对接口内具体端口的选择。

3. 总线驱动

所有的接口都在选中后才会“连通”总线，然后通过总线与 CPU 实现信息的传递；在没有被选中时，接口与总线是“断开”的（第三态也称为“浮空”态）。因此，在端口与总线之间需要有总线驱动芯片，使接口在控制逻辑的控制下实现与总线的“连通”和“断开”。总线驱动芯片也可以减轻总线的负载。

4. 控制逻辑

接口的控制逻辑电路接收控制端口的信息及总线上的控制信号，实现对接口工作的控制。

5.2 CPU 与外设通信的特点

前面介绍的存储器与 CPU 交换信息时，它们在数据格式、存取速度等方面基本上是匹配的。也就是说，CPU 要从存储器读入指令、数据或向存储器写入新的结果和数据，只要一条存储器访问指令就可完成；在硬件连接方面，只需芯片与芯片之间的引脚直接连接。但 CPU 要与外部设备通信至少有两方面的困难：一是 CPU 的运行速率要比外设的处理速度高得多，通常简单地用一条 I/O 指令是无法完成 CPU 与外设之间的信息交换的；二是外设的数据线和控制线也不可能与 CPU 直接连接，如一台打印机不能将其数据线直接与 CPU 的引脚连接，键盘或者其他外设也是如此。综上所述，CPU 与外设通信具有以下特点。

①需要接口作为 CPU 与外设通信的桥梁。

②需要有数据传送之前的“联络”。

③要传递的信息有 3 个方面的内容，即状态、数据和控制信息。

5.2.1 I/O 端口的寻址方式

在微机系统中，存储器的每个单元分配一个唯一的物理地址，对存储器的访问必须直接或间接地提供被访问的存储单元的地址。同理，CPU 要与外部设备通信，要区分系统中的不同外设，就必须为每个外设分配必要的地址。为了与存储单元地址相区别，这样的地址称为端口地址。一个外部设备可能分配一个或一个以上的端口地址，其形成端口地址的方式与形成存储单元地址的方式类似。

微处理器设计时有两种 I/O 端口的处理方式：存储器映像的 I/O 寻址和 I/O 映像的 I/O 寻址。

在系统中将存储单元和 I/O 端口地址进行统一编址，此时一个 I/O 端口地址就是一个存储单元地址，从硬件上没有区别，对 I/O 端口的访问与对存储器的访问相同，如图 5.2 所示，这种方式称为存储器映像的 I/O 寻址。

在系统中，将 I/O 端口地址与存储单元地址分别进行编址，有各自的地址，使用不同的指令，如图 5.3 所示，如对外设通信用 IN 或 OUT 指令、对存储单元用存储器访问指令，这种方式称为 I/O 映像的 I/O 寻址。

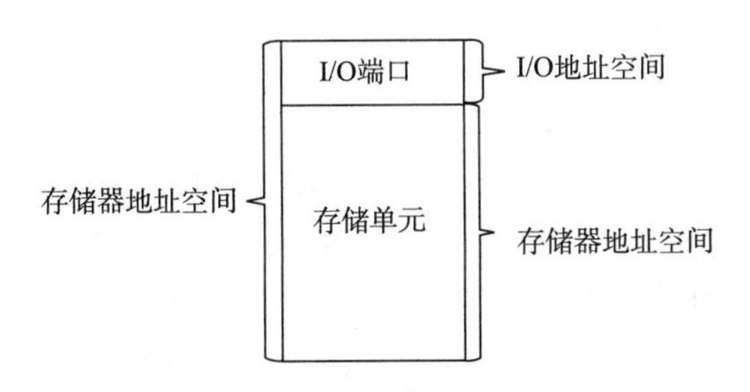

图 5.2　存储器映像的 I/O 寻址

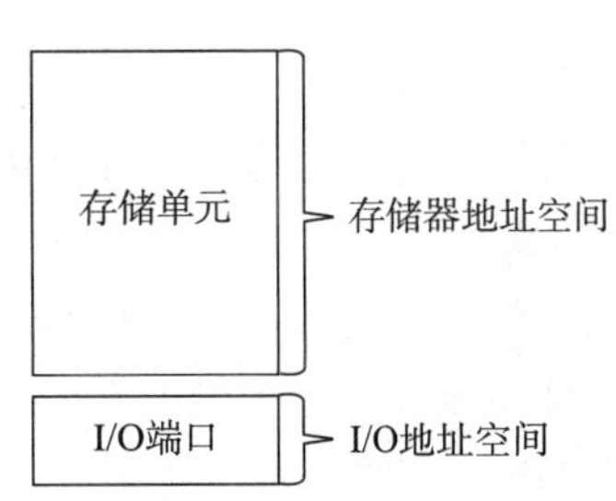

图 5.3　I/O 映像的 I/O 寻址

以上这两种 I/O 寻址方式各有优、缺点。

存储器映像的 I/O 寻址方式的优点：由于 I/O 端口和存储器在地址上没有区别，在程序设计时可以使用丰富的指令对端口进行操作，甚至包括对端口数据的运算等。

存储器映像的 I/O 寻址方式的缺点：I/O 端口需要占用部分微处理器的地址空间，由于存储器和 I/O 端口地址在形式上没有区别，相对增加了程序设计和阅读的难度。

I/O 映像的 I/O 寻址方式的优点：程序阅读方便，使用 IN 或 OUT 指令就一定是对外设的通信；由于 I/O 端口有自己的地址，使系统存储器地址范围扩大，适合于大系统使用。

I/O 映像的 I/O 寻址方式的缺点：指令少，编程灵活性相对减少；硬件上需要 I/O 端口的译码芯片，增加了硬件开支。

8086 CPU 中采用的是 I/O 映像的 I/O 寻址方式，同时在硬件上区分存储器和 I/O 端口的访问，用 $M/\overline{IO}$引脚信号来区分。对于存储器，要求其地址必须是连续的，即在硬件设计时，一个连续的存储器地址空间必须有对应的硬件存储器芯片；而 I/O 端口并不需要这样的要求，即对外设的 I/O 端口并不要求其端口地址必须连续。

5.2.2　I/O 端口地址的形成

1. 系统中使用存储器映像的 I/O 寻址方式

使用这种寻址方式时，系统中可以与存储器统一使用译码器芯片。从译码器的输出端既可接至存储器芯片的片选端形成存储单元地址，也可接至 I/O 接口芯片的控制端或片选端形成 I/O 端口地址。这里，译码器控制端 G_1 与 $M/\overline{IO}$连接，高电平有效，表示对存储器的访问，实际上还包括了对 I/O 端口的访问。图 5.4 中形成了一个 2 KB 的存储单元地址和一个 2 KB 的 I/O 端口地址。根据其硬件连接可知，存储单元地址范围为 00800H ~ 00FFFH，I/O 端口地址范围为 01000H ~ 017FFH。

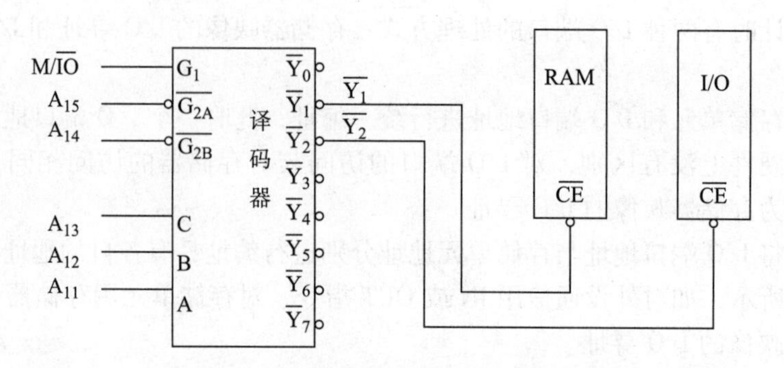

图 5.4 存储器映像 I/O 地址的形成

2. 系统中使用 I/O 映像的 I/O 寻址方式

使用这种寻址方式时，系统中的 I/O 端口地址需要单独的一个译码器芯片，译码器的输出仅允许接 I/O 接口芯片的控制端或片选端。此时，译码器的控制输入端要接 CPU 的 M/$\overline{IO}$，且在该线上产生低电平时有效。其原因是在执行 IN 或 OUT 指令时，CPU 的 M/$\overline{IO}$引脚输出低电平有效信号。使用 I/O 映像的 I/O 寻址时，端口地址仅需要 A_0 ~ A_{15}这 16 根地址线或 A_0 ~ A_7 这 8 根地址线。图 5.5 中形成了两位十六进制的端口地址，第一芯片 I/O 芯片端口地址为 80H ~ 87H，第二芯片端口地址为 88H ~ 8FH。

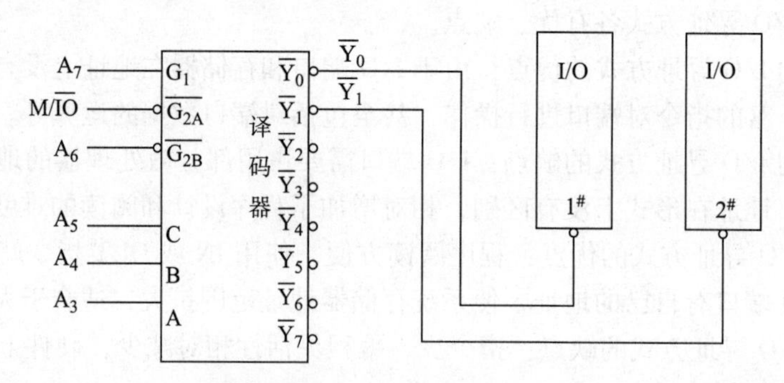

图 5.5 I/O 映像 I/O 地址的形成

5.3 输入/输出方式

从 CPU 与外设通信的特点可知，由于外设数据传送速度慢，CPU 不能直接与之进行通信，必须了解外设工作状态后才能决定是否和外设进行数据交流，为此 CPU 在数据传送之前一般要进行状态的“联络”，要么由 CPU 查询外设状态，要么由外设向 CPU 发出请求等，这种方式称为程序控制方式；另一种方式是在程序对专用的 I/O 控制器进行设置后，脱离 CPU 对 I/O 的管理，而由专用控制器完成计算机与外设之间的信息交换，这种方式称为直接存储器存取。一个系统在设计时，会针对不同的外设，采用不同的 I/O 方式。

5.3.1 程序控制传输方式

传输方式是指其状态和数据的传输是由 CPU 执行一系列指令完成的，可分为以下 3 种。

1. 同步传输方式

在这种方式下，CPU 直接与外设传输数据并不需要了解外设状态，如按钮开关、发光二极管等。其特点：外设可以处于 CPU 控制之下。

2. 异步查询方式

当慢速的外设与 CPU 交换数据时，常用这种方式。在这种方式下，CPU 与外设传输数据之前，先检查外设状态后才可传输数据。外设状态的检查是 CPU 执行一段程序后完成的。

3. 中断方式

在异步查询方式时，CPU 要用大量时间去执行状态查询程序，使 CPU 的效率大大降低。可以不让 CPU 主动去查询外设的状态，而是让外设在数据准备好之后再通知 CPU。这样，CPU 在没接到外设通知前只管做自己的事情，只有接到通知时才执行与外设的数据传输工作，这可大大提高 CPU 的利用率，这种方式称为中断方式。

5.3.2　直接存储器存取方式

对于高速的外设以及成块交换数据的情况，采用程序控制传输数据的方法，甚至中断方式传输，都不能满足对速度的要求。因为采用程序控制方式进行数据传输时，CPU 必须加入到其中，需要利用 CPU 中的寄存器作为中转。例如，当有数据从外设保存到内存中，首先就必须用 IN 指令将外设的数据送至寄存器（在 8086 中是 AL 或 AX），再使用 MOV 指令将寄存器中的数据送至内存，这样才完成一个数据从外设到内存的过程。如果系统中大量地采用这种方式与外设交换信息，会使系统效率大大下降，也可能无法满足数据存储的要求，如内存和磁盘间的数据交换。

直接存储器存取（Direct Memory Access，DMA）方式就是在系统中建立一种机制，将外设与内存间建立起直接的通道，CPU 不再直接参加外设与内存间的数据传输，而是在系统需要进行 DMA 传输时，将 CPU 对地址总线、数据总线及控制总线的管理权交由 DMA 控制器进行控制。当完成一次 DMA 数据传输后，再将这个控制权还给 CPU。当然，这些工作都是由硬件自动实现的，并不需要程序进行控制。采用 DMA 方式需要一个硬件 DMAC（称为 DMA 控制器）芯片来完成相关工作，如内存地址的修改、字节长度的控制。当 CPU 放弃数据总线、地址总线及控制总线的控制权时，由 DMAC 实现外设和内存间的数据交换，同时包括与 CPU 之间必要的连接。

5.4　CPU 与外设通信的接口

5.4.1　同步传输方式与接口

同步传输方式又称为无条件传输方式，主要应用于外设的时序和控制可以完全处于 CPU 控制之下的场合。这类设备必须在 CPU 限定的时间内准备就绪，并且完成数据的发送和接收。在程序中，由于外设总是处于“等待”状态，所以要进行数据传输时，只要简单地将 I/O 指令放在程序需要的位置即可。当程序执行到 I/O 指令时，由于外设随时都为传输数据做好准备，所以在此指令执行时间内，就可完成数据的传输。同步传输是最简单的传输方式，与其他 I/O 方式相比，所需的硬件和软件都是最少的。

1. 同步输入方式

1）同步输入过程

（1）提供端口地址，以便 CPU 从指定的外设中取入数据。

（2）执行 IN 指令或存储器读指令。

（3）地址译码器输出，同时产生 $M/\overline{IO}$和$\overline{RD}$控制信号。

（4）数据从端口中输入至 CPU 寄存器。

2）同步输入硬件接口电路

为了防止 CPU 在取外设数据时数据发生变化，往往在硬件上采用缓冲器或锁存器，把外设数据保存起来。缓冲器或锁存器是可编程或不可编程的芯片，称为 I/O 接口芯片。硬件接口电路必须保证同步输入过程的正确执行。图 5.6 是一个同步输入的硬件接口电路。

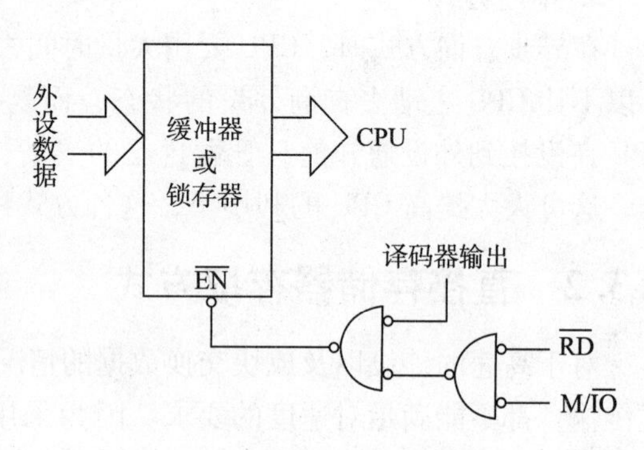

图 5.6　同步输入接口电路

3）缓冲器 74LS244

74LS244 是一种具有三态输出的 8 位缓冲器，具有 20 个引脚的双列直插式 TTL 芯片。图 5.7 是其引脚排列，有两个低电平有效的片选端$\overline{CE_1}$ 和$\overline{CE_2}$，8 个输入端 $D_0 \sim D_7$ 和 8 个输出端 $Q_0 \sim Q_7$ 分成两组，每组 4 位；$\overline{CE_1}$ 和$\overline{CE_2}$ 信号作为两个 4 位缓冲器的控制端，$\overline{CE_1}$ 和$\overline{CE_2}$ 信号连接在一起，可将一片 74LS244 作为 8 位缓冲器使用，其内部结构实质上是 8 个带“允许输出”的三态器件，仅能用于输入接口。图 5.8 是它作为一个 8 位输入接口的电路，输入外设为按键开关。

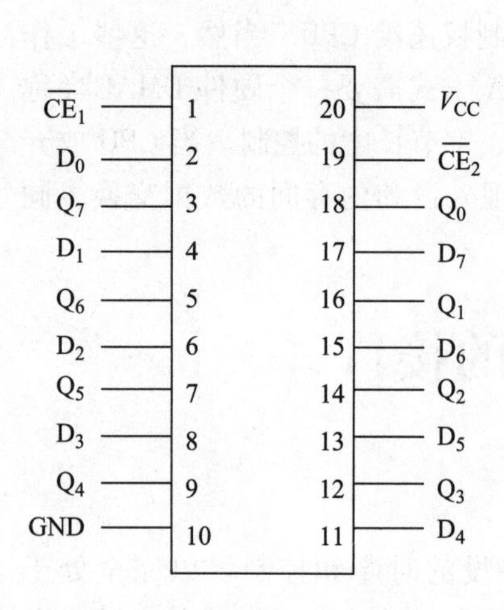

图 5.7　74LS244 引脚排列

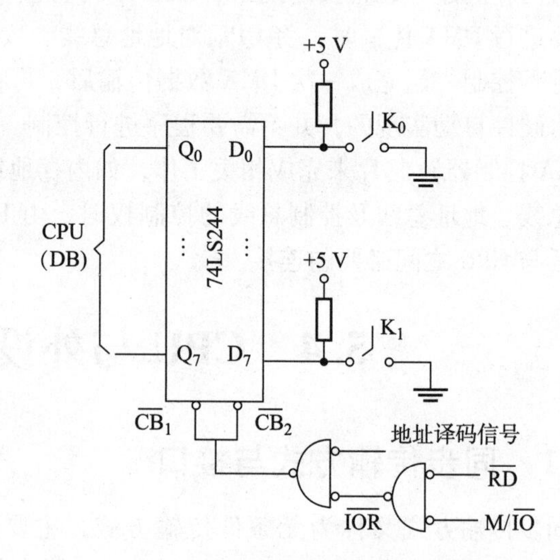

图 5.8　采用 74LS244 实现的输入接口电路

2. 同步输出方式

1）同步输出过程

（1）提供端口地址，以便 CPU 将数据送到指定的外设。

（2）执行 OUT 指令或存储器写指令。

（3）地址译码器输出，同时产生 $M/\overline{IO}$和$\overline{WR}$信号。

（4）CPU 将数据输出到端口。

2）同步输出硬件接口电路

由于 CPU 数据线上挂接的负载很多，为了将 CPU 数据线上的信息准确传输，除了正确提供端口地址外，还需将数据锁存或驱动后提供给外设。图 5.9 是一个同步输出的硬件接口电路。

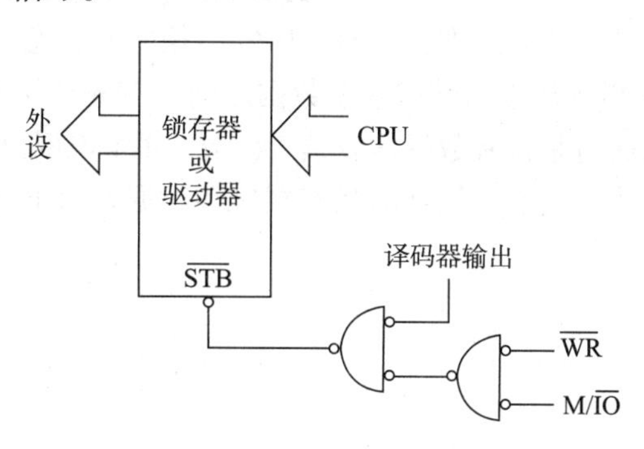

图 5.9　同步输出接口电路

3）8 位 D 锁存器 74LS273

74LS273 是 8 位 D 锁存器，具有 20 个引脚的双列直插式 TTL 芯片，图 5.10 是其引脚排列。它具有清零端 CLR 和锁存控制端$\overline{CP}$，只有当$\overline{CP}$端具有低电平有效信号时，$D_0 \sim D_7$ 输入端上的信号才会被锁存到 74LS273 内，并在 $Q_0 \sim Q_7$ 的输出端上输出；当$\overline{CP}$端为高电平无效信号时，原被锁存的信号不会因输入端 $D_0 \sim D_7$ 上信号的变化而改变。74LS273 芯片适合作为输出接口，图 5.11 是用一片 74LS273 组成的输出接口电路，输出外设为发光二极管。

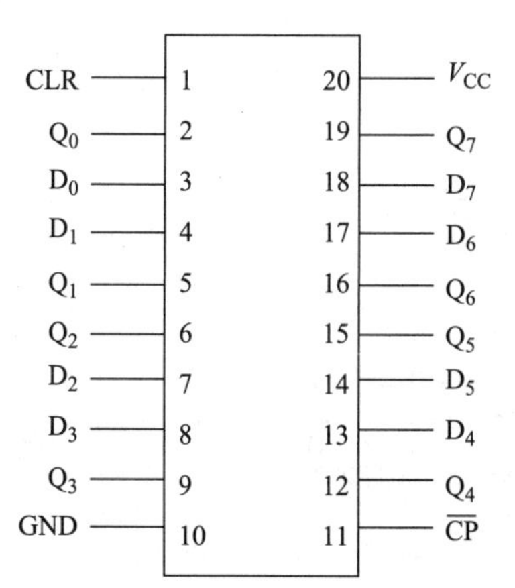

图 5.10　74LS273 引脚排列

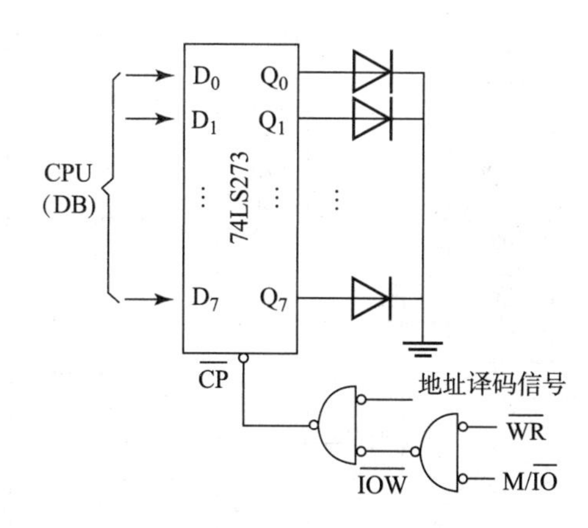

图 5.11　输出接口电路

5.4.2　异步查询方式与接口

在大多数情况下，外设一般不会处于 CPU 控制之下，常常使 CPU 与外设工作不能同步。由于外设不能总处于“准备好”状态，如果仍采用同步方式，就会出现数据丢失。一个简单的方法是采用异步查询的方式，CPU 与外设之间通过“握手”信号进行交流，以确保数据传输的准确性。

异步查询方式又称为条件传输方式。当 CPU 与外设用异步查询方式通信时，要求外部设备提供状态信息。状态信息是通过状态端口检测的。当状态满足条件时，CPU 从数据端口与外设交换数据；当状态不满足条件时，CPU 则要不断地从状态端口检测状态，直至状态满足为止。

1. 异步查询输入方式与接口

当CPU从慢速的外设取数时，取数之前需要查询外设是否把数据准备好。也就是说，当外设的数据准备好时，应发出相应的状态信息，如$\overline{STB}$信号，将数据锁存起来。在CPU用IN指令从数据端口读取数据之前，首先要用IN指令从状态端口读取状态，并且根据状态信息获得是否有数据需要读入。异步查询输入方式的查询框图如图5.12所示，图5.13所示为异步查询输入设计的状态端口和数据端口电路。

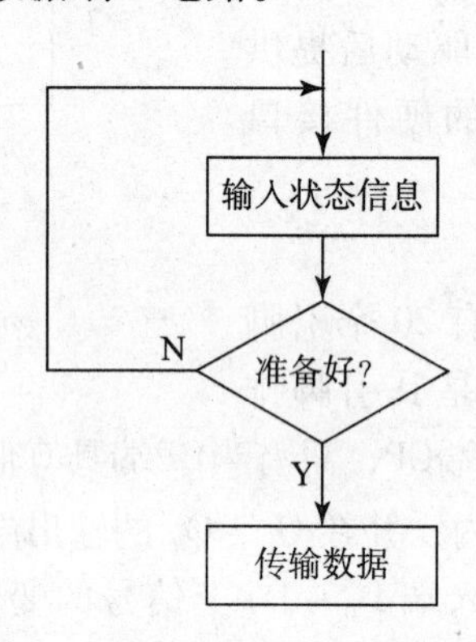

图5.12 异步输入的查询框图

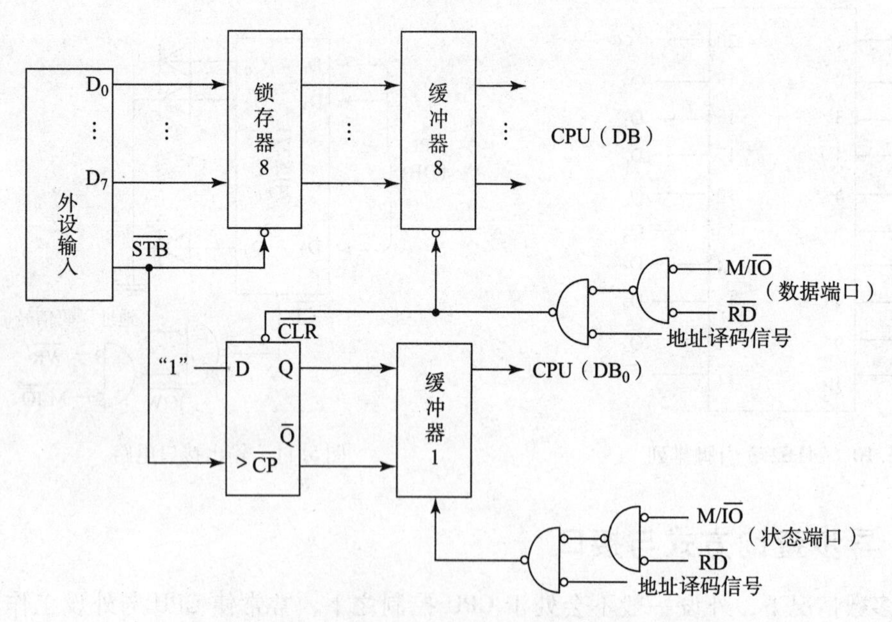

图5.13 异步查询输入的状态端口和数据端口电路

下面讨论图5.13所示电路的工作原理。外设数据准备好时发出低电平有效的状态信号。该信号有两个作用：一是作为8位锁存器的控制信号，当$\overline{STB}$为低电平时，外设将准备好的数据锁存起来，且锁存器的输出为缓冲器的输入；二是$\overline{STB}$信号使D触发器的输出端Q变成高电平，该高电平为缓冲器1的输入信号。至此，外设输出的$\overline{STB}$信号使数据锁存，使状态信号保存于缓冲器1中。缓冲器1的输出接于CPU数据线D_0上，执行一条IN指令，从状态端口取数，测试其 D_0 位是否为“1”。若 D_0 为“1”，表明状态满足条件，从而可执行从数据端口取数指令，CPU 将数据从缓冲器 8 取走的同时，将 D 触发器的 Q 端清零，使外设状态条件不满足。当外设再次发出低电平 $\overline{STB}$ 信号时，准备好的数据被锁存，状态信号又使 D 触发器的 Q 端变为“1”，CPU 检查状态满足后，进行下一个数据的读取。与图 5.13 相应的软件查询程序如下：

```
SPORT  EQU  300H                ;状态端口
DPORT  EQU  310H                ;数据端口
TEST1:  MOV  DX,SPORT
        IN   AL,DX              ;读取状态信息
TEST    AL,01                   ;检查 D0 位
        JZ   TEST1              ;为 0,表示无数据输入
        MOV DX,DPORT            ;为 1,读入数据
        IN   AL,DX
        …
```

2. 异步查询输出方式与接口

当 CPU 将数据送到外部设备时，由于 CPU 执行速率很快，外设能否及时把数据取走是解决问题的关键。若外设没有取走前一个数据，CPU 就不能立即输出下一个数据；否则数据就会丢失（覆盖）。因此，外设取走一个数据就要发出一个状态信息，表示缓冲区的数据已被外设取走。CPU 要输出下一个数据，仍要读取状态端口的状态信息，才决定是否输出下一个数据。异步查询输出方式的查询框图如图 5.14 所示。异步查询输出设置的状态端口和数据端口电路如图 5.15 所示。

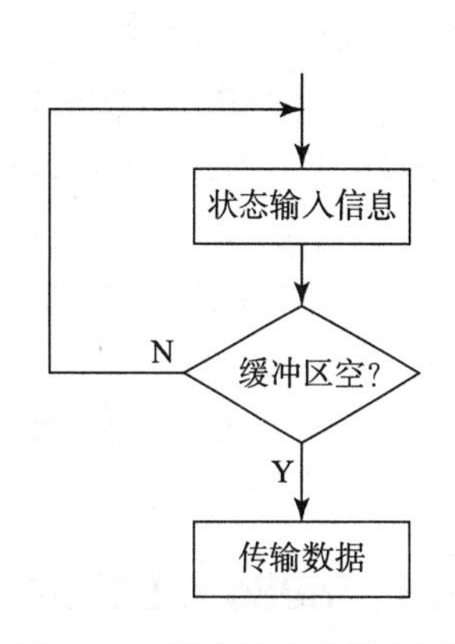

图 5.14　异步输出查询框图

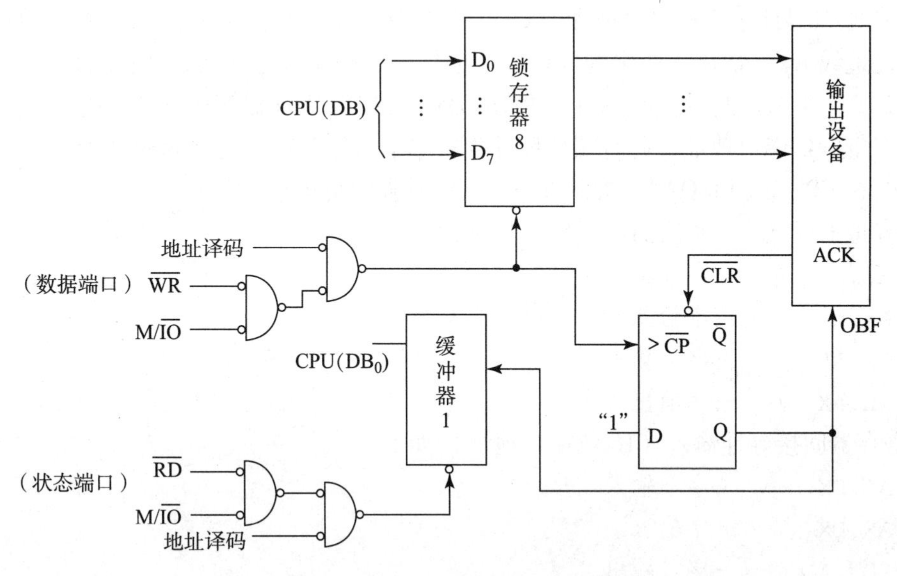

图 5.15　异步查询输出接口电路

下面讨论图5.15的工作原理。当CPU执行一条OUT指令，将数据输出到锁存器中时，会使D触发器的Q端输出高电平有效信号OBF，表示输出缓冲区“满”，通知外设可以取数。外设取走数据后，发出一个回答信号$\overline{ACK}$，这个低电平有效的$\overline{ACK}$信号清除D触发器，使D触发器为Q端输出为0，也使得状态缓冲器的输出为0。状态信号接到CPU的数据总线D_0上，CPU执行一条取状态指令，测试其D_0位。若D_0为“0”，表明缓冲区空，外设已将前一个数据取走，CPU可以输出下一个数据；否则，CPU要一直测试状态信息D_0位，D_0为“1”时，CPU不会送下一个数据，以免前面的数据被覆盖而丢失。

与图5.15对应的软件查询程序如下：

```
SPORT    EQU  300H          ;状态端口
DPORT    EQU  310H          ;数据端口
          MOV  DX,SPORT
TEST2:   IN  AL,DX          ;取状态信息
         TEST AL,01         ;检查D0位
         JNZ  TEST2         ;数据未被读取,继续等待
         MOV  DX,DPORT
         MOV  AL,[BX]       ;将输出的数据存入缓冲区
         OUT  DX,AL         ;输出数据
```

5.5 8086 CPU的输入/输出

5.5.1 8086 CPU的I/O指令

8086 CPU采用I/O映射的I/O指令，在AL或AX寄存器与I/O端口之间进行传输。8086的I/O端口寻址包括直接寻址和DX寄存器间接寻址两种。I/O指令的直接寻址是指仅用低8位地址线$A_7 \sim A_0$译码产生的I/O端口地址，因而端口地址仅是2位十六进制数，即仅可访问256个端口。此时，$A_{15} \sim A_8$的输出为0。用DX寄存器间接寻址，则由$A_{15} \sim A_0$地址线译码产生I/O端口地址，此时端口地址为4位十六进制数，这样8086 CPU可有64K个端口寻址。在CPU访问I/O时，地址线$A_{16} \sim A_{19}$均输出低电平。

直接寻址I/O指令（8位端口地址）如下：

```
IN  AL,n        ;字节输入
IN  AX,n        ;字输入
OUT  n,AL       ;字节输出
OUT  n,AX       ;字输出
```

DX寄存器间接寻址输入（16位端口地址）如下：

```
IN  AL,DX       ;字节输入
IN  AX,DX       ;字输入
OUT  DX,AL      ;字节输出
OUT  DX,AX      ;字输出
```

读者也许已经注意到，作为寄存器间接寻址功能的 DX 在 IN 和 OUT 指令中没有像 MOV 指令格式那样把地址寄存器用中括号给“括”起来，这是为什么呢？这是因为在 IN 和 OUT 指令中，DX 功能很单纯，它的功能只能是间接寻址，所以就不需要加括号了。

5.5.2　8086 CPU 的 I/O 特点

8086 CPU 和 I/O 接口电路之间的数据通路是时分多路复用的地址/数据总线。在采用 I/O 独立编址方式时，8086 只能用地址线 $A_0 \sim A_{15}$ 来寻址端口，其他控制信号有 ALE、$\overline{BHE}$、$\overline{WR}$、$\overline{RD}$、M/$\overline{IO}$、DT/$\overline{R}$ 和$\overline{DEN}$。

由于 8086 CPU 有两种工作模式，当工作在不同模式时，其控制信号会发生变化。具体地说，当 8086 CPU 工作在最小模式时，I/O 控制信号由 CPU 直接提供，如图 5.16 所示。它工作在最大模式时，I/O 的某些控制信号则由 CPU 的状态线 $\overline{S_2}$、$\overline{S_1}$、$\overline{S_0}$ 经过总线控制器芯片 8288 译码产生，如图 5.17 所示。

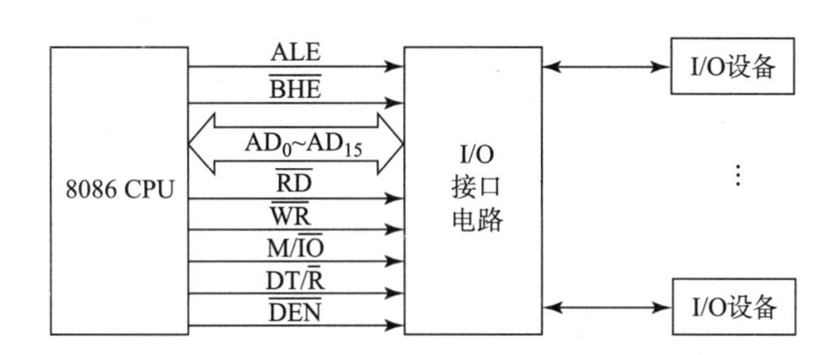

图 5.16　8086 最小模式时的 I/O 接口

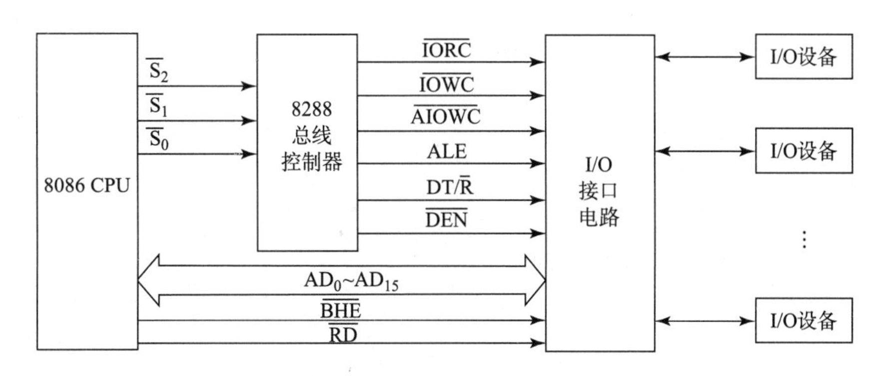

图 5.17　8086 最大模式时的 I/O 接口

8086 CPU 与外设交换数据可按字或字节进行。当按字节进行时，偶地址端口的字节数据由低 8 位数据线 $D_7 \sim D_0$ 位传输，奇地址端口的字节数据由高 8 位数据线 $D_{15} \sim D_8$ 传输。当用户在安排外设的端口地址时，如果外设是以 8 位方式与 CPU 连接，就只能将其数据线与 CPU 的低 8 位连接，或者只能与 CPU 的高 8 位连接。这样，同一台外设的所有寄存器端口地址都只能是偶地址或者奇地址，所以设备的端口地址往往是不连续的。

习 题 5

1. 接口的功能有哪些?

2. CPU 与外设通信的特点是什么?

3. I/O 端口有哪两种寻址方式? 各有何优、缺点?

4. 输入/输出有哪几种方式? 各有何优、缺点?

5. 采用异步查询方式时，输入查询和输出查询有什么不同?

6. 8086 CPU 在执行 I/O 指令时，CPU 的哪些控制引脚起作用? 什么样的电平有效?

7. 有 8 个发光二极管，其阴极上加低电平则亮，用 74LS273 芯片作为 I/O 接口与 8086 CPU 通信。要求这些二极管同时亮或灭，同时二极管亮和灭的时间分别为 50 ms 和 20 ms。试画出其硬件接口电路，并编写程序完成上述要求（时间控制可调用软件延时子程序）。

第 6 章

微机中断系统

当 CPU 用查询的方式与外设交换信息时，CPU 就要浪费很多时间去等待外设。这样就引出一个快速的 CPU 与慢速的外设之间数据传输的矛盾，这也是计算机在发展过程中遇到的一个严重问题。为解决这个问题，一方面要提高外设的工作速度，另一方面发展了中断概念。中断系统是计算机的重要指标之一。

中断功能是很有用的，常常是必不可少的。中断功能的主要优点是，只有接口需要服务时才能得到 CPU 的响应，而不需要 CPU 不断地去查询。这样，CPU 就可以空出时间去做其他事情，直到接口需要它服务时为止。PC 的键盘管理就是使用中断功能的一个比较好的例子。键盘在工作时，每次击键就对 CPU 产生一次中断，因为 CPU 正在执行其他程序，所以不可能同时又处于等待用户击键的查询循环之中。如果真的等待用户击键，则其他程序永远得不到执行，因为 CPU 的全部注意力都集中在寻找下一次的击键事件。一个简单的解决办法是：使正在执行的程序暂停一下，以便查看键盘接口，看是否已有键被击过。当然，应用程序必须知道什么时候去查看，以及查看多少次；否则它的许多处理时间将白白浪费在对键盘接口的查询之中。PC 的中断功能就是在击键事件刚发生时自动暂停程序，并使 CPU 去执行与击键事件相对应的键盘服务程序。在完成接收输入信息的程序之后，CPU 自动回到原程序去执行下一条指令。

6.1　中断原理

中断传输是计算机接口内容中最为精彩、也是较为复杂的部分。本节将讨论一些最基本的中断概念。理解和掌握这些概念，对于进一步学习 8086 CPU 中断系统大有裨益。

6.1.1　中断的基本概念

什么是中断？以生活中的例子打个比方：当某人正在阅读处理一个日常文件时，如果电话铃响了（这就是中断请求），那么他不得不在文件上做个记号（返回地址）而暂停工作，然后去接电话（产生中断），并将电话中的相应事情处理好（调动中断服务程序），再调整心理状态（恢复中断前状态），接着去做在接电话前阅读处理的文件。

中断就是指当 CPU 正在执行程序时，外设（或其他中断源）向 CPU 发出请求，CPU 暂停当前程序的执行，转向该外设服务（或称中断服务）程序，当中断服务程序运行结束后，返回原程序继续执行的过程。一般只要在程序中直接使用（INT 中断编号）中断指令，即可执行该中断编号的中断服务程序，8086 系列计算机规划出 256 种中断情况（即 00H ~ FFH），程序设计师只要针对该中断情况的一些需求来配以片段的指令，即可完成该中断情况的动作，即当 CPU 执行到中断呼叫指令（INT），就会“中断”目前程序的执行，而将程序执行的控制权转移到该中断服务过程中，待完成之后，才又回到刚刚的“中断”而继续往下执行其他的指令。

这里给出图 6.1 所示的例子。比如，某文秘的日常工作主要是处理文件档案，在工作的大部分时间内，他都可以专注于文档工作；但当有电话铃声来时，如果他不是正在处理一项非常重要的文档，就可以接听电话，完毕后再进行文档工作。这个过程就是典型的中断过程。

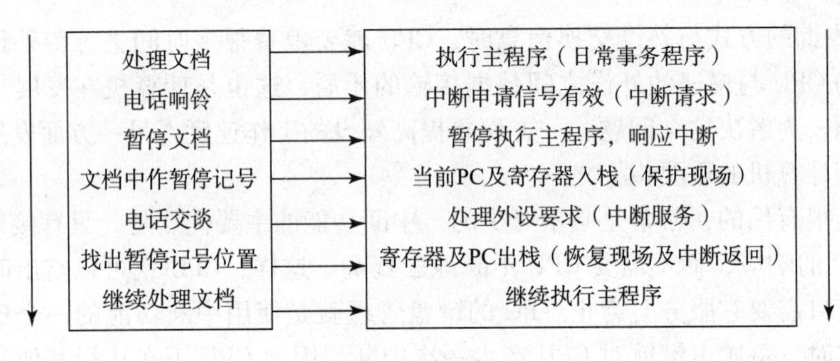

图 6.1　中断举例

在上述例子中，文秘的处理文档对应于 CPU 的执行主程序或日常事务程序，电话铃响对应于外设的中断请求信号有效，暂停文档相对于 CPU 暂停执行当前的主程序而进入中断响应状态等。

6.1.2　中断的应用

中断方式有效地提高了 CPU 的工作效率，许多用其他工作方式难以处理的操作，往往可以通过中断得以圆满解决。这里仅举两个例子。

1. 实时故障处理

实时处理计算机部件损坏和计算过程中出现的错误。例如，计算机内存电路出现问题，由于内存中存储的是程序代码和需要处理的数据，一旦内存出现问题，计算机就无法正常运行，或者处理结果的可靠性无法得到保证。在这种情况下，常用以下方案来检测和处理。在图 6.2 所示电路中，存取一个字节的信息包括两个方面的内容，一个是 8 位的数据，另一个是该数据的奇偶校验位。当内存电路出现故障时，这 9 位数据原有的奇偶性关系就会被破坏，奇偶检测电路的输出就会有效，产生中断请求信号。

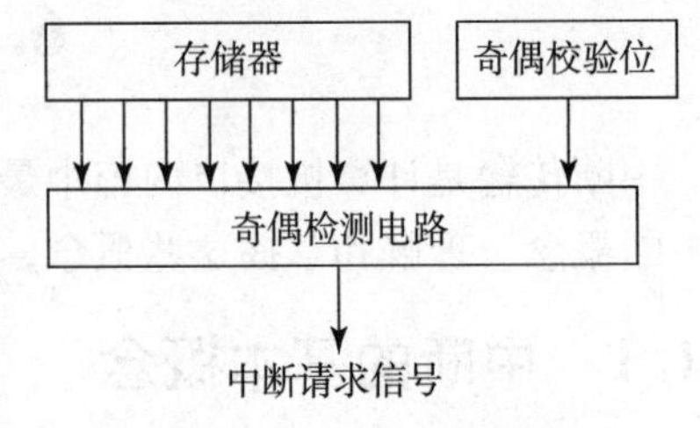

图 6.2　存储器出错检测电路

对于计算出错，有些功能较强的 CPU 安排了软件中断。软件中断的中断源是指令。比如，当 CPU 执行一条除法指令时，如果运行结果溢出，表明所得的商是不正确的，这时就会产生中断，而相应的中断服务程序就处理由于运算结果不正确而带来的问题。

2. 分时操作、同时处理

有了中断功能，就可以使 CPU 和外设同时工作。CPU 在启动外设工作后，就继续执行其他程序，同时外设也在工作。当外设把数据准备好后，发出中断请求，请求 CPU 中断它的程序，执行输入或输出（中断处理）。处理完以后，CPU 继续执行主程序，外设也继续工作。有了中断功能，CPU 可以控制多个外设同时工作。虽然 CPU 在不同的时间点上为不同外设工作，从宏观上看，CPU 几乎同时为不同外设工作，极大地发挥了 CPU 高速性的特点。

6.1.3　从无条件传输、条件传输到中断传输

程序控制下的输入/输出方式有 3 种，即无条件传输、条件传输和中断传输。现在结合状态线的功能再来讨论这 3 种方式的关系。

对于无条件传输，由于在任何时候 CPU 都准备为外设服务，因此在速率上可以等效为计算机内部的存储器，显然这种服务不需要外设提供状态线。对于条件传输，由于外设的数据处理速率慢于 CPU 的数据处理速率，外设无法使用无条件传输方式与 CPU 交换数据。为使快速 CPU 和慢速外设在数据传输上的时间达到匹配，设备配置了状态线。CPU 先用无条件方式对状态线进行查询，了解外设的工作状态，判断外设是否准备好与 CPU 交换数据。如果外设已经准备好与 CPU 交换数据，则通过状态线上逻辑信号的改变来通知 CPU，CPU 随即进入与外设的数据交换状态。

中断传输实际上是从条件传输演变而来的，如图 6.3 所示。条件传输最大的缺点就是，为了使 CPU 与外设在时间上配合正确，CPU 花大量的时间用无条件方式对状态线进行查询，从而降低了整个系统的工作效率。实际上，CPU 与外设交换数据的时间可能只占 CPU 访问外设时间非常小的一部分，而这部分才是真正的微机与外设交换数据的主体。当然，导致这个问题的关键就是 CPU 通过软件对状态线的查询，而解决这个问题的一个方案就是中断。

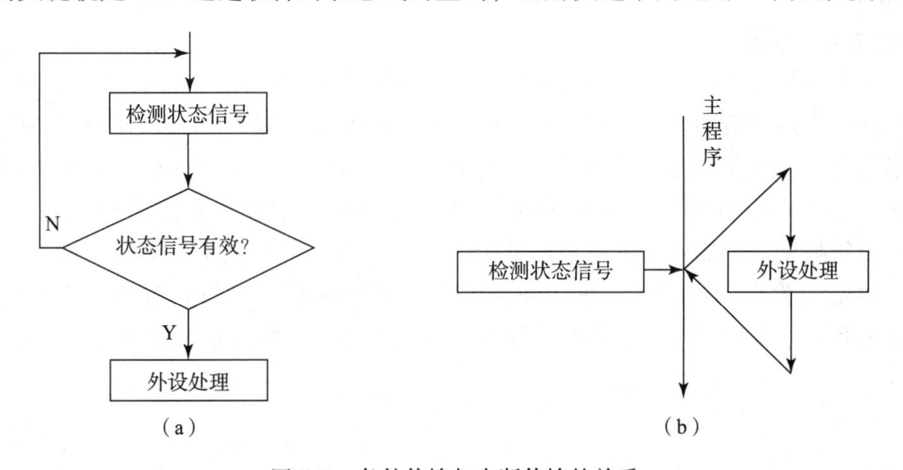

图 6.3　条件传输与中断传输的关系

(a) 条件传输（程序检测状态信号）；(b) 中断传输（CPU 硬件检测信号）

在具有中断功能的 CPU 中，有一个硬件部件专门用于检测外设的状态线。平时，CPU 可以专注于主程序的执行而不必去检测状态线。当外设通过充分的准备，可以与 CPU 进行数据交换时，就通过改变状态线上的信号状态来通知 CPU。当 CPU 通过硬件检测发现状态

线上的信号状态发生改变，并且满足一定条件时，CPU 就可以从正在执行的主程序转入与外设的数据交换程序；完成数据交换后，再回到主程序继续执行程序。这就是中断传输。

在这种 CPU 与外设数据交换的模式中，状态线称为中断请求线，状态线有效表示外设向 CPU 发出中断请求，而专门用于检测外设状态线的硬件，则称为中断逻辑电路。

可见，对于外设来讲，条件传输和中断传输没有什么区别，外设只要提供状态线就可以了。状态线实际上就是中断线。例如，对于 8255A 的 A 口，当其工作在方式 1 输入时，状态线 IBFA 通过芯片内的与门转为中断请求线 INTRA。对于 CPU 来说，条件传输与中断传输却有本质区别。条件传输是用软件查询状态线，CPU 花大量的时间来查询状态线，浪费了 CPU 资源，但系统结构简单。中断传输是用硬件查询状态线。在查询状态线时，CPU 仍然可以执行其他程序，从而提高了 CPU 的利用率，但由于多了一个中断逻辑而使系统变得复杂。

6.2　中断系统的组成及其功能

6.2.1　与中断有关的触发器

正确、可靠地实现中断工作方式需要一个非常复杂的中断系统，它实际上是由 CFU 内部的中断逻辑电路和与外部设备相关的中断逻辑部件组成的。因此，详细了解中断系统的组成是比较困难和耗时的。中断系统中有 3 个与中断有关的重要的触发器，它们是理解和把握中断系统及其处理方式的关键，它们是中断请求触发器、中断屏蔽触发器和中断允许触发器。在这 3 个触发器中，前两个设置在与外部设备相关的中断逻辑电路中，后一个设置在 CPU 的内部电路中。

1. 中断请求触发器

中断请求触发器的作用就是产生中断请求信号给 CPU。从本质上讲，它是把外设的状态信号保存在一个触发器中作为中断信号。中断请求触发器有两个特点：①它的输出可以作为中断请求信号，在满足一定条件的情况下把信号发送给 CPU，且在 CPU 未响应中断时一直保持下去；②当 CPU 满足一定条件下响应该中断请求信号，执行相关的操作后，该中断请求信号可以被撤销。图 6.4 就是一个简单的中断请求信号产生电路。当状态线高电平有效时，D 触发器输出为 1，向 CPU 请求中断，当 CPU 在中断程序中执行对外设读写操作时，清除这个中断信号。有时产生状态信号的触发器就直接作为中断请求触发器。

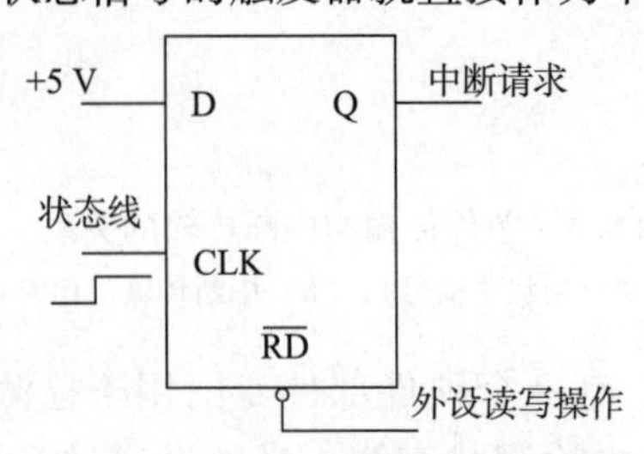

图 6.4　中断请求信号产生电路

发出中断请求信号的外部设备称为中断源。一般地，中断源为数据输入/输出外设请求中断、定时时间到请求中断、满足规定状态请求中断、电源掉电请求中断、故障报警请求中断和程序调试设置中断。

2. 中断屏蔽触发器

中断屏蔽触发器的功能是决定中断请求触发器的输出信号是否可以作为中断请求信号而发送给 CPU。CPU 通过对中断屏蔽触发器的设置，达到对中断源的控制。图6.5表示中断屏蔽触发器的作用。对于 CPU 来说，中断屏蔽触发器实际上就是某输出接口中的一位输出线。如果 CPU 不希望某个设备发出中断请求信号，也就是 CPU 不希望它中断正在执行的程序，则 CPU 可以通过对输出接口的操作使这个中断屏蔽触发器复位，这样中断请求触发器的信号就不可能通过与门发送给 CPU，此操作称为中断屏蔽。如果 CPU 通过对输出接口的操作使中断屏蔽触发器置1，中断请求触发器的信号就可以作为有效的中断请求信号送给 CPU。

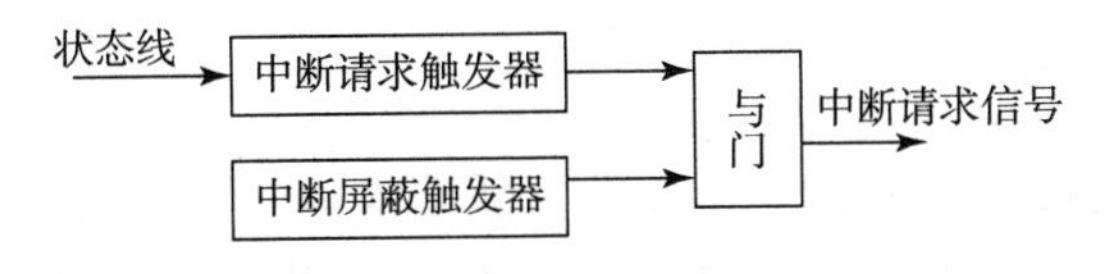

图6.5 中断屏蔽触发器的作用

3. 中断允许触发器

CPU 控制中断系统还有另外一个途径，那就是 CPU 内部的中断允许触发器。CPU 通过对它进行设置，来决定是否对发给它的中断请求信号进行响应。8086 CPU 的标志寄存器中有一个 IF 标志位，这就是中断允许触发器。如果 IF = 1，则允许 CPU 响应中断，称 CPU 是开中断的；如果 IF = 0，则不允许 CPU 响应中断，称 CPU 是关中断的。可以用专门的指令来置位或复位 IF。置位 IF 指令称为开中断指令，复位 IF 指令称为关中断指令。如果 CPU 执行某一程序，不允许任何外设中断，这时可用关中断指令来禁止 CPU 对外设中断请求信号的响应。如果 CPU 允许外设中断当前正在运行的程序，就可用开中断指令来允许 CPU 对外设的中断请求信号做出响应。

有些 CPU，如 8086 CPU，设置了两种中断类型，即可屏蔽中断和不可屏蔽中断。可屏蔽中断受中断允许触发器控制，只有当 IF 为 1 时，CPU 才能响应中断请求信号。而不可屏蔽中断不受中断允许触发器的控制，只要中断请求信号有效，不管 IF 是否为 1，CPU 就必须响应。因此，不可屏蔽中断的中断优先级要大于可屏蔽中断的中断优先级。

6.2.2 中断条件

从中断屏蔽触发器和中断允许触发器的功能来看，如果外设在中断工作方式下与 CPU 交换数据，外设的中断请求信号要想发给 CPU 并能最终得到 CPU 的响应，必须满足以下两个条件：一是中断屏蔽触发器处于非屏蔽状态，在这种情况下，中断请求信号才能发给 CPU。CPU 是否响应这个中断，还要看中断允许触发器是否处于开中断状态；二是只有 CPU 是开中断的条件下，CPU 才能进入中断响应过程，处理中断事务。

设置中断屏蔽触发器和中断允许触发器，可使 CPU 灵活控制整个中断系统。比如，CPU 通过对中断屏蔽触发器的操作，可以控制到单个中断源；而 CPU 对中断允许触发器的操作，则可以控制整个中断系统。当计算机在加电时，CPU 执行的是对计算机内各部件的初始化操作。这是非常重要的处理过程，一般不希望受外设影响。这时，CPU 对中断允许触发器进行复位操作，实现关中断。这样，任何外设发中断请求信号给 CPU，都不可能中断 CPU 正在进行的初始化操作。

在正常工作状态时，CPU 通过对中断允许触发器置位操作，实现开中断，即允许 CPU 响应中断。但究竟哪些中断源可以发中断请求信号给 CPU，还要由中断屏蔽触发器的内容来决定。CPU 通过输出指令对中断屏蔽触发器的设置，可以选择和调整中断源，使中断系统处于一个和目前正在运行的程序相适应的工作状态。

由于中断屏蔽触发器和中断允许触发器是用户可以通过指令来设置的，所以由这两个中断触发器所限定的中断条件是用户通过程序施加给中断系统的。还有一些不是用户所能控制的中断条件，如 8259A 的中断服务寄存器，将在下面章节中讨论。

6.2.3 中断响应过程

中断响应过程主要包括 3 个方面：外设发中断请求信号给 CPU，即中断请求；CPU 对中断请求信号做出反应，即中断响应；CPU 执行对外设操作的子程序，即中断处理。

1. 中断请求

当外设通过充分的准备，可以和 CPU 进行数据交换时，就设置中断请求触发器有效，它的输出信号并不是无条件地送给 CPU，只有当中断屏蔽触发器状态为 1 时，中断请求触发器输出的中断请求信号才会发给 CPU。

2. 中断响应

CPU 在没有接到中断请求信号时，一直执行原来的程序（称为主程序）。当 CPU 接到外设的中断请求信号时，CPU 能否马上去为其服务呢？这就要看中断的类型，若为非屏蔽中断请求，则 CPU 执行完当前指令后，做好断点保护工作即可去服务；若为可屏蔽中断请求，CPU 只能得到允许才能去服务。CPU 响应可屏蔽中断申请必须满足的 3 个条件为无总线请求、CPU 被允许中断、CPU 执行完现行指令。

3. 中断处理

CPU 响应中断后要自动完成 3 项任务：关闭中断；将 CS、IP 以及 FR 的内容推入堆栈；中断服务程序段地址送入 CS 中、偏移地址送入 IP 中。

关闭中断的原因有两个：一是对于电平触发的中断，当 CPU 响应中断后，如果不关中断，则本次中断有可能会触发新的中断；二是由于中断是 CPU 从正在执行的主程序转向执行中断服务程序，执行完毕后再回到主程序的过程，因此它实质上就是调用子程序的过程。所以，在 CPU 响应中断后，要保护断点和保护现场，这些都是非常重要的工作，是不允许其他外设的中断请求信号打断的。

一旦 CPU 响应中断，就可转入中断服务程序中。中断服务程序的结构如下：

```
PUSH  AX            ;保护现场
……
PUSH  BX            ;开中断
STI                 ;中断处理
```

```
……
CLI                 ;关中断
POP  BX             ;恢复现场
……
POP  AX
STI                 ;开中断
IRET                ;中断返回
```

可见，中断服务子程序要做以下6件事。

（1）保护现场。

CPU响应中断时自动完成寄存器CS和IP以及标志寄存器FR的保护，但主程序中使用的寄存器的保护则由用户根据使用情况而定。由于中断服务程序中也要用到某些寄存器，若不保护这些寄存器在中断前的内容，中断服务程序会将其修改。这样，从中断服务程序返回主程序后，程序就有可能无法正确执行下去。由用户保护寄存器的这段程序称为保护现场，实质上是执行PUSH指令将需要保护的寄存器内容推入堆栈。

（2）开中断。

CPU接收并响应一个中断后自动关闭中断。但在CPU正在处理当前中断源的中断时，有可能出现更优先的中断源发出中断请求信号给CPU的情况。此时，应停止对该中断的服务而转入优先级更高的中断处理，故需要再开中断；否则，优先级高的中断将只有在低级中断源的中断处理结束后才能得到响应。当然，没有更高级别的中断，在此也就不必开中断了。

（3）中断服务。

中断服务程序的核心就是对某些中断情况进行处理，如传输数据、处理掉电紧急保护和各种报警状态等。

（4）关中断。

由于有上述的开中断，因而在此处应对应一个关中断过程，以便下面恢复现场的工作顺利进行而不被打断。

（5）恢复现场。

在返回主程序前要将用户保护的寄存器内容从堆栈中弹出，以便返回主程序后继续正确执行主程序。恢复现场用POP指令，堆栈为“先进后出”的数据结构，保护现场时寄存器的先后入栈次序要与出栈时的次序相反。

（6）开中断返回。

此处的开中断对应CPU响应中断后自动关闭中断。在返回主程序前，也就是中断服务程序的倒数第二条指令往往是开中断指令，最后一条是返回主程序指令IRET。

6.3　中断源的识别及中断优先权

当外设的中断请求信号发送给CPU，而且CPU又满足一定的条件时，CPU就会进入中断响应过程。由于同类中断源不止一个，但是CPU芯片的同类中断输入信号线一般只有一根，于是带来两个非常重要的问题。第一个问题是，CPU 如何知道是哪个中断源发出的中断请求信号？这是一个非常关键的问题，因为只有正确地确定中断源，CPU 才能转到相应的中断服务程序为之服务。这里，确定中断源的方法被称为中断源识别或中断方式。第二个问题是，如果几个外设同时发中断给 CPU，或 CPU 正在执行某个外设中断时，又有其他外设发中断请求信号给 CPU，中断系统应采取什么样的策略来处理？这就是所谓的中断优先权问题。

6.3.1 中断源的识别

一个微机系统往往有多个外设。当外设与 CPU 以中断方式进行通信时，CPU 必须从多个外设中判别是谁正在申请中断，以找到相应的服务程序首地址，才能转去为其服务。因而要解决的问题包括两个方面：一方面是确定中断源；另一方面是找到该中断服务程序的首地址。下面给出解决问题的两种方案。

1. 查询中断

查询中断是用软件查询的方法来确定中断源。这里的软件查询与前面谈到的软件查询方法实现 CPU 与外设通信的概念不同。前面谈到的软件查询是检查外设状态，用以协调外设与 CPU 在时间上的不同步，是 CPU 主动询问外设是否要进行信息交换。此处则是在外设要求与 CPU 交换信息的前提下，从多个设备中查找请求交换信息的那个设备。有关查询中断和条件传输方式的关系将结合下面的例子做进一步讨论。

对于发出中断请求的设备较多，而 CPU 的中断请求输入线较少，如只有一根的情况，可设置一个中断查询接口电路，用来锁存中断请求信号给 CPU 查询。中断查询接口是一个输入接口，前面谈到的有关输入接口均可用于此处。下面给出一个具有 4 个中断源的中断查询接口电路和分析查询软件，接口电路如图 6.6 所示。

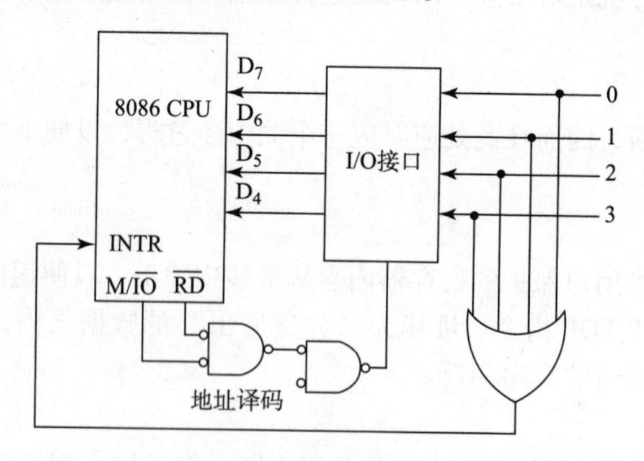

图 6.6 查询中断

在图 6.6 中，4 个外设的中断请求信号通过“或”门接到 CPU 的可屏蔽中断引脚 INTR，设中断请求信号为高电平有效。在该电路中，只要有一个外设申请中断，则 CPU 的 INTR 引脚上就有高电平信号，CPU 在执行一条指令快结束的时候来检测 INTR 信号。当该信号有效，并且满足无总线请求、CPU 开中断和 CPU 执行完现行指令 3 个条件时，就转去中断服务。

现在的问题是，CPU 如何确定中断源并转到对应的中断服务程序呢？对于查询中断，一旦 CPU 响应了中断，它就转到一个固定地址去执行程序，我们事先在这个地址处安排了一段查询程序，它可以确定请求服务的设备，转至相应的服务程序。当然，服务程序是预先编好存放在内存区的。

对于图 6.6，其查询程序如下：

```
IN    AL,IPORT              ;从输入接口取中断信息
TEST  AL,80H                ;是 0 号设备请求吗?
JNZ   SEV0                  ;是,转 0 号设备服务程序
TEST  AL,40H                ;否,是 1 号设备请求吗?
JNZ   SEV1                  ;是,转 1 号设备服务程序
TEST  AL,20H                ;否,是 2 号设备请求吗?
JNZ   SEV2                  ;是,转 2 号设备服务程序
TEST  AL,10H                ;否,是 3 号设备请求吗?
JNZ   SEV3                  ;是,转 3 号设备服务程序
```

查询中断与条件传输之间的工作方式有相似之处，它们都是通过对外设提供的信号即中断请求信号或状态信号进行查询的，其目的是实现从当前正在执行的程序向为外设服务的子程序的转移。尽管如此，查询中断与条件传输仍然存在本质区别。查询中断是在外设提供的信号有效时才开始查询的，CPU 无须判断外设是否准备好，因此没有浪费 CPU 的时间。条件传输的特点是在状态线处于无效时，程序就开始了查询，判断外设是否准备好，这个过程是 CPU 在等待外设。由于这个状态可能持续很长时间，因此浪费了 CPU 的大量时间。

从上面的程序中可以看出，首先被查询的设备具有较高的中断优先权，因此查询中断可以方便地调整外设的中断优先权。不足的是：对于优先级别高的中断源，CPU 首先进行查询，很快就可以转移到相应的中断服务子程序上去，中断反应快；但对于低级别的中断，即使当前没有其他高级别的中断源的中断，CPU 也要从级别高的中断源到级别低的中断源进行查询。由于级别相对低的中断源的查询语句被安排在查询程序段的后面，所以 CPU 可能会花较长时间才能转移到相应的中断服务程序上去，中断反应较慢。

2. 矢量中断

对中断源识别最快的方法是矢量中断，如图 6.7 所示。该方法要求外部设备不仅提供中断请求信号，而且还要提供一个设备号。比如，当某个外设需要 CPU 为之服务时，就发中断请求信号，CPU 在满足一定的条件时，响应这个外设的中断请求。然后，外设再把它的一个设备号通过数据总线送给 CPU。CPU 接收这个设备号并且通过简单的处理，就可从当前正在执行的主程序转移到相应的中断服务子程序上去。

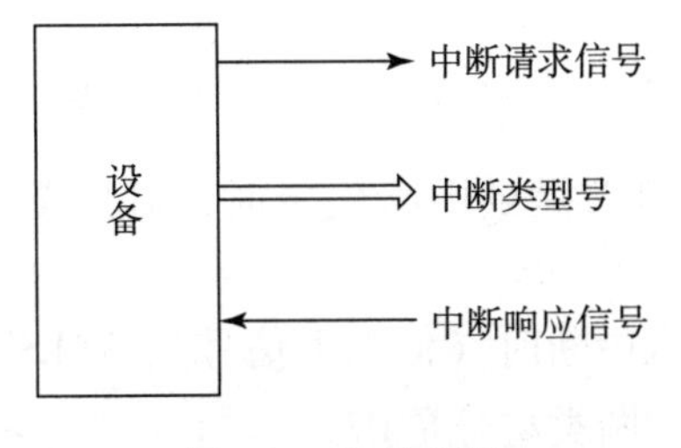

图 6.7　矢量中断

在中断理论中，这种确定中断源的方法称为矢量中断，而外设的设备号为中断矢量或中断类型号。每个 I/O 设备都预先指定好各自的中断类型号。当 CPU 响应某个 I/O 设备的中断请求时，控制逻辑就将该 I/O 设备的中断类型号送入 CPU，CPU 根据该中断矢量自动找到相应的中断程序的入口地址，转入中断服务。8086 CPU 中断方式采用的就是这种矢量中断。

这里还有一个问题尚未解决，即外设在发送中断请求信号给 CPU 后，什么时候再把中断类型号发给 CPU？一个最佳的时机就是在 CPU 进入中断响应状态时，外设提供中断类型号给 CPU。那么外设又如何知道 CPU 进入中断响应状态呢？解决这个问题的一个办法就是 CPU 从硬件上提供一个逻辑信号线，该信号线有效时向外设表明 CPU 已经进入中断响应状态，外设可以把中断类型号送给 CPU。这个逻辑信号线称为中断响应线。在 8086 CPU 中，它的符号为$\overline{INTA}$。

中断请求信号和中断响应信号是一对握手信号。在驱动一个中断事件过程中，中断请求信号是外设发给 CPU 的，当其有效时，表示外设请求 CPU 为之服务。而中断响应信号是 CPU 发给外设的，当其有效时，表明 CPU 可以为这个外设服务，同时要求外设提供中断类型号。

中断类型号可以由专用的中断控制芯片提供，也可以由接口芯片 74LS245 提供。图 6.8 是 74LS245 芯片作为提供中断类型号 80H 的接口电路。从图中可以看出，中断类型号由 A_0 ~ A_7 这 8 个输入端的状态决定，用户可以通过对其与电源或地线的连接而预先设定，也可以由某个输出接口来确定，其输出线与 74LS245 输入端相连。读者可以看出图 6.8 产生的中断类型号是 80H。当外设需要 CPU 为之服务时，其状态线有效，D 触发器向 CPU 发出中断请求信号 INTR，CPU 响应中断时，中断响应信号$\overline{INTA}$有效，使 74LS245 的三态门打开，中断类型号从 74LS245 的三态门送到 CPU 的数据总线。

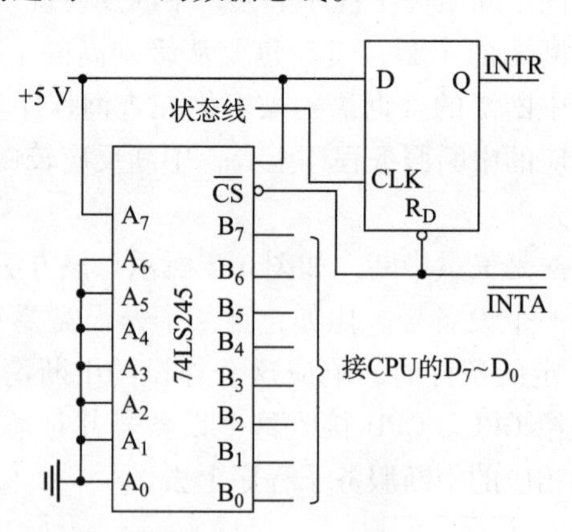

图 6.8 中断类型号 80H 产生电路

当 74LS245 要为多个中断请求提供中断矢量时，可用图 6.9 所示的中断优先编码器 74LS148 提供 8 个中断类型号。

当从 74LS148 的$\overline{INT_7}$ 上引入中断时（低电平信号），74LS245 提供的中断类型号是 00，而从$\overline{INT_0}$ 上引入中断时，提供中断类型号是 07。

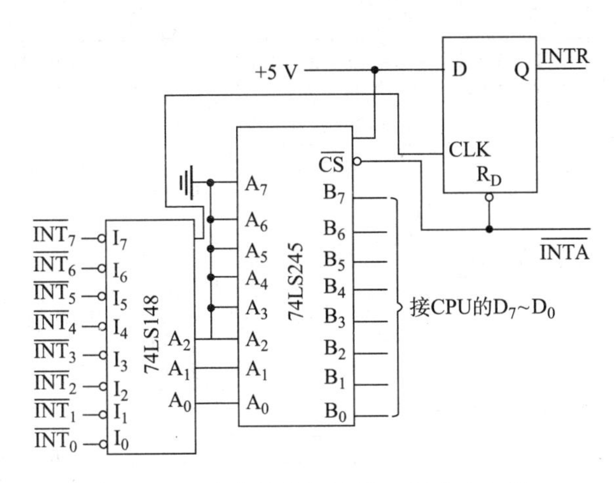

图6.9　8个中断类型号00~07产生电路

6.3.2　中断优先权

在一个微机系统中，常常遇到多个中断源同时申请中断的情况。这时，CPU必须确定首先为哪一个中断源服务以及服务的顺序。当CPU已在中断处理状态时，如果另一个外设又发出了中断请求信号，这时CPU必须确定是否中断当前的中断处理程序而接受更需要紧急处理的中断。解决这些问题就是解决中断的优先排队问题。有以下两种方法解决中断优先权的问题。

1. 软件方案

这种方法常称为查询中断。其中断优先权由查询顺序决定，先被查询的中断源具有高的优先权。使用这种方法需要设置一个中断请求信号的锁存接口，将每个申请中断的请求情况保存下来，以便查询并可对还没有服务的中断请求做一个备忘录。图6.6就具有这种功能。软件查询的好处在于可以通过软件修改来改变中断优先权。在图6.6所示的查询程序中，0号设备具有最高优先权，3号设备具有最低优先权，只要改变查询顺序就可让3号设备具有最高优先权，而不必更改硬件。软件查询确定优先权的缺点是，响应中断慢，服务效率低，因为优先权最低的设备申请服务，必须先将优先权高的设备查询一遍，若设备较多，有可能优先权低的设备很难得到及时服务。

查询中断与第5章中的异步查询数据传送方式本质上是不同的，虽然这两种方法都是对状态线进行查询，但是查询中断是在状态线有效时进行查询的，不存在查询等待的问题，而异步查询数据传送方式总是在不断查询状态线，这个查询等待过程花费了CPU大量的时间，极大地降低了CPU的工作效率。

2. 硬件方案

1）链形电路

链形电路是利用外设在系统中的物理位置来决定其中断优先权的，电路如图6.10所示。

若1号设备发出中断请求（高电平信号）且CPU响应时，1号设备的申请被接收，同时封锁2号、3号设备的中断请求。也就是说，即使2号产生中断请求，也不会发送给CPU。当1号设备无中断请求，2号设备有中断请求时，CPU“响应”信号通过第一级IEO

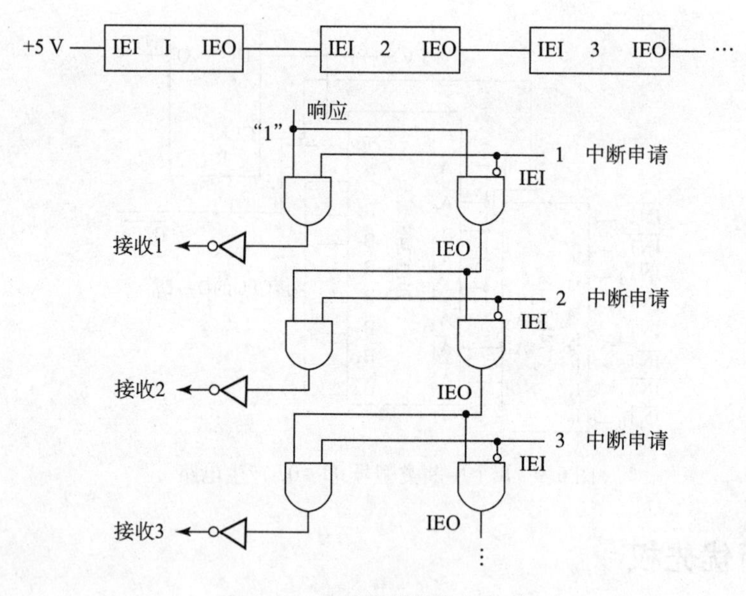

图 6.10 链式中断优先权电路

传递给 2 号中断请求的"与"门，使 2 号设备的中断请求被接收，同时封锁 3 号设备的中断请求。在响应 2 号设备的中断并为其服务期间，1 号设备发出中断请求，则 CPU 会挂起 2 号设备的服务转去接收优先权高的 1 号设备的申请并为其服务。1 号设备服务完毕，再继续为 2 号设备服务。显然，链式优先权排队电路使优先级别高的设备的中断不被优先级别低的设备所打断，但可随时中断优先级别低的服务。在某些可编程的 I/O 接口芯片中，如 Z80 系列的 PIO、CTC，都有中断优先链，从引脚上体现为链的输入（IEI）和链的输出（IEO）。

2）编码电路

74LS148 是一个优先权编码器，它是一个 16 引脚双列直插式 TTL 器件。其引脚排列及功能真值表如图 6.11 所示。

信号	引脚	74LS148	引脚	信号
I_4	1		16	V_{CC}
I_5	2		15	E_0
I_6	3		14	G_S
I_7	4		13	I_3
E_1	5		12	I_2
A_2	6		11	I_1
A_1	7		10	I_0
GND	8		9	A_0

输入									输出				
E_1	I_0	I_1	I_2	I_3	I_4	I_5	I_6	I_7	A_2	A_1	A_0	G_S	E_0
1	×	×	×	×	×	×	×	×	1	1	1	1	1
0	1	1	1	1	1	1	1	1	1	1	1	1	0
0	×	×	×	×	×	×	×	0	0	0	0	0	1
0	×	×	×	×	×	×	0	1	0	0	1	0	1
0	×	×	×	×	×	0	1	1	0	1	0	0	1
0	×	×	×	×	0	1	1	1	0	1	1	0	1
0	×	×	×	0	1	1	1	1	1	0	0	0	1
0	×	×	0	1	1	1	1	1	1	0	1	0	1
0	×	0	1	1	1	1	1	1	1	1	0	0	1
0	0	1	1	1	1	1	1	1	1	1	1	0	1

图 6.11 74LS148 引脚排列及真值表

74LS148 编码器有 I_0 ~ I_7 共 8 个输入引脚，可接收来自外设的 8 个中断请求信号（低电平有效），E_1 为片选输入信号，低电平有效。从真值表中可知，I_7 输入引脚上的中断请求具有最高优先权，因为无论其他引脚上有无中断请求，即“×”态，只要 I_7 输入引脚上为“0”，则输出引脚 A_2、A_1 和 A_0 的组合就为000，I_6 引脚上的中断具有次高优先权，因为只有最高优先权引脚上为“1”，即无中断请求时，I_6 引脚上的中断请求才接收，且 $A_2A_1A_0$ 输出为001。其他以此类推，I_0 号输入引脚上的中断具有最低优先权。

6.4 8086中断系统

8086中断系统有两种类型的中断源：一类是由外部设备产生的中断，称为硬件中断，有时又称为外中断；另一类是由指令在某种运行结果时产生的中断，称为软件中断。硬件中断又分为不可屏蔽中断和可屏蔽中断，硬件中断是通过CPU芯片的INTR引脚或NMI引脚从外部引入的。

无论什么类型的中断，其中断服务子程序的调用都是通过中断类型号来完成的。由于外设送给CPU的中断类型号是8位的，所以在采用8086 CPU的微机系统中有256级中断，以0～255的序号表示。当中断源多于256个时，可以结合查询中断方法来扩展中断源，即几个中断源共用一个中断类型号。

中断类型号又如何与中断服务子程序的入口地址相联系呢？首先，8086 CPU要求在RAM中开辟一个区域，作为中断服务程序的地址表。该区域规定，在地址为00000H～003FFH的1 KB的RAM内，中断服务程序的入口地址事先就存入这个区域中，每个入口地址占用4个连续字节。高地址存储单元中存放服务程序入口地址的段地址，低地址存储单元中存放偏移地址。若发生某一类型的中断，则该中断服务程序入口地址可从“中断类型号×4”的RAM区中找到（见图6.12）。8086 CPU的中断类型号有两种方法可提供：一种用软件指定；另一种由与外部设备相关的硬件提供。

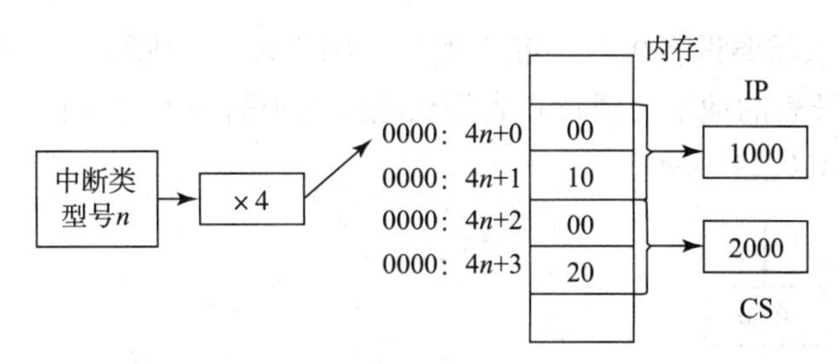

图6.12 中断类型号和中断程序入口地址的关系

6.4.1 不可屏蔽中断

不可屏蔽中断，就是用户不能通过CPU内的中断允许触发器IF控制的中断，由8086 CPU的NMI引脚引入。因为这种中断不受IF内容的控制，所以不管CPU是否处于开/关中断状态，只要NMI有效，CPU就必须中断当前的程序，转向NMI源的中断服务子程序。

NMI中断请求采用上升沿触发方式，如图6.13所示。这种中断一旦产生，在CPU内部直接生成中断类型号02，再取02的4倍即08作为中断服务入口地址表的地址，通过查表得到相应的中断服务程序首地址，转去执行中断服务。由于中断类型号02不是由外部设备送给 CPU 的，所以 NMI 中断在时序上不存在$\overline{INTA}$周期。

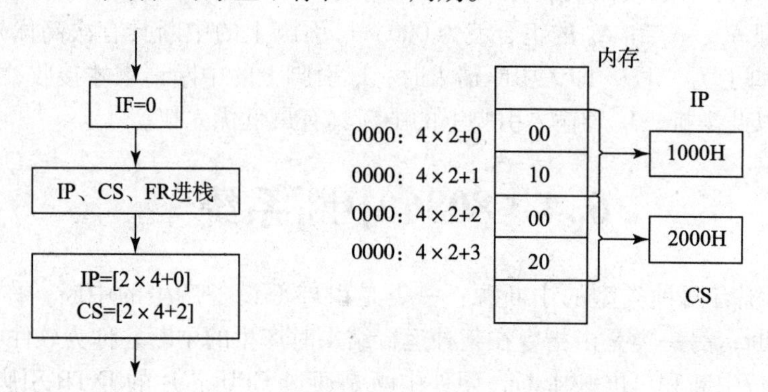

图 6.13　NMI 中断

6.4.2　可屏蔽中断

可屏蔽中断就是用户可以控制的中断，是通过对 CPU 内的中断允许触发器 IF 的设置来禁止/允许 CPU 响应中断。可屏蔽中断由 8086 CPU 的 INTR 引脚引入。因为这种中断受 IF 内容的控制，所以如果 CPU 处于关中断状态，即使 INTR 有效，CPU 也不会中断当前正在执行的程序。

INTR 中断请求采用电平触发方式，高电平有效。INTR 中断与 NMI 中断主要有以下两个区别。

（1）这种中断一旦发生，CPU 在当前指令执行完后，首先检查标志寄存器中的 IF 是否置“1”，若 IF 为“0”，则该中断请求不被响应，只有当 IF 为“1”时，CPU 才能响应这个中断请求。

（2）这种中断请求需要设备提供中断类型号。CPU 响应中断后，取中断类型号的 4 倍作为中断服务入口地址表的地址，通过查表得到相应的中断服务程序首地址，转去执行相应的中断服务程序，如图 6.14 所示。

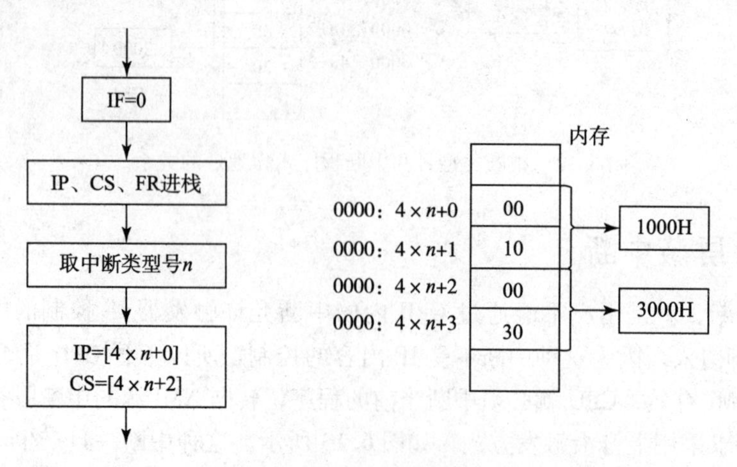

图 6.14　INTR 中断

由于8086 CPU芯片仅有一条INTR线，直接由INTR引脚引入的中断只有一个，但可处理的中断类型号可以是上百个。为了增强其处理外部中断的能力，Intel公司设计了专用的可编程中断控制器8259A，用来管理多个外部中断。

6.4.3 软件中断

软件中断是由8086指令系统中的某些指令产生的，或由这些指令运行后某种特定的结果产生。其特点如下。

①中断类型号包含在指令中或隐含规定。

②除单步中断外，任何内部中断不能被禁止。

③不运行中断响应总线周期$\overline{\text{INTA}}$。

④正在服务于某种中断类型的中断处理过程中，不能再发生同种类型的中断。

1. 除法中断

当进行除法运算时，若除数为0或除数太小，使得商数大于相应寄存器所能表示的最大值，则除法出错。这时除法指令就相当于一个中断源，它向CPU发出类型0中断。

2. 溢出中断

当算术运算产生溢出时，将在INTO指令控制下向CPU发出类型4的中断，即溢出中断。

也许有些读者可能提出这样的问题：既然除法指令可以直接产生除法中断，为什么产生算术运算结果溢出的加法指令不能直接产生中断呢？这是因为与加法指令操作有关的数据有两种：一种是无符号的数，对于这种数的处理，是不存在溢出的；另一种是有符号的数，所谓溢出的概念就是针对这种数操作的。这样用户在编程时，如果处理的是无符号数，就不需考虑溢出问题。如果处理的是有符号数，运行结果的溢出问题就必须给予解决，相应的方法就是在算术指令的后面语句取溢出中断指令，并编写相应的中断处理程序及设置中断入口地址表。

下面通过例题了解一个软件中断的产生和执行过程。

```
DATA    SEGMENT                          ;定义数据段
ADD1    DB?
ADD2    DB?
DATA    ENDS
CODE    SEGMENT                          ;定义代码段
        ASSUME  CS:CODE,DS:DATA
START:  MOV  AX,DATA
        MOV  DS,AX
        MOV  AX,0                        ;填写中断地址表
        MOV  ES,AX
        MOV  DI,04*4
        MOV  AX,OFFSET  INTO1            ;存中断程序首地址的偏移量
        CLD
```

```
        STOSW
        MOV  AX,CS                         ;存中断程序首地址的段地址
        STOSW
        MOV  BL,0
        MOV  AL,ADD1
        ADD  AL,ADD2                       ;计算 ADD1 + ADD2
        INTO                               ;若有溢出,转溢出处理
        MOV  AL,BL
        MOV  AX,4C00H
        INT  21H
        INTO1  PROC                        ;溢出处理
        PUSH  AX
        MOV  BL,0FFH
        POP  AX
        IRET                               ;中断返回
        INTO1  ENDP
CODE  ENDS
    END  START
```

上例中，中断服务程序和主程序在同一段，中断服务程序的首地址分两次置入中断服务入口地址表中。段寄存器 ES 中置入表的段地址即 0000H，寄存器 DI 中放入中断类型 4 所对应表的偏移地址，以增址型指令将 AX 中的中断服务程序的偏移地址置入 ES：DI 指示的中断服务程序入口地址表的低字节单元中，同样将服务程序的段地址置入表的高字节单元。

该程序的执行结果由两个加数决定，如 92H + 8AH，则产生溢出中断，执行中断服务程序后，BL = 0FFH。又如，62H - 1AH 不产生溢出，也不执行中断服务，BL = 00H。

3. 单步中断和断点中断

单步和断点是很有价值的程序调试手段，任何一个开发装置几乎都具有这两种基本的调试方法。8086 CPU 可用软件中断方便地实现这两种功能。

1）单步中断

当 8086 CPU 的标志寄存器 TF 为 1 时，8086 CPU 处于单步工作方式，CPU 在每条指令执行后自动产生类型 1 的中断。在类型 1 的中断服务程序中，再单步执行指令是无意义的，因此 CPU 先将标志位推入堆栈，然后清除 TF 和 IF 标志，以禁止外部中断和单步中断。中断服务程序可以写在存储器的任意区域，但该服务程序的入口地址应置入地址为 1 × 4 的连续 4 个存储单元中。8086 CPU 中没有对 TF 标志置“1”和清“0”的指令，所以在执行单步中断指令之前，利用下面程序将 TF 标志置“1”；同理，退出单步工作方式时，执行类似程序将 TF 清“0”。

```
PUSHF              ;标志寄存器内容入栈
POP  AX            ;将标志寄存器内容弹进 AX
```

```
OR  AX,0100H      ;置AX的第8位为"1",对应于TF="1"
PUSH  AX          ;置对应于TF="1"的AX入栈
POPF              ;恢复标志寄存器内容
INT  01           ;单步中断
```

2）断点中断

断点可设在程序任何一条指令的开始处，它可以阻止程序的正常运行，以进行某些检查和处理。“INT 3”指令是1B指令，可将这条指令的目的代码嵌入任意条指令的操作码处，从而实现断点中断。

假若在调试程序时，发现要在某处插入一些新的指令，那么可用“INT 3”指令帮助实现。方法是先保护某一指令字节，用“INT 3”的机器码代替它。中断处理程序中包含所要插入的新指令，处理过程返回之前，恢复被保护指令字节，再把保护在堆栈里IP的值减1，当从中断返回时，就从被恢复的指令开始执行。

4. 软中断

软中断对读者来说并不生疏，在软件编程章节中所介绍的系统调用就是软中断应用的典型例子。软中断是由中断指令引起的。中断指令的指令格式为“INT n”，操作数 n 就是中断类型号。

当CPU执行中断指令“INT n”后，立即产生一个中断。

“INT n”是一条双字节指令，目的代码为“CD n”，只要提供 n，就可从 $n\times4$ 的存储单元中找到中断服务程序的入口地址。

可以利用中断指令“INT n”对上述的软件中断进行另一种诠释。对于除法中断，当CPU执行完指令DIV后，如果结果满足中断条件，则产生中断。这时，可以认为这条除法指令相当于“INT 0”指令。对于溢出中断指令INTO，当算术运算产生溢出时，产生中断，这时可以认为INTO相当于指令“INT 4”。如果算术运算不产生溢出，INTO指令相当于空操作指令NOP。

6.5 8086 CPU的中断管理

6.5.1 中断处理顺序

8086 CPU的中断优先权排列从高到低为：①内部中断，即除法出错中断、溢出中断、中断指令“INT n”；②NMI；③INTR；④单步中断。8086 CPU对中断的处理可用图6.15所示的流程表示。

6.5.2 中断服务入口地址表

存放中断子程序入口地址的内存区域为中断服务入口地址表。8086系统把中断服务入口地址表中的中断入口明确地分成三部分。

第一部分是类型0到类型4，共5种类型，定义为专用中断，它们占表中000~013H的位置，共20 B。这5种中断的入口已由系统定义，不允许用户做任何修改。其中：

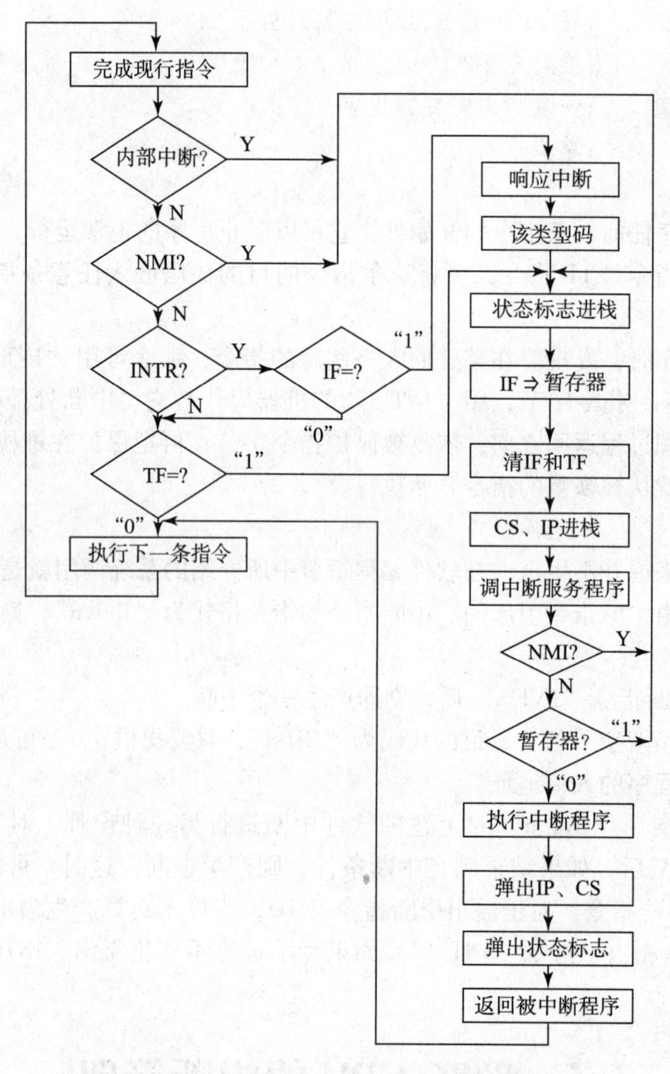

图 6.15　8086 CPU 中断处理顺序流程框图

- INT 0——除法出错中断。
- INT 1——单步中断。
- INT 2——外部引入不可屏蔽中断。
- INT 3——断点中断。
- INT 4 或 INTO——溢出中断。

第二部分是类型 5 到类型 31H，为系统备用中断。这是 Intel 公司为软件、硬件开发保留的中断类型，一般不允许用户改作其他用途。在微机系统中，许多中断已被系统开发使用，如类型 21H 已用作系统功能调用的软件中断。

第三部分是类型 32H 到类型 0FFH，可供用户使用。这些中断可由用户定义为软中断，由"INT n"指令引入，也可以是通过 INTR 引脚直接引入的或通过中断控制器 8259A 引入的可屏蔽硬件中断。

中断服务入口地址表又可称为中断指针表或中断矢量表，每个入口都是低位2 B为偏移地址，高位2 B为段地址，如图6.16所示。

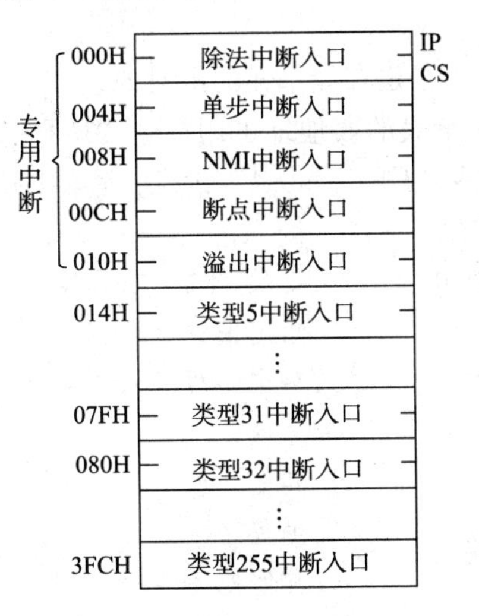

图6.16 中断服务入口地址

6.5.3 中断入口地址设置

前面谈到8086利用矢量中断的方法，一旦响应中断就可由中断类型号通过对中断入口地址表的查表，方便地找到中断服务程序的入口地址。在中断入口地址表规定的内存区中，每4个连续字节存放一个中断服务程序首地址。由于8086 CPU的中断类型号只有256个，因此中断入口地址表是一个1 KB大小的表格。尽管表格规定了内存区域，但表中的内容即中断服务程序地址是用户任选的。为了让CPU响应中断后正确转入中断服务，中断矢量表的建立是非常重要的。这里介绍建立这个表格的4种方法。

1. 用串指令

串指令STOSW将AX寄存器中的内容写入附加段的DI所指向的目标偏移地址单元中。只要将ES设定为0，DI中设定为$n \times 4$，使用STOSW指令即可完成中断服务程序首地址的装入。

```
……
CLI                              ;关中断
MOV  AX,0
MOV  ES,AX                       ;置附件段基地址为0
MOV   DI,n*4                     ;置附件段偏移地址到DI
MOV  AX,OFFSET INT_VCE           ;置中断程序首地址的偏移量到AX
CLD
STOSW                            ;偏移量填到中断地址表
MOV  AX,SEG INT_VCE              ;置中断程序首地址的段基地址到AX
STOSW                            ;段基地址填到中断地址表
```

```
STI                          ;开中断
……
```

2. 用伪指令

指示性语句 AT 和 ORG 均可指定存储单元的绝对地址。AT 可指定段地址（16 位），而 ORG 将指定偏移地址。中断矢量表的段地址可用指令“INT - TBL SEGMENT AT 0”设定；中断矢量表的偏移地址可用指令“ORG　n＊4”设定，n 为中断类型号。然后可用 DD 伪指令将中断服务程序的首地址装入。

```
INT-TBL  SEGMENT  AT 0       ;定义 INT-TBL 段,段基地址为 0
         ORG  n×4            ;指定偏移地址
         DD  INT-VCE         ;存中断程序入口地址
INT-TBL  ENDS
……                           ;其他处理
MCODE  SEGMENT               ;主程序
……                           ;其他处理
INT-VCE  PROC  FAR           ;中断服务程序
……
       IRET
INT-VCE  ENDP
……
```

3. 用系统调用

利用软中断指令“INT 21H”，以及专门为更新中断服务程序地址的 25H 号功能来设置中断地址有两个非常显著的优点：其一，DOS 会采取措施用最安全可行的方法来存放中断矢量；其二，使用时范围更广泛。

使用 25H 功能时要求如下。

①AL = 中断类型号。

②DS：DX = 中断服务程序首地址的段、偏移地址。

下面的程序完成中断类型号为 60H 的中断地址置入。

```
PUSH  DS
MOV  DX,SEG INT60H           ;段基地址送 DS
MOV  DS,DX
MOV  DX,OFFSET INT60H        ;偏移地址送 DX
MOV  AL,60H                  ;中断类型号送 AL
MOV  AH,25H
INT  21H
POP  DS
```

由于在系统中断类型号 0 ~ 255 中，许多类型号已由系统使用，如果用户希望修改某个中断服务程序的首地址，应将原有的中断服务程序地址用 DOS 调用的功能 35H 保存起来，以便从用户程序中退出来时再用 25H 功能恢复，而不影响系统的正常工作。

系统调用的 35H 功能是对指定的中断类型号，得到其中断处理程序的地址。使用 35H 功能时要求如下。

①AL = 中断类型号。

②返回时 ES 中是段地址，而 BX 中是偏移地址。

下面的例子是对机器的中断类型 0，将其当前中断服务程序入口地址取出，并且保存到变量 INTOSEG 和 INTOFF 中。

```
INTOSEG  DW?
INTOFF  DW?
        MOV  AH,35H        ;功能号送 AH
        MOV  AL,0          ;中断类型号送 AL
        INT  21H           ;中断调用
        MOV  INTOSEG,ES    ;存段基地址
        MOV  INTOFF,BX     ;存偏移地址
        ……
```

下面是用户更改系统中断类型 1CH 而写入新的中断服务程序的例子：

```
DATA  SEGMENT                  ;定义数据段
CC1  DW  0
SS1  DW  0
DATA  ENDS
CODE  SEGMENT
      ASSUME  CS:CODE,DS:DATA
START:MOV  AX,DATA
      MOV  DS,AX
      MOV  AL,1CH              ;中断类型号送 AL
      MOV  AH,35H              ;功能号送 AH
      INT  21H                 ;系统调用
      PUSH ES                  ;存原来的中断地址
      PUSH BX
      PUSH DS
      MOV  DX,OFFSET CLINT     ;设置新的中断地址
      MOV  AX,SEG CLINT
      MOV  DS,AX
      MOV  AL,1CH
      MOV  AH,25H
      INT  21H
      POP  DS
      ……
CLINT PROC  NEAR
```

```
        PUSH  DS
        PUSH  BX
        ……
CLINT ENDP
CODE  ENDS
        END  START
```

4. 直接装入法

若外设的中断类型号为6BH，则此中断类型号对应的中断矢量表地址为从001ACH开始的4个存储单元。设中断服务程序段地址是1000H，偏移地址为2000H，可用传输指令将已知的中断服务程序首地址置入中断入口地址表中。

```
MOV  AX,0
MOV  DS,AX                              ;置数据段段基地址为0
MOV  AX,2000H
MOV  WORD  PTR  [01ACH],AX              ;对偏移地址为01ACH的单元送双字
MOV  AX,1000H
MOV  WORD  PTR  [01ACH+2],AX
```

6.6 8259A可编程中断控制器

8259A可编程中断控制器（Programmable Interrupt Controller，PIC）是用于系统中断管理的专用芯片，在IBM PC系列微机中，都使用了8259A，但从Intel 80386开始，8259A都集成在了外围控制芯片中。

本章将详细介绍8259A的功能、内部结构与引脚、工作方式、级联和编程方法，最后举例说明8259A的使用方法。

6.6.1 8259A的功能

（1）具有8级优先权。一片8259A能管理8级中断，并且在不增加任何其他电路的情况下，可以用9片8259A级联构成64级的主从式中断系统。

（2）具有中断判优逻辑功能，且可通过编程屏蔽或开放接于8259A上的任一中断源。

（3）在中断响应周期，8259A能自动向CPU提供响应的中断类型码。

（4）可通过编程选择8259A的各种不同工作方式。

此外，8259A不仅能实现向量中断工作方式，也能实现查询中断方式。当8259A设为查询中断方式时，优先权的设置与向量中断方式时一样；当CPU对8259A进行查询时，8259A把状态字送CPU指出请求服务的最高优先权级别，CPU据此转移到相应的中断服务程序段。

6.6.2 8259A的外部特性与内部结构

1. 8259A的引脚

8259A是28脚双列直插式DIP封装的芯片，单+5 V供电，无外接时钟。外部引脚排列

如图6.17所示，其引脚信号可分为4组。

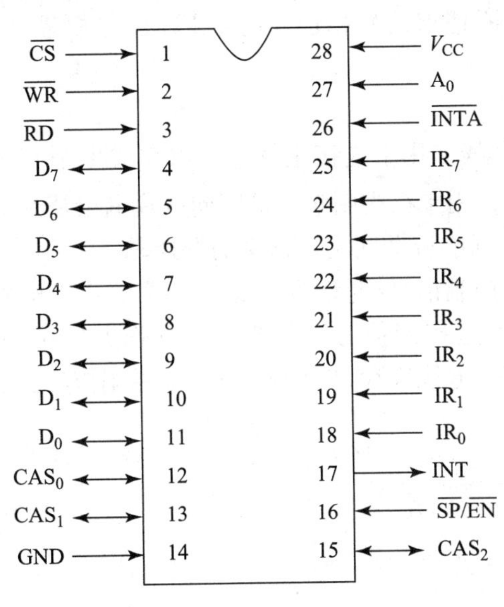

图6.17 8259A引脚排列

(1) 与CPU总线相连的信号。

$D_7 \sim D_0$：双向三态数据线，与CPU数据总线直接相连或与外部数据总线缓冲器相连，通过它传送命令、接收状态和读取中断信息。

$\overline{RD}$：读信号，该信号为低电平时允许8259A将状态信息（IRR、ISR、IMR）或中断向量送到数据线供CPU读取。

$\overline{WR}$：写信号，该信号为低电平时允许CPU对8259A写入初始化控制命令字ICW和操作命令字OCW。

$\overline{CS}$：片选信号线，通常接CPU高位地址总线或地址译码器的输出。

INT：8259A的中断请求信号输出端。用于向CPU发出中断请求信号，该脚连接到CPU的INTR端。

$\overline{INTA}$：来自于CPU的中断响应输入信号，一般与CPU的中断响应信号相连。

A_0：地址线，通常接CPU低位地址总线，作为对8259A芯片内部端口寻址。这个引脚与$\overline{CS}$、$\overline{WR}$、$\overline{RD}$联合使用，可读写8259A内部相应的寄存器。$A_0=0$时是偶地址，$A_0=1$时是奇地址，8259A在现代PC微机中的I/O端口地址如表6.1所列。

表6.1 8259A寄存器读/写地址表

$\overline{CS}$	$\overline{WR}$	$\overline{RD}$	A_0	地址（奇、偶）	功能	PIC（主）	PIC（从）
0	0	1	0	偶地址	写ICW_1、OCW_2、OCW_3	20H	0A0H
0	0	1	1	奇地址	写ICW_2、ICW_3、ICW_4、OCW_1	21H	0A1H
0	1	0	0	偶地址	读查询字、IRR、ISR	20H	0A0H
0	1	0	1	奇地址	读IMR	21H	0A1H

（2）与外部中断设备相连的信号。

$IR_7 \sim IR_0$：与外设的中断请求信号相连，通常 IR_0 优先权最高，IR_7 优先权最低，按序排列。

（3）级联信号。

$CAS_2 \sim CAS_0$：级联信号线。用于连接主从芯片以完成多个8259A间的信息传输。对主片（$\overline{SP}=1$）而言为输出线，用于在中断响应期间向从片输出从片选择码。对从片（$\overline{SP}=0$）而言为输入线，用于接收中断响应期间主片送来的选择码。

$\overline{SP}/\overline{EN}$：主从设备选择控制信号/允许缓冲线。在缓冲工作方式中用作输出信号$\overline{EN}$，以控制总线缓冲器的接收和发送控制信号。在非缓冲工作方式中用作输入信号$\overline{SP}$，表示该8259A是主片（$\overline{SP}/\overline{EN}=1$）还是从片（$\overline{SP}/\overline{EN}=0$）。在没有级联的系统中，该信号接高电平。

（4）其他。

V_{CC}：接 +5 V 电源。

GND：地线。

2. 8259A 的内部结构

8259A的内部结构框图如图6.18所示。8259A由8个功能模块组成。

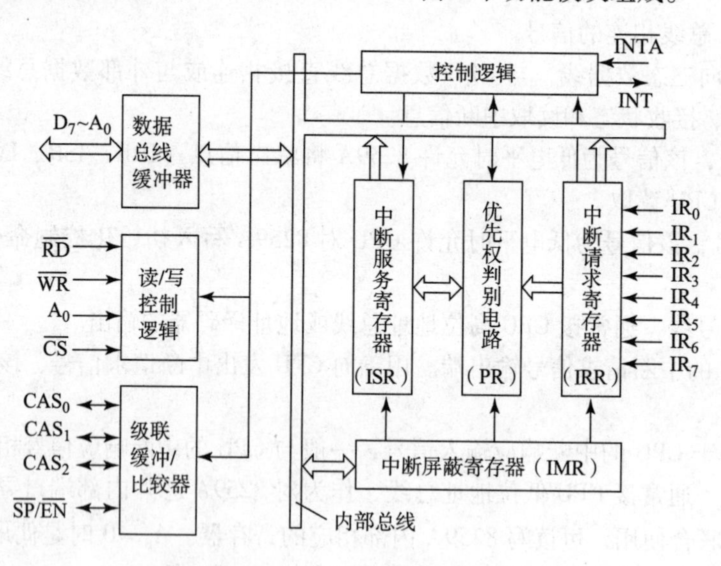

图6.18　8259A的内部结构框图

（1）8位中断请求寄存器（Interrupt Request Register，IRR）。

一片8259A具有8条外设中断请求线 $IR_0 \sim IR_7$，中断请求寄存器IRR用于保存来自 $IR_0 \sim IR_7$ 上的外设的中断请求，当某根线有请求信号时，IRR中的对应位就置1。IRR的内容可用 OCW_3 命令读出来。

（2）8位中断服务寄存器（Interrupt-Service Register，ISR）。

用于存放所有正在被服务的中断源，对应位为1，表示对应的中断源正在被处理。例如，IR_3 获得中断请求允许，则ISR的 IS_3 位置1，表明 IS_3 正在被服务。ISR的内容可以通

过 OCW_3 命令读出来。

(3) 优先权判别电路(Priority Resolver, PR)。

用于确定 IRR 中的所有未被屏蔽的中断请求位的优先权。若当前中断源的中断申请为最高优先权, PR 就使 INT 信号变高, 送给 CPU, 为其提出中断申请, 并在中断响应周期将它选通至中断服务寄存器; 否则, 若中断源的中断等级不大于正在服务中的等级, 则 PR 就不发 INT 信号。

(4) 8 位中断屏蔽寄存器(Interrupt Mask Register, IMR)。

用于存放对应中断请求信号的屏蔽状态, 对应位为 1, 表示屏蔽该中断请求, 对应位为 0, 表示开放该中断请求。IMR 可通过屏蔽命令, 由编程来设置。

(5) 控制逻辑。

控制逻辑根据 PR 的请求, 向 CPU 发出 INT 信号, 同时接收 CPU 发来的$\overline{INTA}$信号, 并将它转换为 8259A 内部所需的各种控制信号, 完成相应处理, 如置位相应的 ISR 位、清除 INT 信号等。

(6) 读/写控制逻辑。

用于接收 CPU 的读/写命令, 并把 CPU 写入的内容存入 8259A 内部相应的端口寄存器中, 或把端口寄存器(如状态寄存器)的内容送数据总线。一般的读/写操作是$\overline{CS}$、$\overline{WR}$、$\overline{RD}$、A_0 这几个输入控制实现的。

(7) 8 位数据总线缓冲器。

这是一个三态 8 位双向缓冲器, 用于传送 CPU 发到 8259A 的各种命令字, 或 8259A 发送至 CPU 的各种状态信息及中断响应期间 8259A 向 CPU 提供的中断类型码。8259A 可通过此数据总线缓冲器直接与数据总线相连, 也可通过外接数据总线缓冲器与数据总线相连。

(8) 级联缓冲/比较器。

用于控制 8259A 的级联。当外设的中断源多于 8 个时, 就需要多片 8259A 采用级联进行扩展。此时与 CPU 相连接的 8259A 称为主片, 其他与主片相连的 8259A 称为从片。在两个连续的$\overline{INTA}$脉冲期间, 被选中的从片将把预先设定的中断类型码放到数据总线上。

级联应用时, 8259A 一片主片最多可接 8 片从片, 扩展到 64 级中断。连接时, 从片的 INT 信号接主片的 $IR_0 \sim IR_7$ 之一, 并确定了在主片中的优先权, 从片的 $IR_0 \sim IR_7$ 接外设的中断请求信号, 最终确定了 64 个优先权。

3. 8259A 的工作过程

当外设发出中断请求后, 8259A 的处理过程如下。

(1) 中断请求输入引脚出现有效电平(电平触发、边沿触发)($IR_0 \sim IR_7$), 则 IRR 的相应位置 1。

(2) 8259A 判断请求线中(未被屏蔽)最高优先权请求, 通过 INT 引脚向 CPU 发出中断请求信号。

(3) 若 CPU 响应该中断, 在当前指令执行完后发$\overline{INTA}$作为响应。

(4) 8259A 接到第一个$\overline{INTA}$脉冲, 使最高优先权的 ISR 位置 1(可阻止低级中断请求,但允许高级中断嵌套)，使相应的 IRR 位复位；接到第二个$\overline{INTA}$脉冲时，8259A 将中断类型码送到数据总线，CPU 根据中断类型码从中断向量表中取出中断服务程序入口地址，并转去执行中断服务程序。

(5) 若 8259A 为自动中断结束方式（AEOI)，在第二个脉冲结束时，使中断源对应的 ISR 的相应位复位；对于非自动中断结束方式，由中断服务程序发 EOI 命令使 ISR 的相应位复位。

6.6.3 8259A 的控制命令字与初始化编程

8259A 的编程包括初始化编程与工作方式编程，由控制命令字确定。8259A 有两种控制字，即初始化命令字 ICW 和操作命令字 OCW。

(1) 初始化编程。由 CPU 向 8259A 写入初始化命令字 ICW_1 ~ ICW_4。8259A 工作之前必须写入 ICW 使其准备就绪。

(2) 工作方式编程。由 CPU 向 8259A 写入操作命令字 OCW_1 ~ OCW_3，用于设定 8259A 的工作方式，如中断屏蔽方式、结束中断的方式、优先权循环方式和查询 8259A 状态等。

OCW 可以在 8259A 初始化以后的任何时刻写入。

初始化命令字通常是计算机系统启动时由初始化程序设置的，一旦设定，在工作过程中一般无须再改变。操作命令字由应用程序设定，用于中断处理过程的动态控制，可多次设置。

1. 8259A 的初始化命令字 ICW

1) 初始化命令字 ICW_1

初始化命令字 ICW_1，也称芯片控制字，是 8259A 初始化流程中写入的第一个控制字，ICW_1 的格式如图 6.19 所示。ICW_1 必须写入偶地址端口。

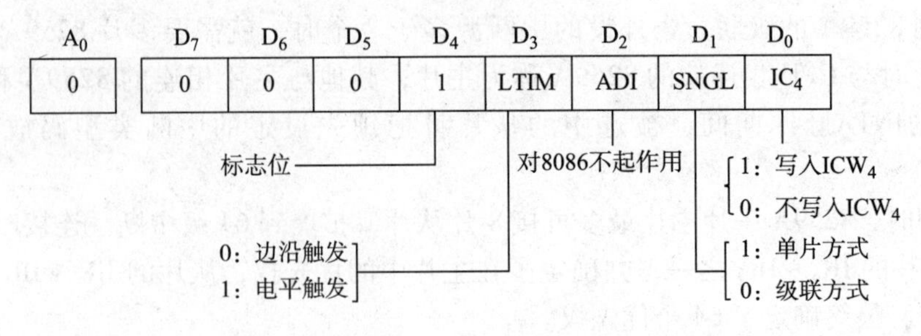

图 6.19 ICW_1 的格式

$A_0=0$：表示 ICW_1 必须写入偶地址端口。

D_0（IC_4)：用于控制是否在初始化流程中写入 ICW_4。$D_0=1$ 时要写 ICW_4，$D_0=0$ 时不要写 ICW_4。

D_1（SNGL)：用于控制是否在初始化流程中写入 ICW_3。$D_1=1$ 时不要写 ICW_3，表示本系统中仅使用了一片 8259A；$D_1=0$ 时要写 ICW_3，表示本系统中使用了多片 8259A 级联。

D_2（ADI)：对 8086 系统不起作用；对 8 位机，用于控制每两个相邻中断处理程序入口地址之间的距离间隔值。

D_3（LTIM）：用于控制中断触发方式。$D_3=0$ 时选择上升沿触发方式，$D_3=1$ 时选择电平触发方式。

D_4：是 ICW_1 的特征位，必须为 1。

$D_7 \sim D_5$：用于 8080/8085 系统中，即为入口地址低 8 位中的可编程特性（D_7、D_6、D_5 位）。若选择间隔为 4，则 3 位全可编程；若选择间隔为 8，则只有 D_7、D_6 位可编程，此时 D_5 不起作用。对 8086 系统不起作用，一般设定为 0。

【例 6.1】 8259A 采用上升沿触发，单片使用，不需要 ICW_4，设 8259A 端口地址为 20H、21H。写入 ICW_1 的程序段如下：

```
MOV  AL,00010010         ;上升沿触发、单片、不需要 ICW4
OUT  20H,AL              ;ICW1 写入 8259A 的地址端口(A0 =0)
```

ICW_1 写入后，8259A 内部有一初始化过程。初始化过程的主要动作如下。

①边沿触发电路复位。

②清除 ISR 和 IMR，不屏蔽任何中断输入。

③指定 $IR_7 \sim IR_0$ 由低到高的固定优先权顺序。

④清除特殊屏蔽方式，状态读出电路预置为 IRR。

2）中断向量字 ICW_2

ICW_2 是 8259A 初始化流程中必须写入的第二个控制字，是一个中断类型码字节，格式如图 6.20 所示。ICW_2 必须写入奇地址端口。

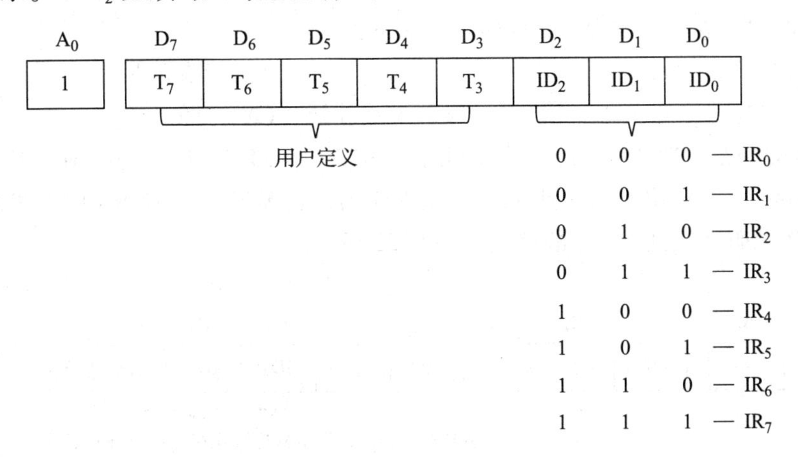

图 6.20　ICW_2 的格式

$A_0=1$：表示 ICW_2 必须写入奇地址。

$T_7 \sim T_3$：编程时用于置中断类型码高 5 位，而低 3 位可以设置为 0。中断类型码由用户根据中断向量决定。

$ID_2 \sim ID_0$：ICW_2 的低 3 位是由引入中断请求的引脚的 IR 端号来编码。如连接在 IR_7 端为 111，连接在 IR_6 端为 110，依此类推，此 3 位编码不由软件确定。

【例 6.2】 在 PC 中，键盘中断申请连接到 8259A 的 IR_1，中断类型码为 09H，那么 8259A 的 ICW_2 的高 5 位为 08H，低 3 位取 0。ICW_2的初始化程序如下：

```
MOV  AL,08H              ;ICW2 内容
```

```
OUT  21H,AL              ;写入 ICW₂ 端口(A₀=1)
```

3）级联控制字 ICW_3

对 8259A 初始化时，是否需要 ICW_3，取决于 ICW_1 的 SNGL 的状态。当 SNGL = 0 时，表示 8259A 工作于级联方式，需用 ICW_3 设置 8259A 的状态。ICW_3 必须写入奇地址端口。在级联系统中，主片和从片都必须设置 ICW_3，但二者的格式和含义有区别。

对于主片 8259A（$\overline{SP}/\overline{EN}$ = 1，ICW_4 中 BUF = 1，S/M = 1，表示该片是主片），主片 ICW_3 的格式如图 6.21 所示。

A_0	D_7	D_6	D_5	D_4	D_3	D_2	D_1	D_0
1	S_7	S_6	S_5	S_4	S_3	S_2	S_1	S_0

某位=0，表示主片对应引脚无从片
某位=1，表示主片对应引脚连接有从片8259A

图 6.21　主片 ICW_3 的格式

A_0 = 1：表示 ICW_3 必须写入奇地址端口。

S_7 ~ S_0：分别对应主片 IR_7 ~ IR_0 是否接有从片 8259A，"1" 表示接有从片 8259A，"0" 表示没接从片 8259A。

【例 6.3】 主片的 IR_5 引脚上接有从片，S_5 = 1，其他的引脚上没接从片，则 ICW_3 = 00100000B（20H）。主片写 ICW_3 的程序片段如下：

```
MOV  AL,00100000B        ;写 ICW₃,IR₅ 引脚上接有从片
OUT  21H,AL              ;写入奇地址端口(A₀=1)
```

对于从片 8259A（$\overline{SP}/\overline{EN}$ = 0，在缓冲方式，ICW_4 中 BUF = 1，S/M = 0，表示该片是从片），ICW_3 中的 D_2 ~ D_0 位表示从片 8259A 识别代码，它等于从片 8259A 的 INT 端所连的主片 8259A 的 IR 编码。从片 ICW_3 的格式如图 6.22 所示。

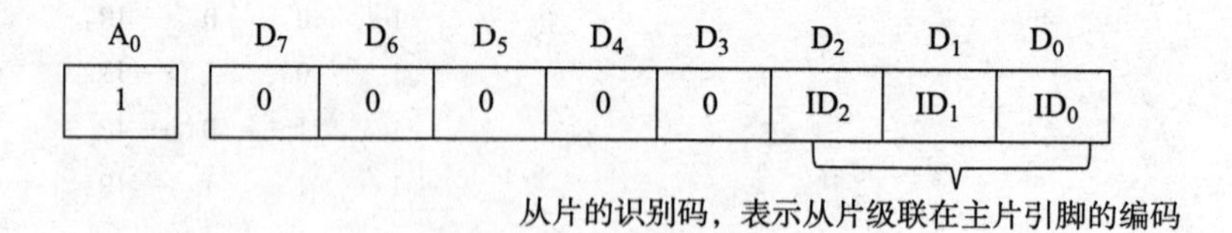

图 6.22　从片 ICW_3 格式

A_0 = 1：表示 ICW_3 被写入奇地址。

D_7 ~ D_3：在系统中不用，可为任意值，常取 0。

ID_2 ~ ID_0：为从片的识别码，编码规则同 ICW_2。

【例 6.4】 若某从片的 INT 输出接到主片的 IR_5 端，则该从片的 ICW_3 = 05H。从片写 ICW_3 的程序片段如下：

```
MOV  AL,05H              ;从片 ICW₃,从片的 INT 引脚接在主片的 IR₅ 上
OUT  21H,AL              ;写入奇地址端口(A₀=1)
```

4）中断方式字 ICW_4

ICW_4 主要用于控制初始化后即可确定并且不再改变的 8259A 的工作方式，格式如图 6.23 所示。ICW_4 必须写入奇地址端口。

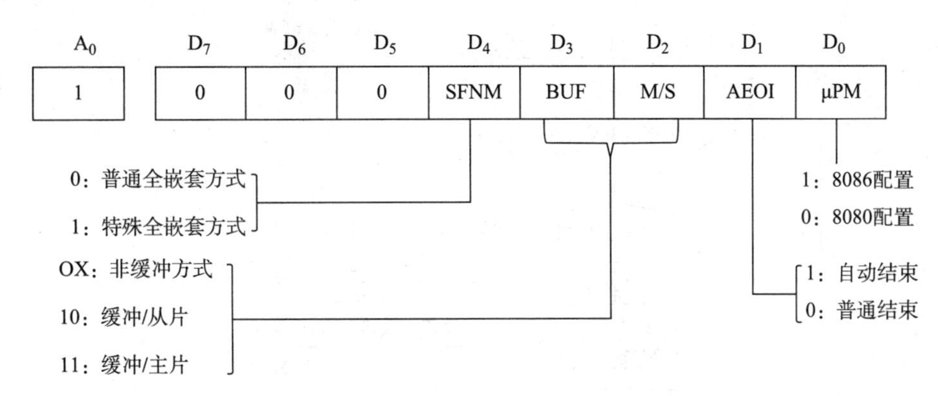

图 6.23　中断方式字 ICW_4

$A_0=1$：表示 ICW_4 必须写入奇地址端口。

D_0（μPM）：系统处理器芯片选择。为 1 时选择 8086；为 0 时选择 8080。

D_1（AEOI）：结束中断方式选择。为 1 时表示自动结束（AEOI），为 0 时表示普通结束（EOI）。

D_2（M/S）：此位与 D_3 配合使用，表示在缓冲方式下，本片是主片还是从片。当 BUF =1 时，M/S 为 1 是主片，M/S 为 0 是从片。当 BUF =0 时，则 M/S 不起作用，可为 1，也可为 0。

D_3（BUF）：缓冲方式选择。为 1 时选择缓冲方式，为 0 时选择非缓冲方式；当 $D_3=0$ 时，D_2 位无意义。

D_4（SFNM）：嵌套方式选择。为 1 时选择特殊全嵌套方式，在采用此系统时一般都使用多片 8259A；为 0 时选择普通全嵌套方式。

$D_7 \sim D_5$：特征位，必须为 000，用来作为 ICW_4 的标志码。

2. 8259A 初始化编程

8259A 的初始化流程如图 6.24 所示。从图中可知，ICW_1 和 ICW_2 是必需的，而 ICW_3 与 ICW_4 是可选的。8259A 必须在工作之前写入初始化命令字使其处于准备就绪状态。

由于 8259A 的端口地址只有两个，为区分 $ICW_1 \sim ICW_4$，初始化时，对写入 $ICW_1 \sim ICW_4$ 的顺序有严格限制。在 ICW_1 中，设置了标志位，用来控制是否写入 ICW_3 与 ICW_4。

【例 6.5】　设 8259A 应用于 8086 系统，中断类型码为 08H ~ 0FH，它的偶地址为 20H，奇地址为 21H，设置一单片 8259A 按以下方式工作：电平触发，普通全嵌套，普通 EOI，非缓冲工作方式。试编写其初始化程序。

分析：根据 8259A 应用于 8086 系统，单片工作，电平触发，可得 ICW_1 =00011011B；根据中断类型码 08H ~ 0FH，ICW_2 =00001000B；根据普通全嵌套，普通 EOI，非缓冲工作方式，ICW_4 =00000001B。写入此三字，即可完成初始化，程序如下：

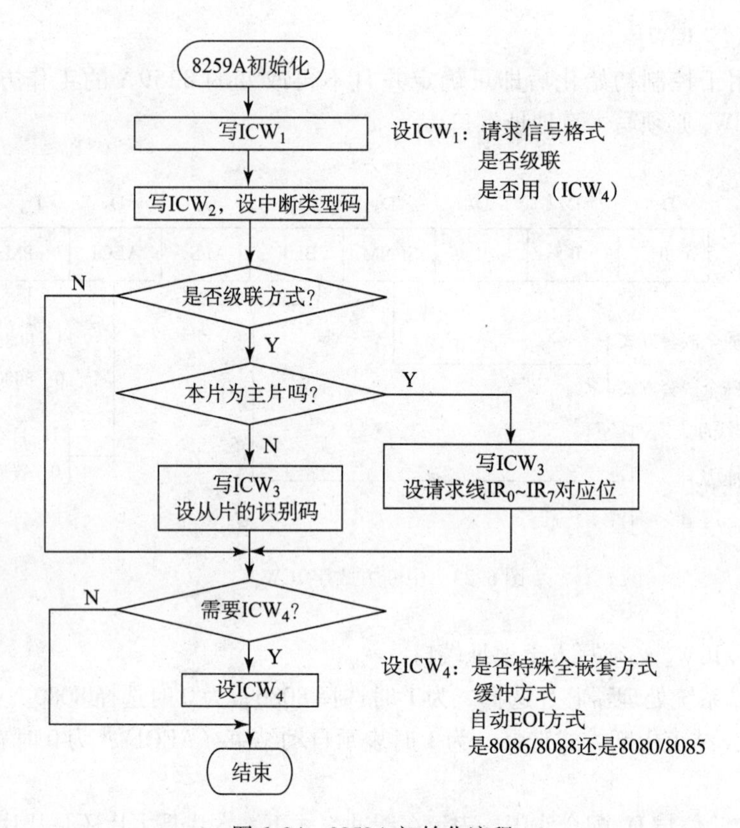

图 6.24　8259A 初始化流程

```
MOV  AL,00011011B          ;单片工作,电平触发
OUT  20H,AL                ;写入 ICW1
MOV  AL,00001000B          ;设中断类型码
OUT  21H,AL                ;写入 ICW2
MOV  AL,00000001B          ;全嵌套,普通 EOI,非缓冲工作方式
OUT  20H,AL                ;写入 ICW4
```

6.6.4　8259A 的操作命令字 OCW

初始化命令字的 ICW_1 决定了中断触发方式，ICW_4 决定了中断结束方式是否采用缓冲方式、是否采用特殊全嵌套。这些工作方式在 8259A 初始化后就不能改变，除非重新对 8259A 进行初始化。而其他工作方式，如中断屏蔽、中断结束和优先权循环、查询中断方式等则都可在用户程序中利用操作命令字 OCW 设置和修改。

对 8259A 用初始化命令字初始化后，就进入工作状态，准备接收 IR 输入的中断请求信号。在 8259A 工作期间，可通过操作命令字 OCW 来使它按不同的方式操作。8259A 的操作命令字 OCW 共 3 个，可独立使用。

OCW 可完成某些对 8259A 的操作，如要屏蔽某些中断源或读出 8259A 的状态信息，都可向 8259A 写入 OCW。OCW 的写入没有严格的顺序，OCW 除了采用奇偶地址区分外，还采用了命令字本身的 D_4D_3 位作为特征位来区分。

1. 中断屏蔽命令字 OCW_1

OCW_1 直接对中断屏蔽寄存器 IMR 的相应位进行屏蔽，主要用于有多个中断源时对某些不希望它中断的中断源进行屏蔽控制。中断屏蔽命令字 OCW_1 必须写入奇地址端口。中断屏蔽命令字的格式如图 6.25 所示。

A_0	D_7	D_6	D_5	D_4	D_3	D_2	D_1	D_0
1	M_7	M_6	M_5	M_4	M_3	M_2	M_1	M_0

M_i=1，表示屏蔽对应引脚的中断请求

图 6.25　中断屏蔽命令字 OCW_1

A_0 = 1：表示 OCW_1 必须写入奇地址端口。

$M_7 \sim M_0$：当这 7 位中的某一位为 1 时，对应于这一位的中断请求就受到屏蔽；如某一位为 0，这表示对应中断请求得到允许。

【例 6.6】 要屏蔽 8259A 的中断请求输入 IR_1、IR_3，可使 OCW_1 = 00001010B。那么，相应的程序片段如下：

```
MOV  AL,00001010              ;屏蔽 IR1、IR3 的屏蔽字
OUT  21H,AL                   ;写入 8259A 的奇地址端口
```

2. 优先权循环和非自动中断结束方式控制字 OCW_2

优先权循环和非自动中断结束方式控制字，必须写入偶地址端口。OCW_2 的格式如图 6.26 所示。

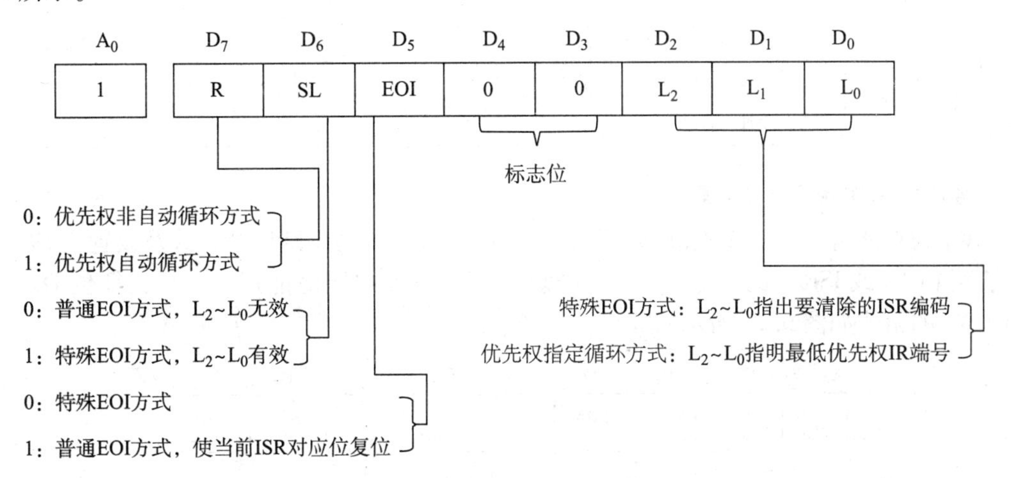

图 6.26　优先权循环和中断结束命令字 OCW_2 的格式

$D_2 \sim D_0$（$L_2 \sim L_0$）：中断源编码。在特殊 EOI 方式中，用来指定 OCW_2 选定的操作使得哪级的 ISR 位清 0，在优先权指定循环方式中指明最低优先权 IR 端号。

$L_2 \sim L_0$ 的编码与起作用的 IR 对应，即 000，001，…，111 对应 IR_0，IR_1，…，IR_7。

D_4D_3：是 OCW_2 的特征位，必须为 00。

D_7（R）：优先权循环控制位。为 1 时进行优先权循环，为 0 时固定优先权。

D_6（SL）：决定了 $L_2L_1L_0$ 是否为有效控制位，SL = 1 时则 $L_2L_1L_0$ 有效；否则无效。

D_5（EOI）：中断结束方式控制位，在非自动中断结束命令的情况下，EOI＝1，表示中断结束命令，它使当前ISR中最高优先权的位复位；EOI＝0，则不起作用。8259A工作于非自动EOI方式时，必须在中断服务程序的返回指令之前发送EOI，即OCW_2的EOI位为1。

【例6.7】 假设8259A已经初始化为全嵌套普通EOI（非自动EOI方式），在中断服务程序中的返回指令之前，要发EOI命令，参考程序片段如下：

```
…                     ;中断复位
MOV  AL,20H           ;OCW2 的 EOI 位=1
OUT  20H,AL           ;发 EOI 命令
```

R、SL、EOI配合使用确定的工作方式如表6.2所列。

表6.2　R、SL、EOI配合使用表

R	SL	EOI	工作方式	备注
0	0	1	普通EOI命令，将ISR中优先级最高位清0	组合出有效的7个操作命令
0	1	1	特殊EOI命令，L_2～L_0编码级别指定的ISR位清0	
0	0	0	自动EOI命令，取消优先权自动循环	
0	1	0	无操作定义	
1	0	1	普通EOI循环方式，优先权自动循环方式	
1	1	1	特殊EOI方式，按L_2～L_0编码级别清除的ISR，赋予最低优先级，循环优先级	
1	0	0	自动EOI循环方式，优先权自动循环	
1	1	0	优先级置位，优先权指定循环，L_2～L_0指定级别最低的优先权的IR端号	

3. 多功能操作命令字OCW_3

OCW_3的功能有3个：设置查询中断方式、控制8259A的中断屏蔽方式及设置8259A内部寄存器（IRR或ISR）的命令。OCW_3必须写入8259A的偶地址端口，且特征位D_4D_3＝01。OCW_3的格式如图6.27所示。

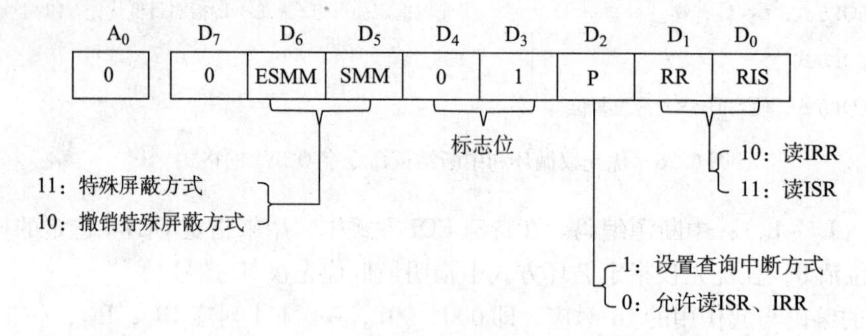

图6.27　多功能操作命令字OCW_3格式

A_0＝0：表示OCW_3必须写入偶地址端口。

D_7：无定义，通常设置为 0。

D_6D_5（ESMM，SMM）：特殊屏蔽方式控制位。为 11 时允许特殊屏蔽方式，为 10 时撤销特殊屏蔽方式，返回正常屏蔽方式。若 D_6 位 ESMM = 0，则 D_5 位 SMM 不起作用。

D_4D_3：特征位，必须是 01。

D_2（P）：查询中断方式控制位。$D_2 = 0$，非查询方式；$D_2 = 1$，进入查询中断方式。通过读指令（地址 $A_0 = 0$），8259A 将送出查询字，该字节最高位为 1，表示有中断请求，且最低 3 位指示了请求中断的最高优先权的 IR 位。若该字节最高位为 0，表示没有中断请求。

D_1（RR）：读命令控制位。$D_1 = 1$，是读命令；否则不是读命令。

D_0（RIS）：读 ISR、IRR 选择位。为 1 时选择 ISR，为 0 时选择 IRR。

实际上，通过 $D_2D_1D_0$ 这 3 位组合，控制了输入指令读出的是什么内容。$D_2 = 1$ 且 $D_1 = 0$，读出的是查询字；$D_2 = 0$ 且 $D_1 = 1$，读出的是 ISR（$D_0 = 1$）或 IRR（$D_0 = 0$）；如果 $D_2 = 1$ 且 $D_1 = 1$，则第一条输入指令读出的是查询字，第二条输入指令读出的是 ISR（$D_0 = 1$）或 IRR（$D_0 = 0$）。查询字的格式和各位的含义如图 6.28 所示。

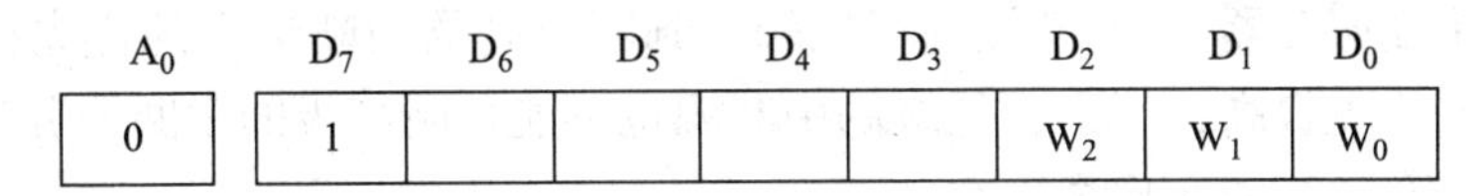

图 6.28　查询字的格式和各位的含义

6.6.5　8259A 的工作方式

8259A 有多种工作方式，可通过编程来设置，以灵活地适用于不同的中断要求。8259A 的工作方式分为 3 类，即中断触发方式、中断优先权管理方式、连接系统总线方式。其中，中断优先权管理方式是工作方式的核心，包括中断屏蔽方式、设置优先权方式和中断结束处理方式。

1. 中断触发方式

1）边沿触发方式

在边沿触发方式中，8259A 将中断请求信号的上升沿作为有效的中断请求信号。其优点是 IR_i 端只在上升沿申请一次中断，故该端一直可以保持高电平而不会误判为多次中断申请。

该方式由初始化命令字 ICW_1 的 D_3 位清 0 来设置。

2）电平触发方式

如果用初始化命令字 ICW_1 对 8259A 设置为电平触发方式，那么 8259A 在工作时，就在中断请求输入端出现高电平，作为有效的中断请求信号。使用该方式应注意，在 CPU 响应中断后（ISR 相应位置位后），必须撤销输入端的高电平；否则会发生第二次中断请求。

该方式由初始化命令字 ICW_1 的 D_3 位置 1 来设置。

2. 中断屏蔽方式

1）普通屏蔽方式

利用操作命令字使屏蔽寄存器 IMR 的一位或多位置 1，屏蔽一个或多个中断源的申请。

若要开放某个中断源的中断，则将 IMR 中的相应位清 0。可通过 OCW_1 设置。

2）特殊屏蔽方式

在某些特殊情况下，在执行某个中断服务程序时，要求允许另一个优先权低的中断请求被响应，此时可采用特殊屏蔽方式。可通过操作命令字 OCW_3 的 $D_6D_5=11$ 来设置。

若要退出特殊屏蔽方式，则要通过在中断服务程序中设置操作命令字 OCW_3 的 $D_6D_5=10$ 来实现。

3. 设置优先权方式

1）普通全嵌套方式

在此种方式下中断优先权按 0 ~ 7 级顺序排队，且只允许中断级别高的中断源去中断级别低的中断服务程序，而不能相反。这是 8259A 最常用的方式，简称全嵌套方式。8259A 初始化后未设置其他优先权方式，就按该方式工作，所以普通全嵌套方式是 8259A 的默认工作方式。

在普通全嵌套方式下，一定要预置 ICW_4 的 D_1，即 AEOI = 0，使中断结束处于正常方式。这样做可以为中断优先权裁决器的裁决提供依据，因为中断优先权裁决器总是将收到的中断请求和当前中断服务器中的 IS 位进行比较，判断收到的中断请求的优先权是否比当前正在处理的中断的优先权高；否则，低级的中断源也可能打断高级的中断服务程序，使中断优先权次序发生错乱，不能实现全嵌套。

2）特殊全嵌套方式

特殊全嵌套方式与普通全嵌套方式相比，不同点在于执行中断服务程序时，不但要响应优先权比本级高的中断源的中断申请，而且要响应同级别的中断源的中断申请。

特殊全嵌套方式一般适用于 8259A 级联工作时主片采用特殊全嵌套工作方式，从片采用普通全嵌套工作方式，可实现从片各级的中断嵌套。

优先权设置方式的普通/特殊全嵌套是通过初始化命令字 ICW_4 的 D_4 位来控制的，D_4 位为 0 时是普通全嵌套方式，D_4 位为 1 时是特殊全嵌套方式。

3）优先权自动循环方式

优先权自动循环方式，其基本思想是：每当任何一级中断被处理完，它的优先权级别就被改变为最低级，而将最高优先权赋给原来比它低一级的中断请求。在给定初始优先顺序 IR_0 ~ IR_7 由高到低按序排列后，某一中断请求得到响应后，其优先权降到最低，比它低一级的中断源优先权升到最高，其余按序循环。如 IR_0 得到服务，其优先权变成最低，IR_1 ~ IR_7 优先权由高到低按序排列。

使用优先权循环方式，每个中断源有同等的机会得到 CPU 的服务。通过把操作命令字 OCW_2 的 D_7D_6 位置为 10 可得到该工作方式。

4）优先权指定循环方式

优先权指定循环方式与优先权自动循环方式相比，不同点在于它可以通过编程指定初始最低优先权中断源，使初始优先权顺序按循环方式重新排列。如指定 IR_3 优先权最低，则 IR_4 优先权最高，初始优先权顺序为 IR_3、IR_2、IR_1、IR_0、IR_7、IR_6、IR_5、IR_4，即按由低到高排列。

通过把操作命令字 OCW_2 的 D_7D_6 位置为 11 可得到该工作方式。同时，OCW_2 的

$D_2D_1D_0$ 位指明了最低优先权输入端。

4. 中断结束处理方式

当中断服务结束时，必须将 8259A 的 ISR 相应位清 0，表示该中断源的中断服务已结束，使 ISR 相应位清 0 的操作称为中断结束处理。

中断结束处理方式有两类，即自动结束方式（AEOI）和非自动结束方式（EOI），而非自动结束方式（EOI）又分为普通中断结束方式和特殊中断结束方式。

1）自动中断结束方式（AEOI）

当某级中断被 CPU 响应后，8259A 在第二个中断响应周期的 $\overline{INTA}$ 信号结束后，自动将 ISR 中的对应位清 0。

自动结束方式是最简单的一种中断结束处理方式，但这种方式只能用在系统中只有一片 8259A，并且多个中断不会嵌套的情况。因为 ISR 中的对应位清 0 后，所有未被屏蔽的中断源均已开放，同级或低级的中断申请都可被响应。

该方式通过初始化命令字 ICW_4 的 D_1 位置 1 来设置。

2）普通中断结束方式

普通中断结束方式通过在中断服务程序中设置 EOI 命令，使 ISR 中的优先权最高的那一位清 0。该方式只适用于全嵌套情况下。因为在全嵌套方式中，最高的 ISR 位对应最后一次被响应和被处理的中断，也就是当前正在处理的中断，所以，最高的 ISR 位的复位相当于结束了当前正在处理的中断。

该方式通过初始化命令字 ICW_4 的 D_1 位清 0，同时将 OCW_2 的 $D_7D_6D_5$ 设置为 001 来实现，即设置 OCW_2 = 00100000B。

3）特殊中断结束方式

该方式与普通的中断结束方式相比，区别在于发中断结束命令的同时，用软件方法给出结束中断的中断源是哪一级的，使 ISR 的相应位清 0。适用于任何非自动中断结束的情况。

该方式通过初始化命令字 ICW_4 的 D_1 位清 0，同时将 OCW_2 的 $D_7D_6D_5$ 设置为 011 来实现，即设置 $OCW_2 = 01100L_2L_1L_0$，$L_2L_1L_0$ 给出结束中断处理的中断源 IR 的编号。

5. 连接系统总线方式

按照 8259A 和系统总线的连接来分，有下列两种方式。

1）缓冲方式

在多片 8259A 级联的系统中，每片 8259A 都通过总线驱动器与系统数据总线相连，这就是缓冲方式。在缓冲方式下，有一个对总线驱动器的启动问题。为此将 8259A 主片的 $\overline{SP}/\overline{EN}$ 端和总线驱动器的允许端 $\overline{CE}$ 相连，$\overline{SP}/\overline{EN}$ 端作为总线驱动器的启动信号。从片的 $\overline{SP}/\overline{EN}$ 端接地。

该方式通过初始化命令字 ICW_4 的 D_3 位置 1 来设置。

2）非缓冲方式

非缓冲方式是相对于缓冲方式而言的。在以下两种情况下 8259A 工作在非缓冲方式。其中一种情况是系统中只有单片 8259A 时，一般将它直接与数据总线相连；另一种情况是在一些不太大的系统中，有几片 8259A 工作在级联方式，只要片数不多，那么也可以将

8259A 直接与数据总线相连。

在非缓冲方式时，8259A 的$\overline{SP}/\overline{EN}$端作为输入端。当系统中只有单片 8259A 时，该 8259A 的$\overline{SP}/\overline{EN}$端接高电平；当系统中有多片 8259A 时，级联 8259A 的主片的$\overline{SP}/\overline{EN}$端接高电平，从片的$\overline{SP}/\overline{EN}$端接低电平。

该方式通过初始化命令字 ICW_4 的 D_3 位清 0 来设置。

6. 程序查询方式

以上所述都是 8259A 的向量工作方式，但 8259A 不仅可工作在向量中断工作方式，也可以工作在查询中断工作方式。

查询中断工作方式的特点如下。

（1）中断设备将中断请求信号送入 8259A，要求 CPU 服务，但是 8259A 不使用 INT 信号向 CPU 发中断请求信号。

（2）CPU 关中断（IF = 0），所以禁止了外部对 CPU 的中断请求，即 CPU 也不开放中断。

（3）CPU 通过软件定期或循环查询 8259A 的状态来确认中断源，当查到有中断请求时，就根据它提供的信息转入相应的中断服务程序，从而实现对设备的中断服务。

设置查询方式的方法是：CPU 关中断（IF = 0），写入 OCW_3 查询方式字（OCW_3 的 D_2 位为 1），然后执行一条输入指令，8259A 便将一个查询字送到数据总线上。查询字中，$D_7 = 1$ 表示有中断请求；$D_2D_1D_0$ 组成的代码表示当前 8259A 中断请求的最高优先权。

当 OCW_3 的 $D_2D_1 = 11$ 时，它表示既发查询命令又发读命令。执行输入指令时，首先读出的是查询字，然后读出的是 ISR（或 IRR）。

查询中断工作方式有下列优点：首先，它无须执行中断响应周期，无须设置中断向量表；其次是响应速度快，占用空间少。

7. 8259A 的级联方式

在微机系统中，当外中断源超过 8 个时，采用简单级联方式构成两级，第一级用一片 8259A 作为主片，第二级可接 1 ~ 8 片 8259A 作为从片。图 6.29 所示为三片 8259A 级联应用原理图。

主片 8259A 的 $CAS_2 \sim CAS_0$ 端作为输出线，它直接连接到两个从片的 $CAS_2 \sim CAS_0$ 端，每个从片的 INT 端连接到主片的 $IR_7 \sim IR_0$ 端中的一个，这里是连接到主片的 IR_3 和 IR_6 上，主片的 INT 端连接 CPU 的 INTR 端。

在主从式级联系统中，主片和从片的初始化都必须通过设置初始化命令字来完成，而其工作方式则都必须通过设置工作方式命令字来完成。

当任意的从 8259A 的任一输入端有中断请求时，首先经过优先权电路比较，产生 INT 信号送主片的 IR 输入端，然后经过主片优先权电路比较，如果允许中断，则主片发出 INT 信号给 CPU 的 INTR 引脚。如果 CPU 响应此中断请求，则发出$\overline{INTA}$信号，在主片接收$\overline{INTA}$后通过 $CAS_2 \sim CAS_0$ 输出识别码，而与该识别码对应的从片则在第二个中断响应周期把中断类型码送数据总线。如果是主片的其他输入端发出中断请求信号并得到 CPU 响应，则主片不会发出 $CAS_2 \sim CAS_0$ 信号，主片在第二个中断响应周期把中断类型码送到数据总线。

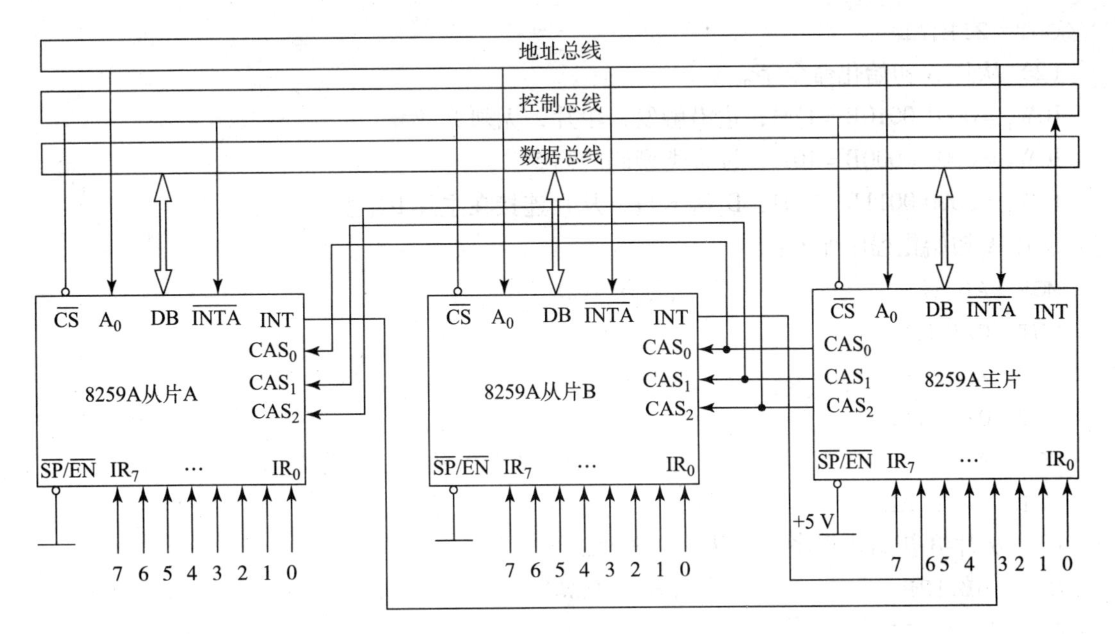

图6.29 8259A级联应用原理图

【例6.8】 设8259A应用于8086系统，采用主从3片级联工作，主片IR_3与IR_6和两片从片级联。主片8259的$\overline{SP}/\overline{EN}$接+5 V，从片8259的$\overline{SP}/\overline{EN}$接地。

主片，边沿触发，特殊全嵌套方式，设定0级中断类型码为08H。端口地址：20H、21H。

从片A，边沿触发，全嵌套方式，设定0级中断类型码为10H，端口地址：0A0H，0A1H。

从片B，边沿触发，全嵌套方式，设定0级中断类型码为18H，端口地址：0B0H，0B1H。要实现从片全嵌套工作，试编写其初始化程序。

分析：根据8259A应用于8086系统，主从式级联工作，主片和从片都必须有初始化程序。

(1) 主片初始化命令字。

ICW_1 =0001 0001B =11H，边沿触发，多片，需ICW_4。

ICW_2 =0000 1000B =08H，设置类型码的高5位。

ICW_3 =0100 1000B =48H，主片IR_3连接了一块从片，IR_6连接了一块从片。

ICW_4 =0001 0001B =11H，特殊全嵌套，非缓冲，非自动EOI，16位机。

主片初始化程序如下：

```
MOV  AL,11H              ;写入ICW1
OUT  20H,AL
MOV  AL,08H              ;写入ICW2
OUT  21H,AL
MOV  AL,08H              ;写入ICW3,在IR3引脚上接有从片
OUT  21H,AL
MOV  AL,11H              ;00010001B写入ICW4
```

```
OUT  21H,AL
```

(2) 从片 A 初始化命令字。

ICW_1 = 0001 0010B = 12H，边沿触发，单片，无须 ICW_4。

ICW_2 = 0001 0000B = 10H，设置类型码的高 5 位。

ICW_3 = 0000 0011B = 03H，D_1D_0 = 11，从片连接在主片 IR_3 上。

从片 A 初始化程序如下：

```
MOV  AL,12H                 ;写入 ICW1
OUT  0A0H,AL
MOV  AL,10H                 ;写入 ICW2
OUT  0A1H,AL
MOV  AL,03H                 ;写入 ICW3,本从片的识别码为 03H
OUT  0A1H,AL
```

(3) 从片 B 初始化程序，与从片 A 相似：

```
MOV  AL,12H                 ;写入 ICW1
OUT  0B0H,AL
MOV  AL,18H                 ;写入 ICW2
OUT  0B1H,AL
MOV  AL,06H                 ;写入 ICW3,本从片的识别码为 06H
OUT  0B1H,AL
```

6.6.6 8259A 在微机系统中的应用

在 IBM PC/AT 机中，CPU 为 Intel 80286，采用两片 8259A 作为中断控制器，管理 15 级中断，如图 6.30 所示。

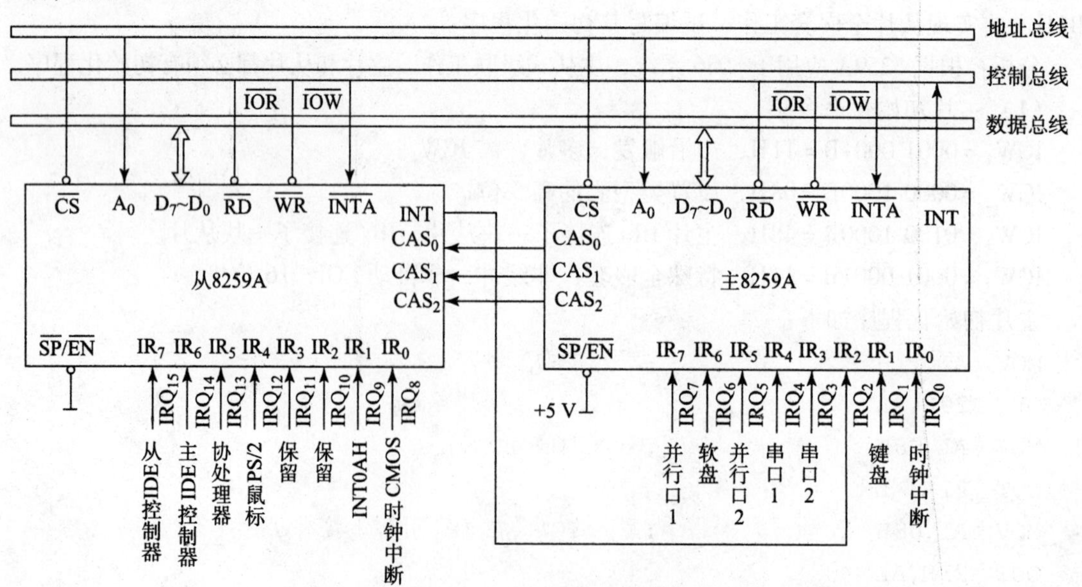

图 6.30 PC/AT 系统中两片 8259A 的连接

8259A 在 IBM PC/AT 机中，主片端口地址使用 20H ~ 21H，从片端口地址使用 0A0H ~ 0A1H，主从芯片均采用边沿触发，全嵌套方式；优先权顺序为 0 级最高，依次为 1 级，8 ~ 15 级，然后是 3 ~ 7 级，中断请求的中断类型码为 08H ~ 0FH。设定 0 ~ 7 级对应主片的中断类型码为 08H ~ 0FH，8 ~ 15 级对应从片的中断类型码为 70H ~ 77H。工作于非缓冲方式，主片的 $\overline{SP}/\overline{EN}$ 接 +5 V，从片 $\overline{SP}/\overline{EN}$ 接地。

初始化程序与例 6.8 相似，这里略去。

6.7 中断服务程序设计

6.7.1 中断程序设计步骤

中断程序设计步骤如下。

（1）了解 IBM PC/XT 系统可屏蔽硬中断的响应过程，根据系统连线确定外设中断申请对应的中断类型号。

（2）主程序完成的工作如下。

①主程序中做好准备工作，即外设能发出中断申请，CPU 能响应中断申请。

②在主程序使 CPU 关中断，保存原中断向量，设置新中断向量。

③设置 8259A 的中断屏蔽字，使得该中断开放，8259A 可以接收外设中断请求。

④CPU 开中断，等待中断。准备工作做好后，此后若该级有中断申请，则 CPU 响应中断，执行相应类型的中断子程序。

⑤主程序在返回 DOS 前应恢复原中断向量。

（3）编写硬中断子程序，完成中断源请求的任务。

①中断服务程序的设计与软中断编写类似，但须加入第二条的内容。

②在中断子程序结束前，发中断结束命令清除 8259A 中当前对应的 ISR 位；否则，响应一次中断后，同级中断和低级中断将被屏蔽。

③用 IRET 中断返回指令返回主程序被中断处。

6.7.2 应用举例

完成键盘中断服务程序设计。为设计方便，下面介绍 PC 键盘的接口与键盘中断。

1. PC 键盘中断简介

PC 键盘接口示意图如图 6.31 所示。

通过键盘接口电路，再通过并行接口芯片 8255A 与计算机连接，可以检测到键的按下与释放，当检测到某个键按下后，接口电路形成该键的扫描码，同时键盘接口电路向 8259A 的 IR_1 端发出中断请求信号，中断类型号为 09H。

扫描码通过并行接口 8255A 送给 CPU，端口地址为 60H，即 CPU 可从 60H 端口读取操作键的扫描码，每个键对应一个扫描码。由扫描码的 $D_6 \sim D_0$ 判断操作的是哪个键，由扫描码的 D_7 位判断是按下键还是释放键。$D_7 = 1$，释放键（断码）；$D_7 = 0$，按下键（通码）。有关键盘扫描码细节可参考相关资料。

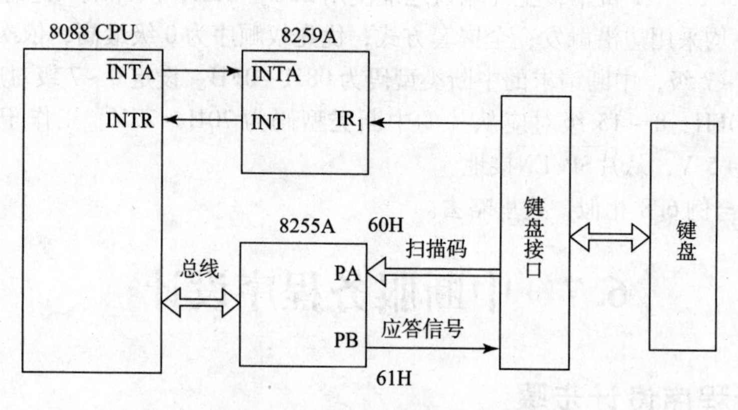

图 6.31　PC 键盘接口示意图

在 IBM PC/XT 机上，从 60H 端口读取扫描码后，应向键盘接口（61H）置应答信号，使键盘接口为接收下一个按键的扫描码做好准备。若不设应答信号，键盘接口不能正常工作。在 80286 以上微机，读取扫描码后，可不置键盘应答。

2. 键盘中断处理的一般框架

```
Key     PROC
        IN   AL,60H          ;从 60H 端口读入扫描码
        PUSH AX              ;保存栈中
        IN   AL,61H          ;置键盘应答控制信号
        OR   AL,08H          ;先将 61H 端口的 D7 位置 1
        OUT  61H,AL
        AND  AL,7FH          ;再将 61H 端口的 D7 位置 0
        OUT  61H,AL
        POP  AX              ;从堆栈中取出扫描码
        TEST  AL,80H         ;检查扫描码中的 D7 位
        JNZ  EXIT            ;D7 =1,表示释放键操作,转至出口
        …                    ;中断处理服务
EXIT:   MOV  AL,20H          ;发中断结束命令 EOI
        OUT  20H,AL
        IRET                 ;中断返回
Key     ENDP
```

PC 键盘中断处理程序功能（09H 类型中断子程序）如下。

（1）从键盘接口读取操作键的扫描码；将扫描码转换成字符码；大部分键的字符码为 ASCII 码，非 ASCII 码键（如组合键 Shift、Ctrl 等）的字符码为 0。

（2）将键的扫描码、字符码存放在键盘缓冲区，供其他有关键盘的中断子程序应用。

【例 6.9】　设计任务：编写 PC 键盘中断服务程序，要求每次按下 Enter 键后，显示字

符串 “I have just pushed down the"Enter"Key!”，按其他键无效。若按下 End 键后，显示提示字符串 “End of the test program!”，退出程序。

显然，要求的设计任务只对键盘中的两个键 “Enter” 与 “End” 的操作做出反应。键盘中断服务程序流程图如图 6.32 所示。其中，在主程序流程中，为调试方便，需要设置中断屏蔽字，只允许 IR_1 中断，即仅允许键盘中断。

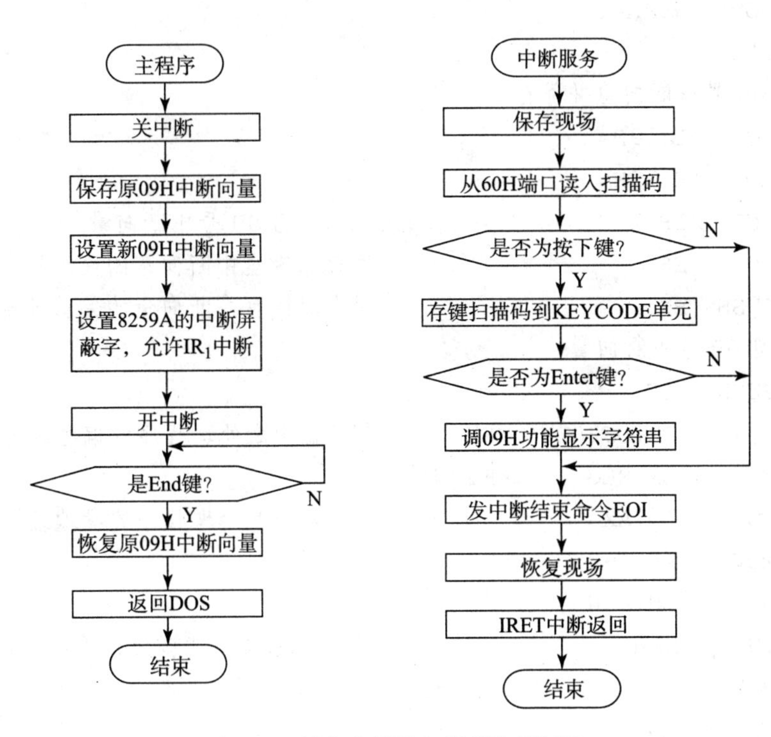

图 6.32　键盘中断服务程序流程框图

```
DATA     SEGMENT
   WELCOME DB   'Welcome to using the Key test program.',0dh,0ah,'$'
   KEYCODE DB   0
   BUF      DB  'I have just pushed down the"Enter"Key!',0dh,0ah,'$'
   ENDTEST DB   'End of the test program! ',0dh,0ah,'$'
DATA     ENDS
STACK   SEGMENT
  STA       DB    256 DUP(?)
  TOP       EQU   $ - STA
CODE     SEGMENT
MAIN     PROC     FAR
         ASSUME  CS:CODE,DS:DATA,ES:STACK
START:   CLI
         XOR     AX,AX
```

```
        MOV     AX,DATA
        MOV     DS,AX
        MOV     AX,STACK
        MOV     SS,AX
        MOV     AX,TOP
        MOV     SP,AX
        CLI
;取原键盘09号中断向量并保存
        MOV  AL,09H
        MOV  AH,35H
        INT  21H                        ;读取原键盘09号中断向量
        PUSH  ES                        ;保存原键盘中断向量的段地址
        PUSH  BX                        ;保存原键盘中断向量的偏移地址
;设置新键盘09号中断向量
        PUSH   DS
        MOV    DX,OFFSET  KEY           ;取键盘中断处理程序的偏移地址送DX
        MOV    AX,SEG     KEY
        MOV    DS,AX                    ;取键盘中断处理程序的段地址送DS
        MOV    AL,09H
        MOV    AH,25H
        INT    21H                      ;用DOS系统功能调用设置新键盘中断向量
        POP    DS
;仅开放键盘中断
        IN     AL,21H
        AND    AL,11111101B             ;设屏蔽字,允许IR1键盘中断
        OUT    21H,AL
        STI                             ;CPU开中断,IF=1
        MOV    AL,09H                   ;显示提示
        MOV    DX,OFFSET  WELCOME
        INT    21H
;等待中断,并测试是否结束
DELAY:  MOV    AL,KEYCODE               ;从数据区读按键的扫描码
        CMP    AL,4FH                   ;是End键扫描码4FH?
        JNE    DELAY                    ;不是,继续
;显示退出本测试程序提示
        LEA    DX,ENDTEST
        MOV    AH,09H
        INT    21H
```

```
;恢复键盘原09H中断向量
STOP:   POP     DX
        POP     DS
        MOV     AL,09H
        MOV     AH,25H
        INT     21H
        MOV     AH,4CH
        INT     21H
        RET
MAIN    ENDP
;新键盘中断服务程序
KEY     PROC
        PUSH    AX
        PUSH    BX
        MOV     AX,DATA
        MOV     DS,AX
        IN      AL,60H              ;读入字符扫描码
        TEST    AL,80H              ;判断是否为按下键操作
        JNZ     EXIT                ;否,退出中断
        AND     AL,7FH
        MOV     KEYCODE,AL          ;存键扫描码
        CMP     AL,1CH              ;是否为Enter键扫描码
        JNZ     EXIT                ;否,退出中断
        LEA     DX,BUF              ;是Enter键,显示字符串
        MOV     AL,09H
        INT     21H
EXIT:   MOV     AL,20H              ;发中断结束命令EOI
        OUT     21H
        POP     BX                  ;恢复现场
        POP     AX
        IRET                        ;中断返回
KEY     ENDP
CODE    ENDS
        END     START
```

运行该程序，按下4次Enter键，得到键盘中断服务程序运行示意图如图6.33所示。

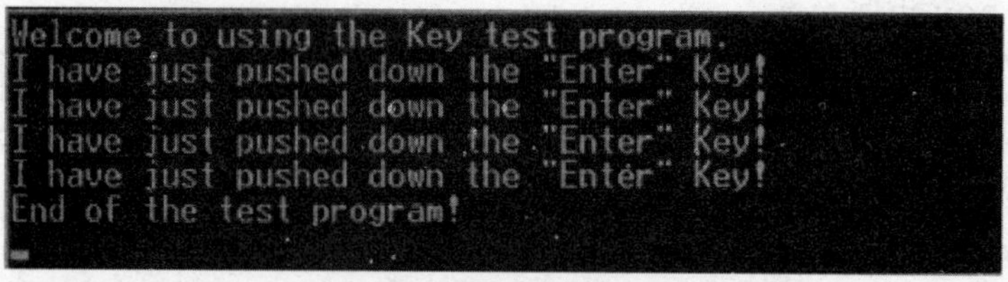

```
Welcome to using the Key test program.
I have just pushed down the "Enter" Key!
I have just pushed down the "Enter" Key!
I have just pushed down the "Enter" Key!
I have just pushed down the "Enter" Key!
End of the test program!
```

图 6.33　键盘中断服务程序运行示意图

习　题　6

1. 简述一个中断过程并画出示意图。

2. 什么叫中断源？中断源如何确定？

3. 在有多个中断源申请中断时，有几种方法确定它们的优先级别？

4. 写出分配给下列中断类型号在中断向量表中的物理地址。

（1）INT　12H；（2）INT　8

5. 8259A 有哪几个初始化命令字和操作命令字？说明它们的格式、功能及各自的寻址特点。

6. 设系统中有主、从 8259A 芯片共 3 片，并设从片 1 连接在主片的 IR_1 端，从片 2 连接在主片的 IR_2 端，若它们工作在完全嵌套方式下，试指出该系统的中断优先级排队。

第 7 章

可编程接口芯片

7.1 概　述

CPU 与外部设备之间的数据交换是通过各种接口实现的。一般接口电路中应具有以下基本电路单元。

（1）数据输入、输出寄存器（数据锁存器）。

用来解决 CPU 和外设之间速度不匹配的矛盾，实现数据缓冲功能。

（2）控制寄存器 CR。

用来接收和存放 CPU 的各种控制命令，以实现 CPU 对外设的具体操作的控制。

（3）状态寄存器 SR。

用来存放反映外设的当前工作状态信息或接口电路本身的工作状态信息，用 SR 中的某一位反映外设的状态，常用的两个状态位是准备就绪信号 READY 和忙信号 BUSY。

（4）定时与控制逻辑。

用来提供接口电路内部工作所需要的时序及向外发出各种控制信号或状态信号，如读/写控制逻辑、中断控制逻辑等，是接口电路的核心部件。

（5）地址译码器。

用于正确选择接口电路内部各不同端口寄存器的地址，以便处理器正确无误地与指定外设交换信息。

随着大规模集成电路技术的迅速发展，微型计算机系统中 CPU 与外设之间的接口电路已经由早期的逻辑电路板（由中、小规模集成电路芯片组成）发展为以大规模集成电路芯片为主的接口芯片。接口芯片可简化为一系列存储单元（端口），故接口芯片的引脚及连接可类比内存芯片。接口芯片作为 CPU 和外设之间联系的“桥梁”，它一方面要与 CPU 打交道，要接收 CPU 进行输入/输出所发出的一系列信息；另一方面又要与外设打交道，要向外设收/发数据及一些联络信号等。因此，它的连接涉及接口芯片与 CPU 的连接以及接口芯片与外设的连接。图 7.1 所示为通用接口芯片引脚及连接简图。

7.1.1　接口芯片与 CPU 的连接

接口芯片与 CPU 的连接主要包括数据线的连接、地址线的连接和控制线的连接。将接口芯片的数据线 $D_0 \sim D_7$（假设为 8 位数据线）与 CPU 的 $D_0 \sim D_7$ 直接连接。设 $A_0 \sim A_i$ 为接

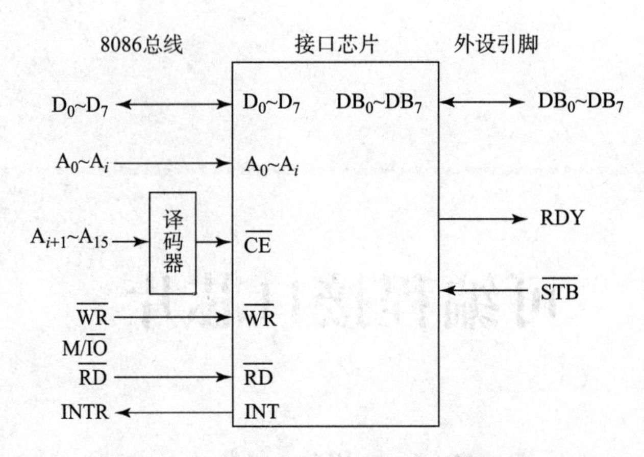

7.1 通用接口芯片引脚及连接简图

口芯片的片内端口地址线，一般将片内端口地址线直接与 CPU 对应的地址线连接。CPU 剩余的地址线 $A_{i+1} \sim A_{15}$ 经译码器与接口芯片的片选端 $\overline{CE}$ 连接。接口芯片的 $\overline{RD}$、$\overline{WR}$、中断请求 INT 控制线分别与 CPU 的对应控制线连接。

当 CPU 读接口中对应端口的数据时，首先送出地址信息，经地址译码后接通芯片的片选端 $\overline{CE}$，然后发出 $\overline{RD}=0$ 和 $M/\overline{IO}=0$，通知接口芯片，片选信号 $\overline{CE}$ 已经稳定，输入数据已经与数据总线接通，CPU 就将外设的数据 $DB_0 \sim DB_7$ 经 $D_0 \sim D_7$ 读入。CPU 读端口使用以下指令：

```
IN  AL,端口地址
```

执行该指令时，CPU 内的指令寄存器和指令译码器首先分析此指令，知道是 I/O 设备的读操作，就将端口地址送上地址总线，经 CPU 外的地址译码器译码后，产生片选信号，送入 $\overline{CE}$ 端，同时将 $\overline{RD}=0$ 和 $M/\overline{IO}=0$ 送入端口，接口芯片就将数据送上数据总线，由 CPU 读入 AL。

当 CPU 对端口写数据时，首先送出地址信息，经地址译码后接通芯片的片选端 $\overline{CE}$，然后发出 $\overline{WR}=0$ 和 $M/\overline{IO}=0$，通知接口芯片，片选信号 $\overline{CE}$ 已稳定，输出数据已与外设数据总线接通，CPU 就将 $D_0 \sim D_7$ 数据送至 $DB_0 \sim DB_7$。CPU 写端口使用以下指令：

```
OUT 端口地址,AL
```

执行该指令时，CPU 内的指令寄存器和指令译码器首先分析此指令，知道是 I/O 设备的写操作，就将端口地址送上地址总线，经 CPU 外的地址译码器译码后，产生片选信号，送入 $\overline{CE}$ 端，同时将 $\overline{WR}=0$ 和 $M/\overline{IO}=0$ 送入端口，由 CPU 将 AL 数据送至接口芯片中对应端口。

7.1.2 接口芯片与外设的连接

接口芯片与外设的连接主要包括数据线的连接和联络信号线的连接。将接口芯片的数据线 $DB_0 \sim DB_7$ 直接与外设的数据线 $DB_0 \sim DB_7$ 连接。

当接口作为输入接口时，RDY = 1 表示接口芯片中输入寄存器已空，可接收外部信息，外设向接口发出 $\overline{STB}=0$ 选通接口，把数据有效地打入接口芯片的输入寄存器，在 $\overline{STB}$ 的后沿，使 RDY = 0，表明输入寄存器已有数据，外设收到 RDY = 0 时，暂不送数据。CPU 发指令，读端口，读入该数据，并使 RDY =1，然后，开始新一轮的输入操作。

当接口作为输出接口时，RDY =1 表示接口寄存器已有数据，通知外设来取。当外设取走数据后，向接口发出$\overline{STB}$ =0，表示数据已被外设接收，CPU 可送新的数据到寄存器。在$\overline{STB}$的后沿，使 RDY =0，表明接口寄存器还没有数据。CPU 发指令，写端口，写入数据后，使 RDY =1，然后，开始新一轮的输出操作。RDY 信号有时用$\overline{OBF}$（输出缓冲器满）表示，$\overline{STB}$信号有时用$\overline{ACK}$（响应）表示。

7.1.3　可编程接口的概念

目前所使用的接口芯片大部分是多通道、多功能的。多通道指的是一个接口芯片一面与 CPU 连接，一面可以接多个外设。多功能指的是一个接口芯片可以实现多种功能。可编程指的是接口中各硬件单元不是固定接死的，可由用户在使用中通过编程来选择不同的通道和不同的电路功能。把这种接口电路的组态可由计算机指令来控制的接口芯片称为“可编程接口芯片”。

7.2　并行接口芯片 8255A 及其应用

CPU 与外设之间的信息传送都是通过接口电路来进行的。计算机与外部设备、计算机与计算机之间交换信息称为计算机通信。计算机通信可分为两大类，即并行通信和串行通信。并行通信是指 8 位或 16 位或 32 位数据同时传输，具有速度快、信息传输率高、成本高的特点。串行通信是指数据一位一位传送（在一条线上顺序传送），具有成本低的优点。实现并行通信的接口就是并行接口。常见的并行接口有打印机接口，A/D、D/A 转换器接口，IEEE -488 接口、开关量接口和控制设备接口等。在并行接口中，8 位或 16 位是一起使用的，因此，当采用并行接口与外设交换数据时，即使只用到其中的一位，也是一次输入/输出 8 位或 16 位。

Intel 8255A 是一种通用的可编程并行 I/O 接口芯片，可由程序来改变其功能，通用性强、使用灵活，是应用最广泛的并行 I/O 接口芯片。

7.2.1　8255A 的结构和功能

1. 内部结构

图 7.2 所示为 8255A 的结构框图和引脚排列，由图可知，8255A 主要由 4 部分组成，即 3 个数据端口、两组控制电路、读/写控制逻辑电路和数据总线缓冲器。

具体结构及功能如下。

（1）3 个数据端口。

3 个独立的 8 位 I/O 端口，即 A 口、B 口、C 口。

A 口有输入、输出锁存器及输出缓冲器。

B 口与 C 口有输入、输出缓冲器及输出锁存器。

在实现高级的传输协议时，C 口的 8 条线分为两组，每组 4 条线，分别作为 A 口与 B 口在传输时的控制信号线。

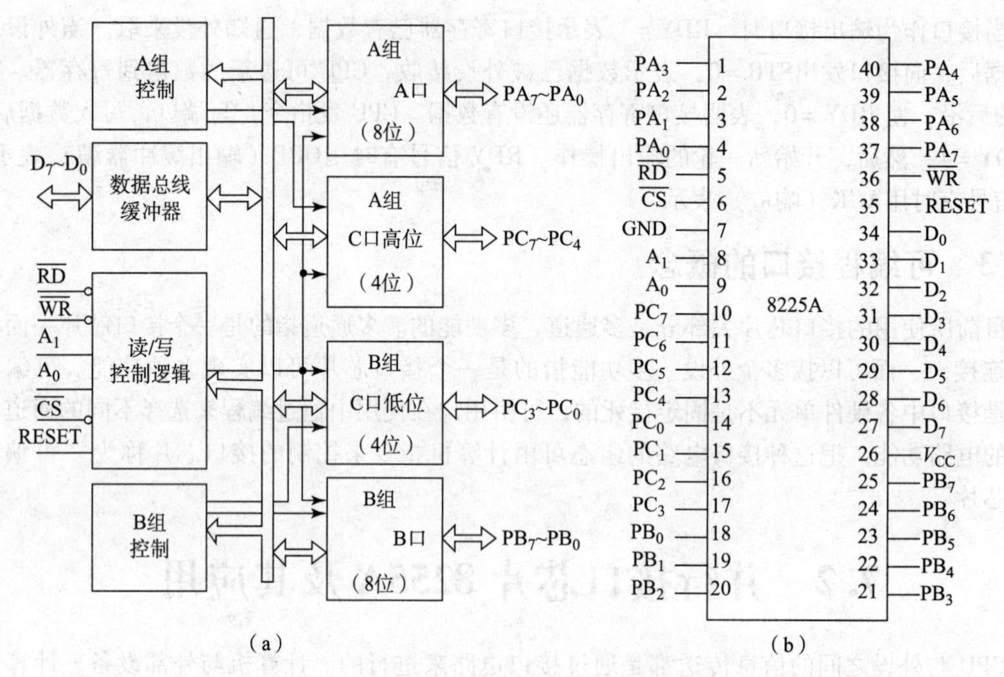

图 7.2　8255A 的结构框图和引脚排列

（a）结构框图；（b）引脚排列

C 口的 8 条线可独立进行置 1 或置 0 的操作。

（2）两组控制电路。

A 组和 B 组，由它们的控制寄存器接收 CPU 输出的方式控制命令字，还接收读写控制逻辑电路的读/写命令，根据控制命令决定 A 组和 B 组的工作方式和读/写操作。

A 组控制电路控制 A 端口和 C 端口的高 4 位（PC_4 ~ PC_7）。

B 组控制电路控制 B 端口和 C 端口的低 4 位（PC_0 ~ PC_3）。

A 口、B 口、C 口及控制字口共占 4 个地址。

（3）读/写控制逻辑电路。

完成 3 个数据端口和一个控制端口的译码，管理数据信息、控制字和状态字的传送，接收来自 CPU 地址总线的 A_1、A_0 和有关控制信号，向 8255A 的 A、B 组控制部件发送命令。其基本操作如表 7.1 所列。

表 7.1　8255A 的基本操作

$\overline{CS}$	$\overline{RD}$	$\overline{WR}$	A_1	A_0	执行的操作
0	0	1	0	0	读 A 端口（A 端口数据送数据总线）
0	1	0	0	0	写 A 端口（数据总线数据送 A 端口）
0	0	1	0	1	读 B 端口（B 端口数据送数据总线）
0	1	0	0	1	写 B 端口（数据总线数据送 B 端口）

续表

$\overline{CS}$	$\overline{RD}$	$\overline{WR}$	A_1	A_0	执行的操作
0	0	1	1	0	读C端口（C端口数据送数据总线）
0	1	0	1	0	写C端口（数据总线数据送C端口）
0	1	0	1	1	当 $D_7=1$ 时，对8255写入控制字 当 $D_7=0$ 时，对C端口置位/复位
0	0	1	1	1	非法的信号组合
0	1	1	×	×	数据线进入高阻状态
1	×	×	×	×	未选择

（4）数据总线缓冲器。

它是一个双向、三态的8位数据总线缓冲器，是8255A和系统总线相连接的通道。作用是传送I/O数据，传送CPU发出的控制字以及外设的状态信息。

2. 引脚功能

引脚信号可以分为两组，一组是面向CPU的信号，另一组是面向外设的信号。

（1）面向CPU的引脚信号及功能。

$D_0\sim D_7$：8位，双向，三态数据线，用来与系统数据总线相连。

RESET：复位信号，高电平有效，输入，用来清除8255A的内部寄存器，并置A口、B口、C口均为输入方式。

$\overline{CS}$：片选信号，输入，用来决定芯片是否被选中。

$\overline{RD}$：读信号，输入，控制8255A将数据或状态信息送给CPU。

$\overline{WR}$：写信号，输入，控制CPU将数据或状态信息送给8255A。

A_1、A_0：内部口地址的选择，输入，这两个引脚上的信息组合决定对8255A内部的哪一个口或寄存器进行操作。两个引脚的信号组合如表7.1所列。

$\overline{CS}$、$\overline{RD}$、$\overline{WR}$、A_1、A_0，这几个信号的组合决定了8255A的所有具体操作。

（2）面向外设的引脚信号及功能。

$PA_0\sim PA_7$：A端口的I/O引脚，用来连接外设。

$PB_0\sim PB_7$：B端口的I/O引脚，用来连接外设。

$PC_0\sim PC_7$：C端口的I/O引脚，用来连接外设或者作为控制信号。

7.2.2 8255A的工作方式

1. 方式0

这是基本的I/O方式，具有以下特点。

（1）通常不用联络信号，或不使用固定的联络信号。此时CPU与外设之间的数据传送可以为查询方式传送或无条件传送。

（2）A口、B口、C口高4位、C口低4位均可工作于此方式，均可独立设置为输入口或输出口，如设置A口为输入、B口为输入、C口高4位为输入、C口低4位为输出等，共有16种不同的I/O组合，如图7.3所示。

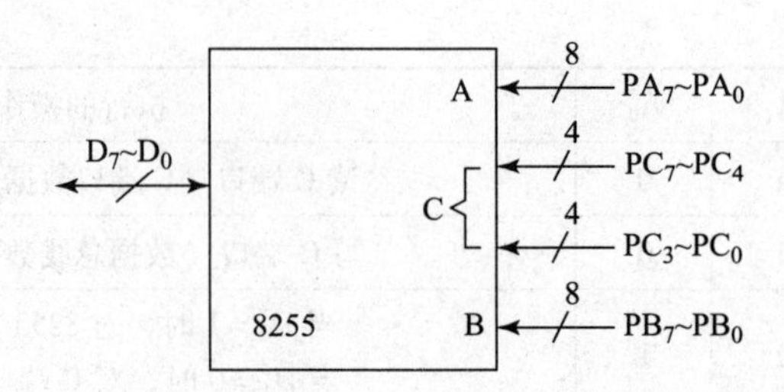

图 7.3 8255A 不同端口在工作方式 0 下的组合示意图

（3）不设置专用联络信号线，但当需要联络时，可由用户任意指定 C 口中的哪根线完成某种联络功能，这与后面要讨论的在方式 1、方式 2 下设置固定的专用联络信号线不同。

（4）是单向 I/O，一次初始化只能指定端口（A 口、B 口、C 口高 4 位、C 口低 4 位）作输入或输出，不能指定端口同时既作输入又作输出。

2. 方式 1

方式 1 称为选通 I/O 方式，或称为应答式，具有以下特点。

（1）需设置专用的联络信号线或应答信号线，以便对外设和 CPU 两侧进行联络。此时 CPU 与外设之间的数据传送可以为查询传送或中断传送。数据的输入输出都有锁存功能。

（2）A 口和 B 口可工作于此方式，此时 C 口的大部分引脚分配作专用（固定）的联络信号，作为联络信号的 C 口引脚，用户不能再指定作为其他用途。图 7.4 所示为联络信号线定义，其中图 7.4（a）、（b）、（c）、（d）分别表示 A 口输入、B 口输入、A 口输出、B 口输出。

从图 7.4 中可以看出，当 A 口作输入口时，使用 C 口的 PC_3、PC_4、PC_5 作为联络线，当 B 口作输入口时，使用 C 口的 PC_0、PC_1、PC_2 作为联络线。各联络线的具体含义如下。

$\overline{STB}$：外设给 8255A 的“输入选通”信号，低电平有效。

IBF：8255A 给外设的回答信号“输入缓冲器满”，高电平有效。

INTR：8255A 给 CPU 的“中断请求”信号，高电平有效。

INTE：中断允许触发器，通过对 C 口的 PC_4 或 PC_2 置位/复位来控制是否允许送出中断请求。当该位为“1”时，允许对应的端口 A 或 B 送出中断请求。

当 A 口作输出口时，使用 C 口的 PC_3、PC_6、PC_7 作为联络线，当 B 口作输出口时，使用 C 口的 PC_0、PC_1、PC_2 作为联络线。各联络线的具体含义如下。

$\overline{OBF}$：输出缓存器满信号，低电平有效，表示 CPU 已经将数据输出到指定端口，通知外设可以将数据取走。

$\overline{ACK}$：响应信号，低电平有效，由外设送来，表示 8255A 数据已经为外设所接收。

其他信号的含义同输入口。

（3）各联络信号线之间有固定的时序关系，传送数据时，要严格按照时序进行。

（4）I/O 操作过程中，产生固定的状态字，这些状态信息可作为查询或中断请求之用。状态字从 PC 口读取。

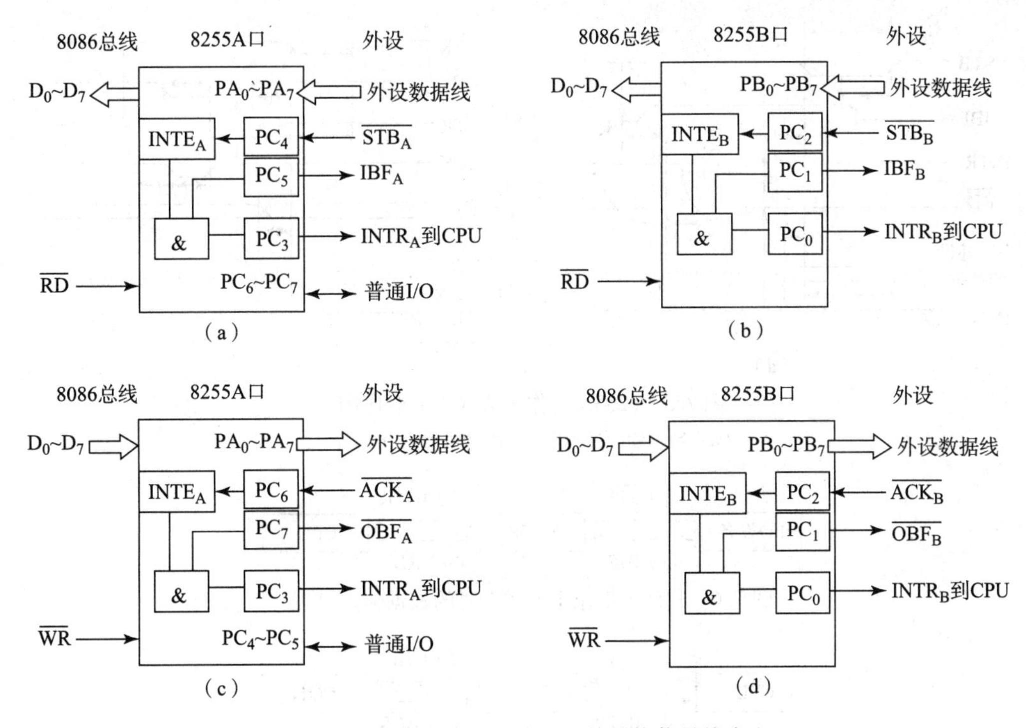

图 7.4　8255A 工作于方式 1 下的联络信号线定义

（a）A 口输入；（b）B 口输入；（c）A 口输出；（d）B 口输出

（5）单向传送。一次初始化只能设置在一个方向上传送，不能同时作两个方向的传送。

在工作方式 1 下，数据输入的时序如图 7.5（a）所示。输入过程为：外设处于主动地位，当外设准备好数据并放到数据线上后，首先发$\overline{STB}$信号，由它把数据输入到 8255A。在$\overline{STB}$的下降沿约 300 ns，数据已锁存到 8255A 的缓存器后，引起 IBF 变高，表示 8255A 的“输入缓存器满”，禁止输入新数据。接着在$\overline{STB}$的上升沿约 300 ns 后，在中断允许（INTE =1）的情况下 IBF 的高电平产生中断请求，使 INTR 上升变高，通知 CPU 接口中已有数据，请求 CPU 读取。CPU 得知 INTR 信号有效之后，执行读操作时，$\overline{RD}$信号的下降沿使 INTR 复位，撤销中断请求，为下一次中断请求做好准备。从上述可知，在工作方式 1 下，数据从 I/O 设备发出，通过 8255A，送到 CPU 的整个过程有 4 步，如图 7.6 中的（1）~（4）所示。

在工作方式 1 下，数据输出的时序如图 7.5（b）所示。输出过程为：CPU 先准备好数据，并把数据写到 8255A 输出数据寄存器。当 CPU 向 8255A 写完一个数据后，$\overline{WR}$的上升沿使$\overline{OBF}$有效，表示 8255A 的输出缓存器已满，通知外设读取数据。并且$\overline{WR}$使中断请求 INTR 变低，封锁中断请求。外设得到$\overline{OBF}$有效的通知后，开始读数。当外设读取数据后，用$\overline{ACK}$回答 8255A，表示数据已收到。$\overline{ACK}$的下降沿将$\overline{OBF}$置高，使$\overline{OBF}$无效，表示输出缓存器变空，为下一次输出做准备，在中断允许（INTE =1）的情况下，$\overline{ACK}$上升沿使 INTR 变高，产生中断请求。CPU 响应中断后，在中断服务程序中，执行 OUT 指令，向 8255A 写下一个数据。从上述分析可知，在工作方式 1 下，数据从 CPU 通过 8255A 送到 I/O 设备有 4 步，如图 7.7中的（1）~（4）所示。

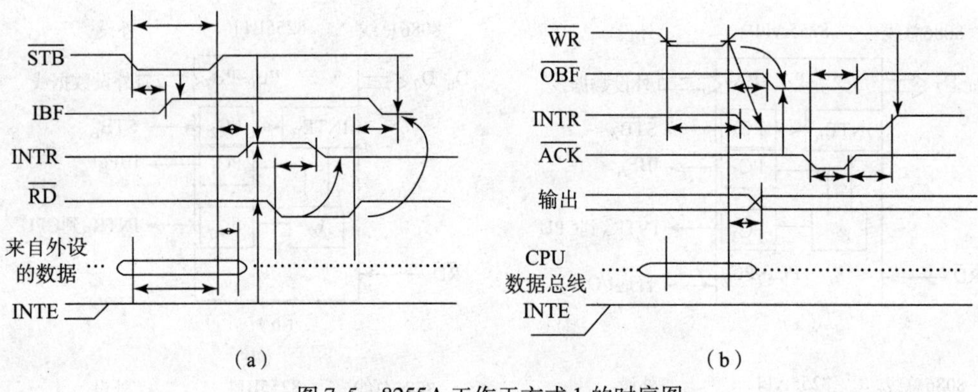

图 7.5　8255A 工作于方式 1 的时序图

(a) 数据输入的时序；(b) 数据输出的时序

图 7.6　8255A 工作于方式 1 时的数据输入过程

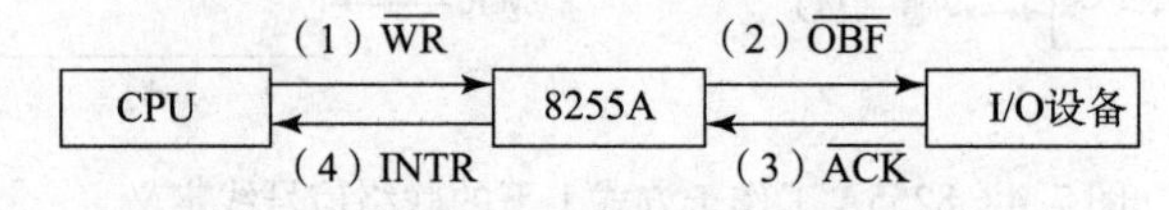

图 7.7　8255A 工作于方式 1 时的数据输出过程

3. 方式 2

它是一种双向选通 I/O 方式，只有 A 口可设成此方式，或叫双向应答式输入/输出。具有以下特点。

(1) 一次初始化可指定 A 口既作输入口又作输出口。

(2) 设置专用的联络信号线和中断请求信号线，用 C 口的 5 位进行联络。可采用中断方式和查询方式与 CPU 交换数据。

(3) 各联络线的定义及其时序关系和状态基本上是在方式 1 下输入和输出两种操作的组合。图 7.8 所示为联络信号线定义。方式 2 的状态字的含义是在方式 1 下输入和输出状态位的组合，具体含义见方式 1 中描述。时序如图 7.9 所示。

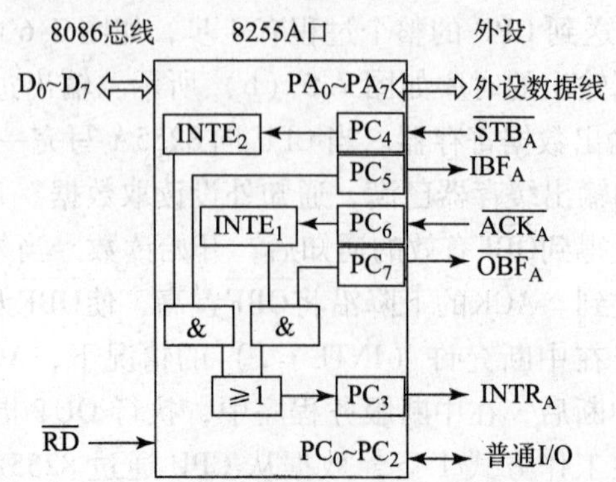

图 7.8　8255A 工作在方式 2 下的联络信号线定义

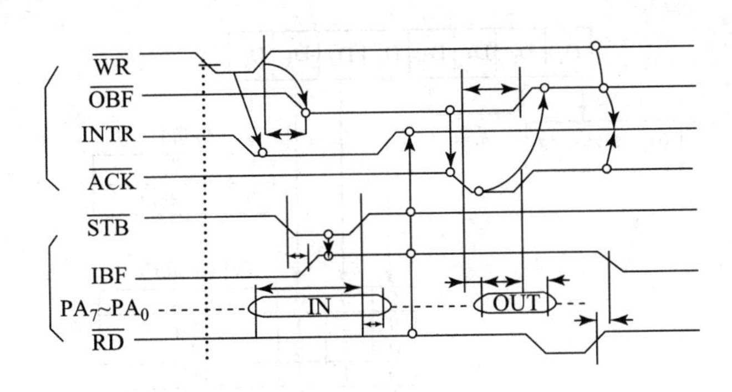

图7.9　8255A工作在方式2下的时序图

7.2.3　8255A的控制命令字和状态字

1. 控制命令字

在使用8255A时，首先要由CPU对它写入控制命令字，指定8255A的工作方式及该方式下3个并行端口（A口、B口、C口）的功能，是作输入还是作输出。有两种控制命令字，即方式选择控制字和C口按位置位/复位控制字。

1）方式选择控制字（$D_7=1$）

用来设置各个端口的工作方式，在 $A_1A_0=11$ 时写入，格式如图7.10所示。

D_7	D_6	D_5	D_4	D_3	D_2	D_1	D_0
=1 特征位	A组方式 00=方式0 01=方式1 10=方式2 11=不用		PA 0=输出 1=输入	$PC_4\sim PC_7$ 0=输出 1=输入	B组方式 0=0方式 1=1方式	PB 0=输出 1=输入	$PC_0\sim PC_3$ 0=输出 1=输入

图7.10　方式选择控制字

例如，要把A口指定为方式1，输入，C口上半部为输出；B口指定为方式0，输出，C口下半部定为输入，则工作方式命令代码是：10110001B或B1H。若将此命令代码写到8255A的命令寄存器，即实现了对8255A工作方式及端口功能的指定，或者说完成了对8255A的初始化。初始化的程序段如下。

```
MOV   DX,PORTCN            ;8255A命令口地址
MOV   AL,0B1H              ;初始化命令
OUT   DX,AL                ;送到命令口
```

2）C口按位置位/复位控制字（$D_7=0$）

最高位是特征位，一定要写0，其余各位的定义如图7.11所示。

【例7.1】（1）把C口的 PC_2 引脚置成高电平输出，编写程序；（2）使引脚 PC_2 输出低电位，编写程序。

解：（1）命令字应该为00000101B或05H。将该命令的代码写入8255A的命令寄存器，就会从PC口的 PC_2 引脚输出高电平，其程序段如下：

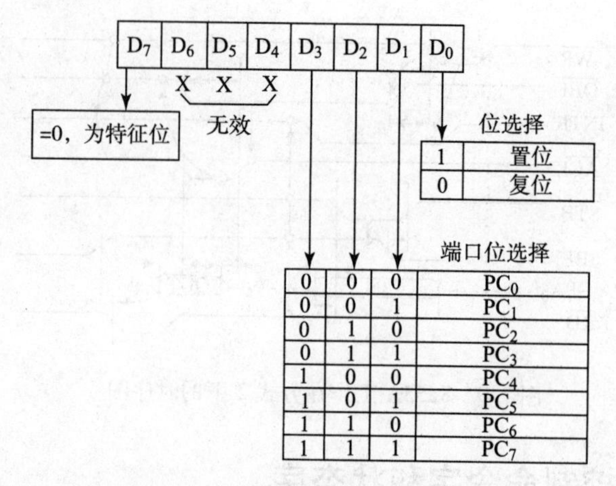

图 7.11　C 口按位置位/复位控制字

```
MOV  DX,203H        ;8255A 命令口地址
MOV  AL,05H         ;使 PC2 =1 的命令字
OUT  DX,AL          ;送到命令口
```

（2）如果要使引脚 PC_2 输出低电位，则程序段如下：

```
MOV  DX,203H        ;8255A 命令口地址
MOV  AL,04H         ;使 PC2 =0 的命令字
OUT  DX,AL          ;送到命令口
```

利用 C 口的按位控制特性还可以产生负脉冲或方波输出，对外设进行控制。

【例 7.2】　利用 8255A 的 PC_7 产生负脉冲，作打印机接口电路的数据选通信号，编写程序。

解：其程序段如下：

```
MOV  DX,203H              ;8255A 命令口地址
MOV  AL,00001110B         ;置 PC7 =0
OUT  DX,AL
NOP                       ;维持低电平
NOP
MOV  AL,00001111B         ;置 PC7 =1
OUT  DX,AL
```

注意：

①方式命令用于对 8255A 的 3 个端口的工作方式及功能进行指定，即进行初始化，初始化工作要在使用 8255A 之前做。

②按位置位/复位命令只是对 PC 口的输出进行控制，使用它不会破坏已经建立的 3 种工作方式，而是对它们实现动态控制的一种支持。此命令可放在初始化程序以后的任何地方。

③两个命令的最高位（D_7）都分配做了特征位，设置特征位是为了识别两个不同的命令。两个控制字写入的端口地址是一样的。

2. 状态字

A、B 口工作在方式 1 或 A 口工作在方式 2 时，读 C 口，可得 A、B 口的工作状态字。当 8255 工作在查询方式而非中断方式时，在前面方式 1、方式 2 工作过程中，CPU 需先读状态字决定是否对端口进行读/写。A、B 口工作在方式 1 以及 A 口工作在方式 2 的状态字如图 7.12 所示。

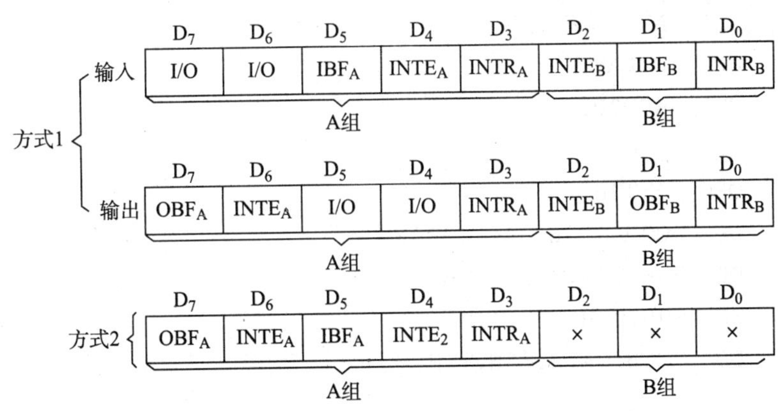

图 7.12 方式 1 与方式 2 的状态字

注意：

①状态字是在 8255A I/O 操作过程中由内部产生，从 C 口读取的，因此从 C 口读出的状态字是独立于 C 口的外部引脚的，或者说与 C 口的外部引脚无关。

②状态字中供 CPU 查询的状态位有：用于输入的 IBF 位和 INTR 位；用于输出的 $\overline{\text{OBF}}$ 位和 INTR 位。

③状态字中的 INTE 位，是控制标志位，控制 8255A 能否提出中断请求，因此它不是 I/O 操作过程中自动产生的状态，而是由程序通过按位置位/复位命令来设置或清除的。

7.2.4 8255A 的应用

1. LED 开/关接口（方式 0，A 出 B 入）

发光二极管是一种当外加电压超过额定电压时发生击穿，因此产生可见光的器件。数码显示管通过多个发光二极管组成 7 段或 8 段笔画显示器。当段组合发亮时，便可显示某一数码或字符。图 7.13 所示为 LED 显示与 CPU 的接口。图中，8255A 作为开关输入、LED 输出的接口，将 4 位二进制开关组合信息显示在 7 段码 LED 上，编写程序。

解：程序如下：

```
          ORG  2000H             ;A 出 B 入,方式 0,方式字 10000010B
          MOV  AL,82H            ;端口地址取 FFF8H~FFFFH 的偶地址
          MOV  DX,0FFFEH
          OUT  DX,AL
RDPORTB:  MOV  DL,0FAH           ;读入 B 口开关信息
          IN   AL,DX
          AND  AL,0FH            ;取低 4 位
```

```
            MOV   BX,OFFSET  SSEGCODE ;LED码值首址
            XLAT                      ;查表,AL=(BX+AL)对应码值
            MOV   DL,0F8H             ;A口输出
            OUT   DX,AL
            MOV   AX,56CH             ;延时,使LED显示保持
DELAY:      DEC   AX
            JNZ   DELAY
            JMP   RDPORTB
            HLT
            ORG   2500H
SSEGCODE    DB   0C0H,0F9H,0A4H,0B0H
            DB   99H,92H,82H,OF8H
            DB   80H,98H,88H,83H
            DB   0C6H,0A1H,86H,8EH
```

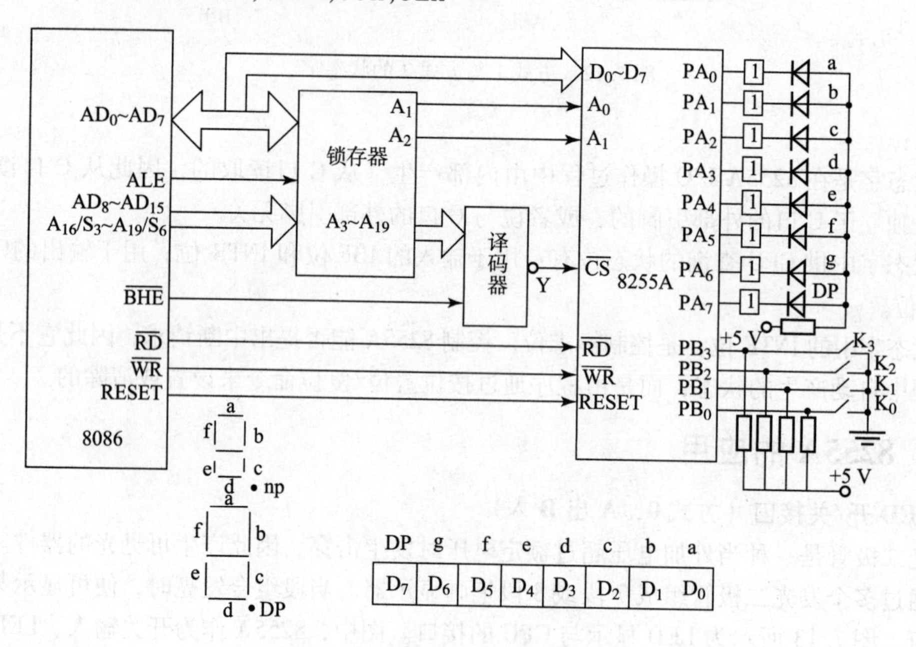

图7.13 LED显示与CPU的接口

2. 打印机接口（方式1，A出，查询式传送）

通过8255A将CPU中的数据输出到打印机上，图7.14所示为查询式打印机接口。设A口地址为PORTA，C口地址为PORTC，控制口地址为PORTCTR，输出500个字符。编写相应的程序。

解：程序段如下：

```
        MOV   AL,10101000B          ;A口方式1输出,PC4输入
        MOV   DX,PORTCTR            ;控制口送DX
        OUT   DX,AL                 ;输出控制字
```

```
        MOV  CX,500                ;输出 500 个字符
        MOV  DI,BUFFER             ;送字符缓冲区首地址
LOOP1:  MOV  AL,[DI]               ;从缓冲区取一个字符
        MOV  DX,PORTA              ;A 口地址送 DX
        OUT  DX,AL                 ;从 A 口输出一个字符
        MOV  DX,PORTC              ;C 口地址送 DX
NEXT:   IN   AL,DX                 ;从 C 口读入打印机状态
        TEST AL,00010000B          ;测试 BUSY 信号
        JNZ  NEXT                  ;如果打印机忙,则等待
        INC  DI                    ;缓冲区地址加 1
        LOOP LOOP1                 ;继续输出下一个字符
```

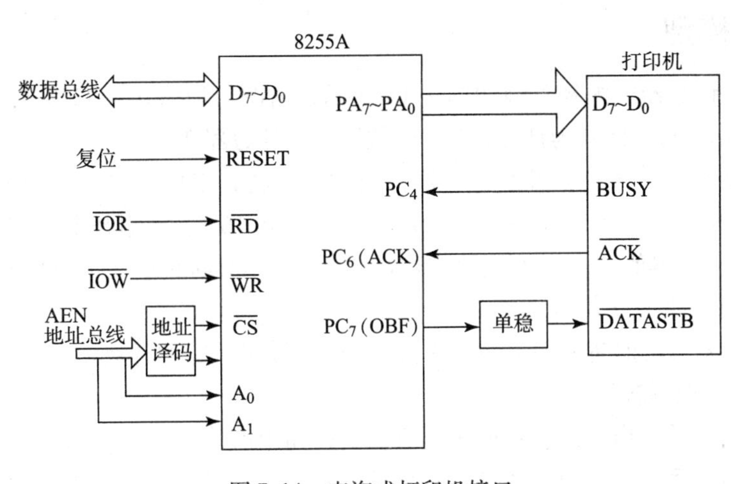

图 7.14　查询式打印机接口

7.3　8253 可编程计数器/定时器及其应用

微机系统在实时控制及数据采集中，都可以使用定时器/计数器器件，它可以作为计数器对外部事件计数，也可以作为实时时钟对各种设备实现定时控制。

定时器：在时钟信号作用下，进行定时的减“1”计数，定时时间到（减“1”计数回零），从输出端输出周期均匀、频率恒定的脉冲信号。定时器强调的是精确的时间。如一天 24 h 的计时，称为日时钟；在监测系统中，对被测点的定时取样；在读键盘时，为去除抖动，一般延迟一段时间再读；在微机控制系统中，控制某工序定时启动。

计数器：在时钟信号作用下，进行减“1”计数，计数次数到减“1”计数回零时，从输出端输出一个脉冲信号。如对零件和产品的计数；对大桥和高速公路上车流量的统计等。

本节将要介绍一种可编程定时器/计数器芯片 8253。它在微机系统中可用作定时器和计数器。定时时间与计数次数由用户事先设定。

7.3.1 主要性能

（1）每片 8253 内部有 3 个 16 位的计数器（相互独立）。

（2）每个计数器的内部结构相同，可通过编程手段设置为 6 种不同的工作方式来进行定时/计数，并且都可以按照二进制或十进制来计数。

（3）每个计数器在开始工作前必须预制时间常数（时间初始）。

（4）每个计数器在工作过程中的当前计数值可被 CPU 读出（注：时间常数也可在计数过程中更改）。

（5）每个计数器的时钟频率可达 2 MHz，最高的计数时钟频率为 2.6 MHz。

（6）所有的 I/O 频率都是 TTL 电平，便于与外围接口电路相连接。

（7）单一的 +5 V 电源。

7.3.2 内部模型

8253 定时器/计数器的内部模型如图 7.15 所示，由图可以看出，8253 有 3 个结构相同又相互独立的计数单元，称其为计数器 0、计数器 1 和计数器 2。

每个计数器内含一个 8 位的控制寄存器，用程序控制其工作方式；一个 16 位的计数寄存器 CR（Count Register），用来保存计数初值；一个 16 位的输出锁存器 OL（Output Latch），返回当前计数器值；一个 16 位的计数工作单元 CE（Counting Element），执行减 1 计数。

每个计数器有 3 个 I/O 信号。

CLK：各计数器外部时钟（计数脉冲）输入端，CE 对此脉冲计数。

GATE：门控，控制各计数器工作。

OUT：计数结束后输出，产生不同工作方式时的输出波形。

计数器本质为计数，当脉冲周期固定时则为定时。

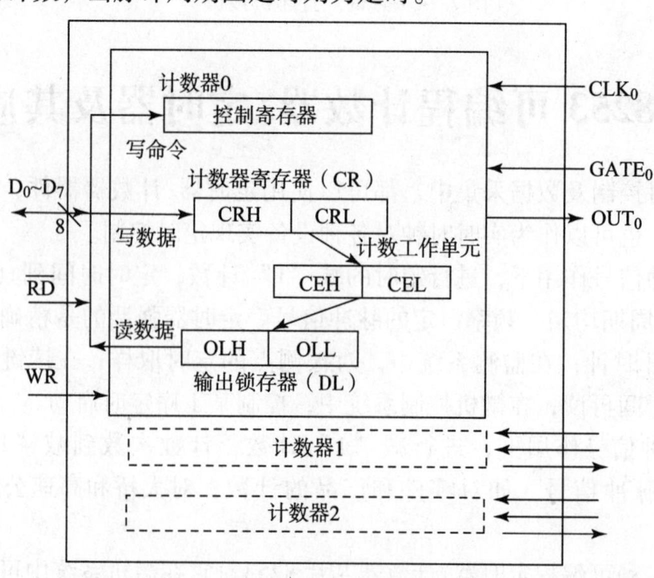

图 7.15　8253 定时/计数内部模型

7.3.3 外部引脚

8253 定时器/计数器的外部引脚如图 7.16 所示，各引脚的含义如下。

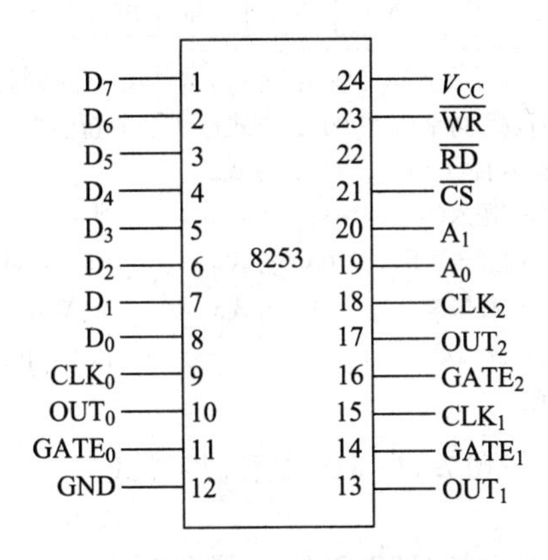

图 7.16 8253 定时器/计数器的外部引脚

$D_7 \sim D_0$：双向，8 位三态数据线，用以传送数据（计数器的计数值）和控制字。

$CLK_0 \sim CLK_2$：计数器 0、1、2 的时钟输入，CE 对此脉冲计数。

$OUT_0 \sim OUT_2$：计数器 0、1、2 的输出。

$GATE_0 \sim GATE_2$：计数器 0、1、2 的门控输入。

$\overline{CS}$：输入，片选信号。

$\overline{RD}$：输入，读信号。

$\overline{WR}$：输入，写信号。

A_1、A_0：输入，2 位地址选择。

当$\overline{WR}=0$ 时，写控制寄存器或写 CR，$\overline{RD}=0$ 读 OL，芯片内部使用 4 个端口地址，其内部寄存器地址如表 7.2 所列，选择的地址输入信号 A_1 和 A_0 决定了 CPU 的访问对象。

表 7.2 8253 的内部寄存器地址

$\overline{CS}$	A_1	A_0	选中
0	0	0	计数器 0
0	0	1	计数器 1
0	1	0	计数器 2
0	1	1	控制寄存器

7.3.4 初始化命令字

1. 控制命令字

控制字寄存器是一种只写寄存器，在对 8253 进行编程时，由 CPU 用输入指令向它写入控制字，来选定计数器通道，规定各计数器的工作方式、读写格式和数制。控制字的格式如图 7.17 所示。

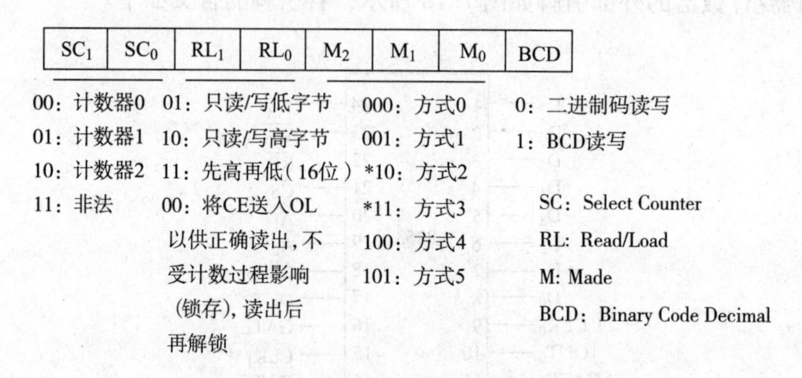

图 7.17　8253 的控制字格式

SC_1、SC_0：计数通道选择位。由于 8253 的内部有两个计数通道，需要有 3 个控制字寄存器分别规定相应的工作方式，但这 3 个控制字寄存器只能使用同一个端口地址，在对 8253 进行初始化编程、设置控制字时，需由这两位来决定向哪一个通道写入控制字。SC_1SC_0 = 00、01、10 分别表示向计数器 0、1、2 写入控制字。SC_1SC_0 = 11 时无效。

RL_1、RL_0：读/写操作位，用来定义对选定通道中的计数器的读/写操作方式。当 CPU 向 8253 的某个 16 位计数器装入计数初值时，或向 8253 的 16 位计数器读入数据时，可以只读/写它的低 8 位字节或高 8 位字节。RL_1RL_0 组成 4 种编码，表示不同的 4 种读/写操作方式，如下所示。

RL_1RL_0 = 01，表示只读/写低 8 位字节数据，只写入低 8 位时，高 8 位自动置为 0。

RL_1RL_0 = 10，表示只读/写高 8 位字节数据，只写入高 8 位时，低 8 位自动置为 0。

RL_1RL_0 = 11，允许读/写 16 位数据。由于 8253 的数据线只有 $D_7 \sim D_0$，一次只能传送 8 位数据，故读/写 16 位数据必须分两次进行，先读/写计数器的低 8 位字节，后读/写计数器的高 8 位字节。

RL_1RL_0 = 00，把通道中当前的数据寄存器的值送到 16 位锁存器中，供 CPU 读取该值。

M_2、M_1、M_0：工作方式选择位。8253 的每个通道都有 6 种不同的工作方式，即方式 0 ~ 5，当前工作于哪种方式，由这 3 位来选择。

BCD：计数方式选择位。当该位为 1 时，采用 BCD 码计数，写入计数器的初值用 BCD 码表示，初值范围为 0000H ~ 9999H，表示最大值 10000，即 10^4。例如，当预置的初值 n = 1200H 时，表示预置了一个十进制数 1200。当 BCD 位为 0 时，则采用二进制格式计数，写入计数器中的初值用二进制表示。

2. 初始值命令

控制命令字写入 8253 后，应给计数器写初始值。计数器的初始值可以是 8 位，也可以是 16 位。如果是 16 位，则要用两条指令来完成计数初值的设定，先写入低 8 位字节，后写入高 8 位字节。如果是 8 位，在计数器内部全部当成 16 位的两字节处理，缺少的字节自动补 0。

3. 锁存命令

当给8253设置初值后就可开始工作。锁存命令是为了配合CPU读计数器当前值而设置的。在读计数器时必须先用锁存命令（当控制字的 D_5D_4 位为00时）将当前计数值在输出锁存器中锁定，才可由CPU输入。

7.3.5 工作方式

8253有6种不同的工作方式，在不同的工作方式下，计数器的启动方式、GATE输入信号的作用以及OUT信号的输出波形都有所不同。首先写入控制字，当控制字写入8253时，所有的控制逻辑电路自动复位，输出端进入初始状态。接着写初值，初始值写入计数器后，经过一个时钟周期，减法计数器开始工作，在时钟脉冲的下降沿，计数器进行减1计数。一般情况下，在时钟脉冲的上升沿采样门控信号GATE。

1. 工作方式0（计数结束中断方式）

工作方式0又称为“计数结束中断”工作方式，计数器计数期间输出低电平，计数结束时输出高电平。该高电平可以用作向CPU发出中断请求信号。具体工作情况如下。

（1）一般情况下，如图7.18（a）所示，初始状态GATE = OUT = 0，接着写入计数初值，在下一个CLK的下降沿初值从计数初值寄存器CR读到计数单元CE，就启动了计数。计数过程中，在每一个CLK的下降沿CE减1，当CE减到0时，计数结束，OUT = 1，可作中断请求信号。

（2）在计数过程中，当GATE = 0时，暂停计数，直到GATE = 1后继续计数，计数结束时，OUT = 1，如图7.18（b）所示。

（3）在计数过程中写入另一个初值时，将停止原计数，启动新计数，直到新的计数结束，OUT = 1，如图7.18（c）所示。

注意：写入初值后，初值即在CLK的下一个CLK下降沿从CR装入CE，同时启动计数，是软件启动；减到0时，OUT由低变高，OUT脉宽≥初值 $n+1$；CLK上升沿时检测GATE，下降沿时减1；GATE = 1时，允许计数；GATE = 0时，禁止计数。

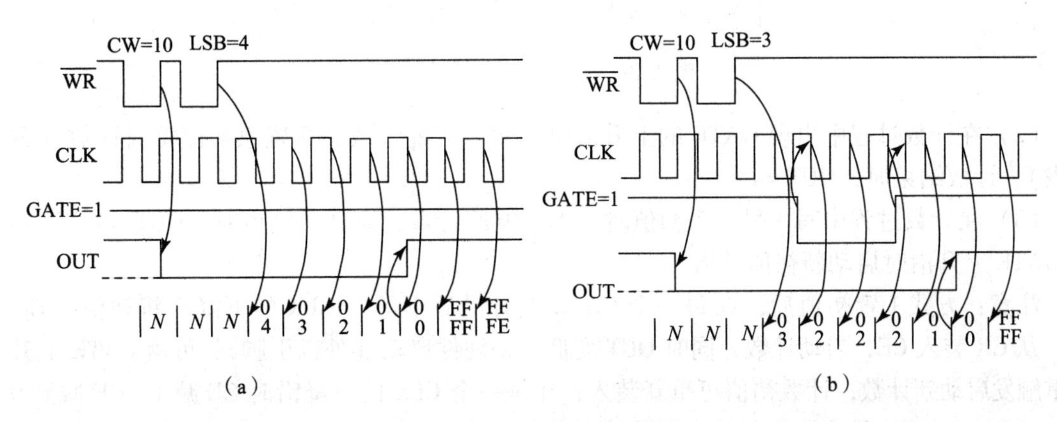

图7.18 工作方式0时序图

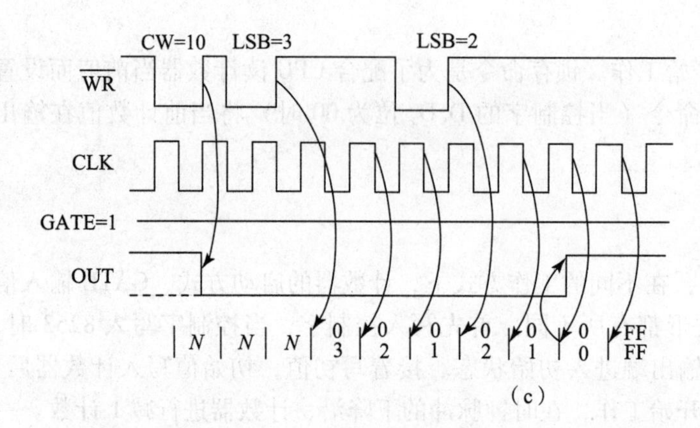

图 7.18　工作方式 0 时序图（续）

2. 工作方式 1（硬件 GATE 可重触发的可编程单稳态方式）

工作方式 1 又称为“硬件 GATE 可重触发的可编程单稳态”工作方式，计数由 GATE 的上升沿控制，计数结束时，输出一个时钟周期的低电平。具体工作情况如下。

（1）一般情况下，如图 7.19 所示，写入 CW 置方式 1 后，OUT = 1，写入初值到 CR，在 GATE 上升沿的下一个 CLK 下降沿，初值从 CR 读到 CE，OUT = 0，并启动计数；CE 减到 0 时，计数结束，OUT = 1。

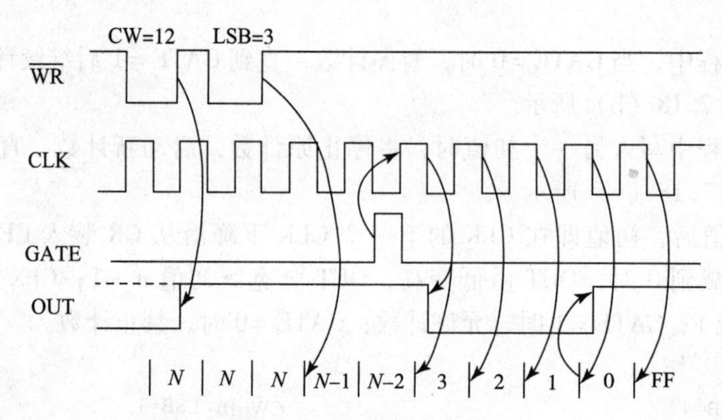

图 7.19　工作方式 1 时序图

（2）在计数过程中出现 GATE 的上升沿时，暂停当前计数，重置原初值重新计数（重触发），计数结束时，OUT = 1。

（3）在计数过程中写入另一个初值时，不影响原计数，原计数结束时，OUT = 1。下一个 GATE 上升沿时启动新初值计数。

注意：方式 1 置初值后，在每一个 GATE 上升沿后下一个 CLK 的下降沿将初值（新、旧）从 CR 装入 CE，启动计数，同时 OUT 变低，是硬件启动（外部引脚）；可由 GATE 上升沿重触发启动新计数，计数初值可重新装入；在每一个 CLK 的下降沿时 CE 减 1，CE 减到 0 时，OUT = 1，OUT 输出一个单稳态负脉冲，脉宽 = 计数初值 × CLK 宽度；方式 1 可用于看门狗电路，设初值后若程序飞溢失控（执行超过 OUT 脉宽时间），则发 OUT = 1 到 RESET，重新启动 CPU；否则在程序中定期发 GATE 上升沿重新启动计数（OUT 脉宽 > 程序执行时间）。

3. 工作方式2（频率发生器方式）

工作方式2又称为“频率发生器”工作方式，计数器计数期间，输出高电平，计数结束时，输出一个时钟周期的低电平。循环输出该高电平和低电平，即输出为一定频率的信号。具体工作情况如下。

（1）一般情况下，如图7.20所示，写入CW置方式2后，OUT=1，写入初值到CR，在GATE=1或GATE上升沿的下一个CLK下降沿，初值从CR读到CE，OUT=0，并启动计数，CE减到1时，OUT=0，下一个CLK，OUT=1（单周负脉冲），本次计数结束，初值重新从CR读到CE，循环进行。

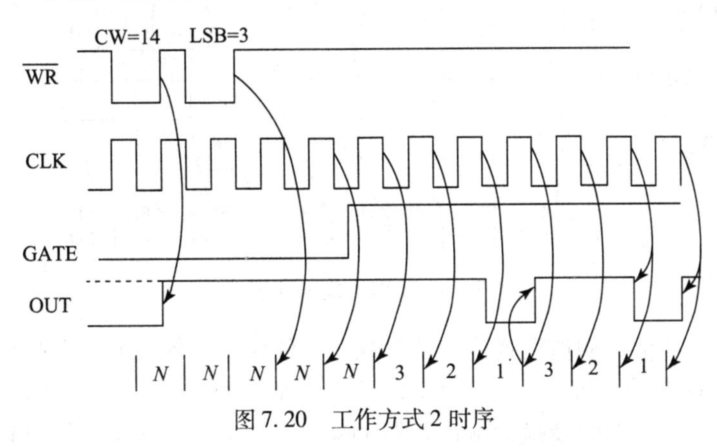

图7.20 工作方式2时序

（2）在计数过程中出现GATE=0时，停止当前计数，等待；出现新的GATE上升沿时，重置原初值重新计数。

（3）在计数过程中写入另一个初值时，不影响原计数，原计数结束时，OUT=1，装入新初值，启动新初值计数。

注意：方式2计数既可软件启动（写初值），又可硬件启动（GATE上升沿），一般情况下OUT为周期性信号，计数结束后可自动重新装入初值，输出脉冲周期T=计数初值$n\times$CLK周期T_{CLK}，即输出脉冲频率$f=f_{CLK}/n$，n称为分频频率发生器。这里计数周期n=正脉冲宽度$n-1$+负脉冲宽度1。GATE=0时，停止计数且强置OUT=1；GATE=1时，对CLK减1计数，GATE上升沿重新启动。

4. 工作方式3（方波发生器方式）

同方式2，但OUT产生的是对称或近似对称方波脉冲，如图7.21所示。若初值为偶数，第一次初值装入，OUT=1，每个CLK减2，减到0时，OUT=0；第二次初值装入，每个CLK减2，减到0时，OUT=1，循环进行。若初值为奇数，第一次初值装入，OUT=1，先减1，随后逐次减2，直到为0时，OUT=0；第二次初值装入，先减3，随后逐次减2，直到为0时，OUT=1，循环进行。

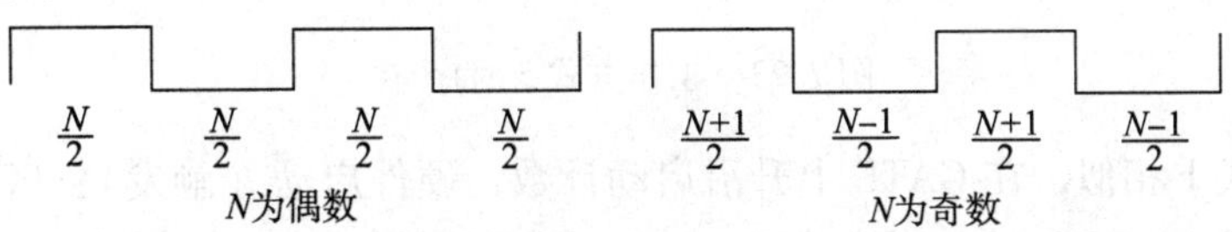

图7.21 工作方式3输出波形

5. 工作方式4（软件触发选通）

置工作方式4后，OUT=1，置初值后下一个CLK的下降沿初值从CR读到CE，并启动计数。GATE=0时，停止计数，GATE=1时，对CLK减1计数，减到0时，OUT=0，一个CLK后，OUT=1，本次计数结束，时序如图7.22所示。

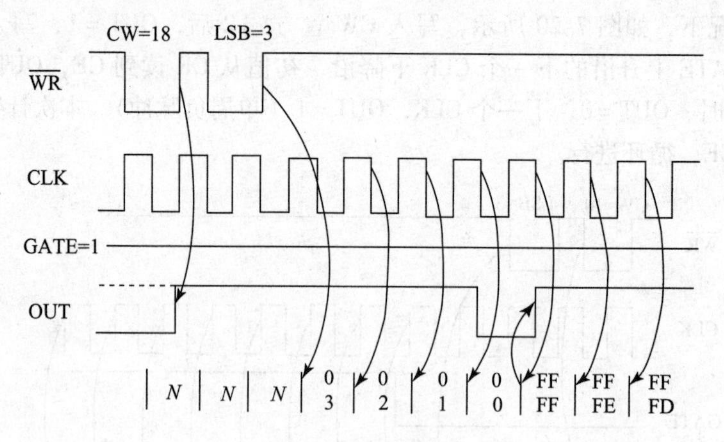

图7.22　工作方式4时序

注意：与方式0相似，初值设置后启动计数，软件启动（触发）。区别在于：开始及计数期间，方式0下OUT=0，而方式4下OUT=1；计数结束时，方式0下OUT变高，方式4下输出1个负脉冲；计数期间及最后输出负脉冲宽度，方式0为$n+1$个CLK，方式4为1个CLK。

6. 工作方式5（硬件触发选通）

如图7.23所示，写入CW置方式5后，OUT=1，写入初值到CR，在GATE上升沿的下一个CLK下降沿，初值从CR读到CE，并启动计数，CE减到0时，OUT变低，一个CLK后，OUT又变高，本次计数结束。出现新的GATE上升沿时，在下一个CLK下降沿重新装入初值到CE，且启动新的减1计数。

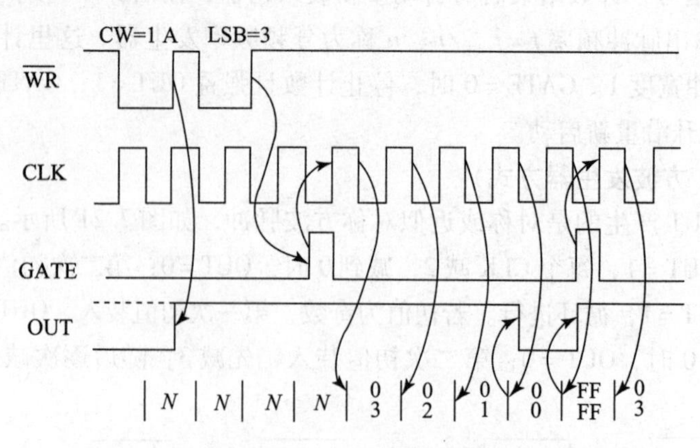

图7.23　工作方式5时序

注意：与方式1相似，在GATE上升沿启动计数，硬件启动（触发）；区别在于开始及计数期间，对方式1，OUT=0，对方式5，OUT=1；计数结束时，对方式1，OUT变高，而对方式 5，输出 1 个负脉冲；输出负脉冲的宽度，方式 1 为 n 个 CLK，方式 4 为 1 个 CLK。另外，其输出波形与方式 4 相似，只是启动方式不同。

7.3.6　初始化编程举例

一般可编程接口芯片在工作前必须进行初始化，完成通道、工作方式、初值、功能的设定。8253 的初始化，主要包括写入工作方式控制字、写入计数初值，需要读取当前计数值时，需要写入锁存命令。初始化方法有两种，一种是逐个对计数器初始化，如图 7.24 所示。另一种是先写所有计数器的方式控制字，再对各计数器装入计数值，如图 7.25 所示。

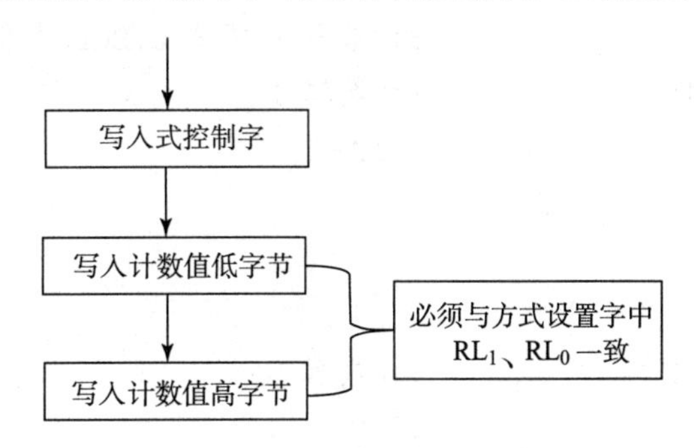

图 7.24　计数器逐个初始化流程

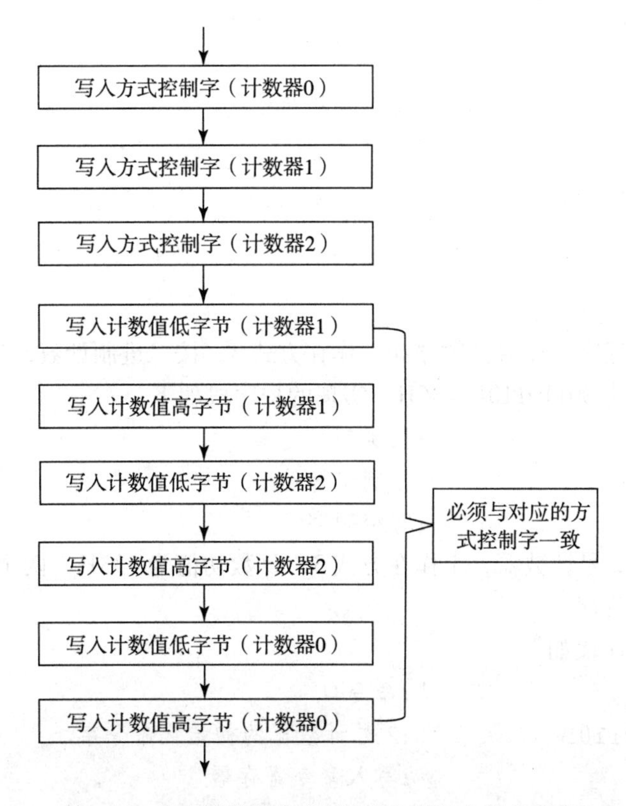

图 7.25　所有计数器先控制字后初值的初始化流程

【例 7.3】 编写程序，先设置 3 个计数器工作方式，再设置初值。

解：程序段如下：

```
    MOV  DX,0FF07H
    MOV  AL,36H              ;00110110B
    OUT  DX,AL               ;计数器0,方式3,二进制,先低后高
    MOV  AL,71H              ;01110001B
    OUT  DX,AL               ;计数器1,方式0,BCD,先低后高
    MOV  AL,0B5H             ;10110101B
    OUT  DX,AL               ;计数器2,方式2,BCD,先低后高
    MOV  DX,0FF04H           ;计数器0
    MOV  AL,0A8H             ;61A8H
    OUT  DX,AL
    MOV  AL,61H
    OUT  DX,AL
    MOV  DX,0FF05H           ;计数器1
    MOV  AL,0                ;200
    OUT  DX,AL
    MOV  AL,02H
    OUT  DX,AL
    MOV  DX,0FF06H           ;计数器2
    MOV  AX,0050H            ;50
    OUT  DX,AL
    MOV  AL,AH
    OUT  DX,AL
RET
```

【例 7.4】 编写程序，设置计数器 0 工作在方式 3，按二进制计数，计数值为 200。

解：确定控制字为 00110110B = 36H。实现的程序段如下：

```
MOV  AL,36H              ;控制字
MOV  DX,CtrPort          ;控制口地址
OUT  DX,AL               ;写控制字
```

【例 7.5】 选择 2 号计数器，工作在方式 3，计数初值为 533H（两个字节），采用二进制计数，编写相应的程序。

解：其初始化程序段如下：

```
MOV  DX,307H             ;命令口
MOV  AL,10110110B        ;2 号计数器的初始化命令字
OUT  DX,AL               ;写入命令寄存器
MOV  DX,306H             ;2 号计数器数据口
MOV  AX,533H             ;计数初值
```

```
OUT  DX,AL                   ;选送低字节到2号计数器
MOV  AL,AH                   ;取高字节送AL
OUT  DX,AL                   ;后送高字节到2号计数器
```

【例7.6】 要求读出并检查1号计数器的当前计数值是否全为“1”（假定计数值只有低8位），编写相应的程序。

解：其程序段如下：

```
    MOV  DX,307H             ;命令口
L:  MOV  AL,01000000B        ;1号计数器的锁存命令
    OUT  DX,AL               ;写入命令寄存器
    MOV  DX,305H             ;1号计数器数据口
    IN   AL,DX               ;读1号计数器的当前计数值
    CMP  AL,DX               ;比较
    JNE  L                   ;非全“1”,再读
    HLT                      ;是全“1”,暂停
```

【例7.7】 设对计数器1已设定的控制字中 RL_1RL_0（D_5D_4）=11，编写程序，在计数器不停止工作时，再读。

解：需要先发锁存命令，具体程序如下：

```
MOV  DX,TIM+3            ;设计数器0的地址是TIM
MOV  AL,01000000B        ;控制字锁存计数器1的计数值
OUT  DX,AL
MOV  DX,TIM+1            ;读,先低后高
IN   AL,DX
MOV  AH,AL
IN   AL,DX
XCHG  AL,AH
```

注意：从计数器读字计数值的方法是对同一地址读两次，先低后高。读计数值也可以停止计数器的工作（GATE禁止或阻断CLK），再读。

7.3.7 寻址及连接

PC主板用1片8253，连接如图7.26所示，采用部分译码，占用4个端口地址040H～05FH中连续的4个。图中$\overline{CS}$、A_1、A_0寻址，$\overline{RD}$、$\overline{WR}$实现读写。

【例7.8】 要求计数器0输出2 kHz方波，计数脉冲输入频率为2.5 MHz，BCD计数，试写出初始化程序段。设8253的地址取40H～43H。

解：计数器初值=2.5 MHz/2 kHz=1250，故工作于方式3，16位计数长度，方式控制字是00110111B=37H，程序如下：

```
    MOV  AL,37H
    OUT  43H,AL
    MOV  AL,50H
```

```
    OUT  40H,AL
    MOV  AL,12H
    OUT  40H,AL
RET
```

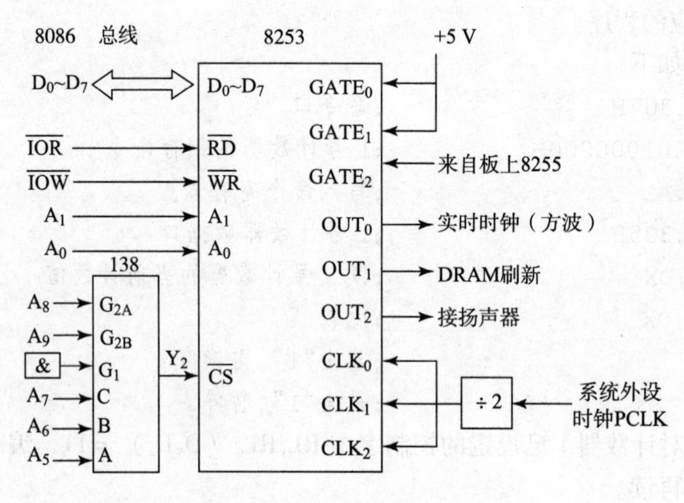

图 7.26　8253 的寻址与连接

7.3.8　8253 的应用

【例 7.9】 用 8253 监视生产流水线：每通过 50 个工件，扬声器响 5 s，频率为 2000Hz。设外部时钟频率为 2.5 MHz。8253 的连接如图 7.27 所示，编程实现相应的功能。

解：分析，本例中计数器 0：循环计数，工作于方式 2，CLK_0 为输入工件的计数脉冲，初值 50，BCD 码；方式字为 00010101B = 15H。计数器 1：工作于方式 3，初值 2.5 MHz/2000Hz = 1250，BCD 码；方式字为 01110111B = 77H。$GATE_1$ 由 8255 PA_0 变高 5 s 发声。

程序：设 8253 地址取 40H ~ 43H，8255 的 A 口地址取 80H。

主程序如下：

```
        MOV  AL,15H
        OUT  43H,AL              ;计数器 0 方式设置
        MOV  AL,50H              ;初值 50
        OUT  40H,AL
        STI
LOP:    HLT
        JMP LOP
```

中断服务程序如下：

```
MOV  AL,01H              ;PA0 =1 产生上升沿
OUT  80H,AL
MOV  AL,77H              ;计数器 1 方式设置
OUT  43H,AL
```

```
MOV  AL,50H           ;初值1250
OUT  41H,AL
MOV  AL,12H
OUT  41H,AL
CALL DL5S
MOV  AL,0;            ;GATE1 =0
OUT  80H,AL
IRET
```

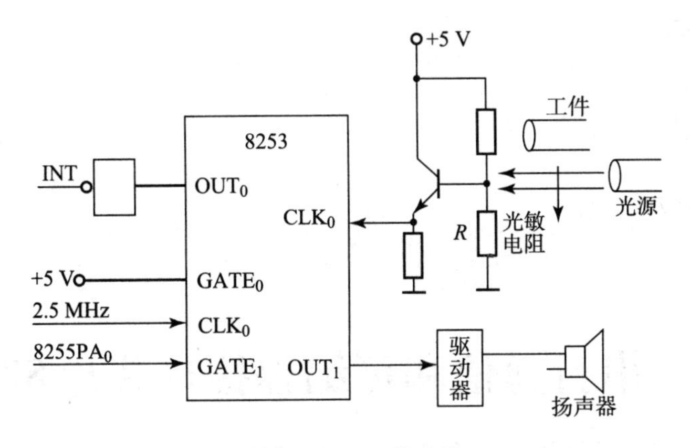

图7.27　8253的连接

【例7.10】 用8253设计一个定时器，每5 s输出一个负脉冲。设外部时钟频率为2.5 MHz，画出硬件连接并编写相应的程序。

解：计数初值为 $n=5/T_{CK}-5\times f_{CK}=12.5$，采用两级计数器，用计数器0输出 OUT_0，接计数器1的输入 CLK_1。计数器0的计数值为50000，计数器1的计数值为250。硬件连接如图7.28所示。

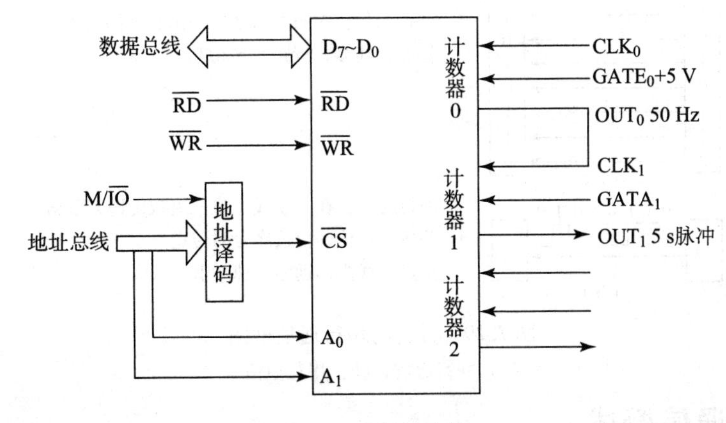

图7.28　硬件连接

两个计数器的工作方式如下：

计数器0工作于方式3（方波），控制字为00110110。

计数器 1 工作于方式 2（分频器），控制字为 01010100。

控制口地址：Portctr。

0 号计数器地址：Port0。

1 号计数器地址：Port1。

实现上述过程的程序段如下：

```
MOV  AL,36H
OUT  Portctr,AL
MOV  AL,50H
OUT  Port0,AL
MOV  AL,C3H
OUT  Port0,AL
MOV  AL,54H
OUT  Portctr,AL
MOV  AL,0FAH
OUT  Port1,AL
```

7.4　串行通信和可编程接口芯片 8251

计算机与外部设备、计算机与计算机之间交换信息称为计算机通信。计算机通信可分为两大类，即并行通信和串行通信。如图 7.29 所示，并行通信是指 8 位或 16 位或 32 位数据同时传输，具有传输速度快、信息传输率高、成本高的特点。前面的 8255A 就是一种实现并行通信的接口芯片。串行通信是指数据一位一位地传送（在一条线上顺序传送），具有成本低的优点。

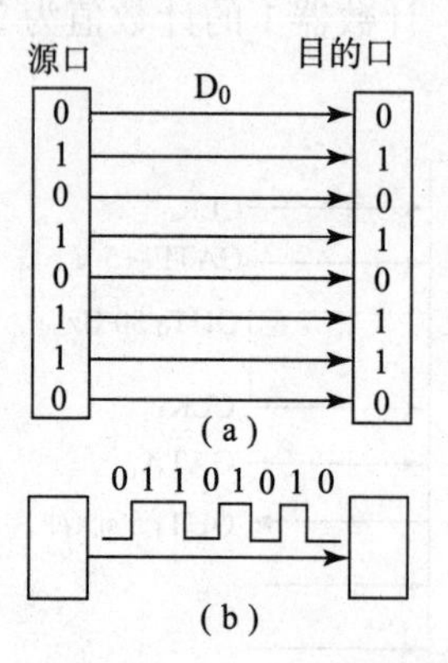

并行通信：多条并行线上一组数据同时传送；
特点：线多，近距，速率高。

串行通信：在一条线上将一组数传递，数据的各位一位一位按序分时传送；
特点：线少，远距，速率低。

图 7.29　并行与串行通信框图

（a）并行通信；（b）串行通信

7.4.1　串行通信概述

1. 分类

串行通信作为主机与外设交换信息的一种方式，广泛应用在通信及计算机网络系统中。依据通信方式的不同，它可以分为同步通信和异步通信。

1）同步通信

在约定波特率下，收、发双方所用时钟频率完全一致（同步），信息传输组成数据包（数据帧）。每帧头尾是控制代码，中间是数据块，可有数百字节。不同的同步传输协议有不同的数据帧格式，如图7.30所示。包头由同步字符、控制字符、地址信息等组成。包尾由校验码、控制字符等组成。同步串行数据传输过程中数据间不允许有间隙，数据供不上时接口自动插入同步字符。它具有传送数据位数不受限制、速度快、设备较复杂、成本高的特点。

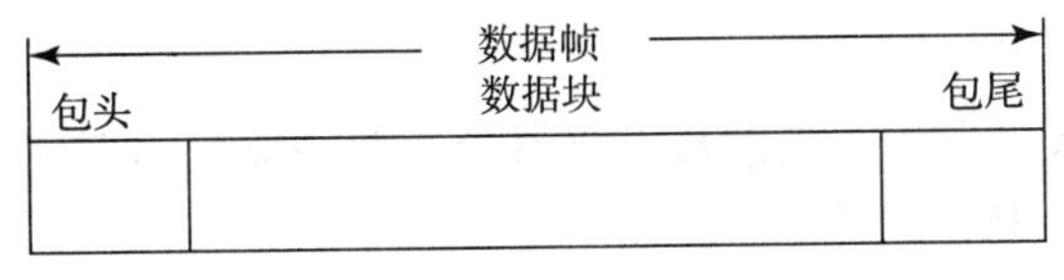

图7.30　同步通信数据帧格式

2）异步通信

在约定波特率下，两端时钟频率不需要严格同步，允许10%的相对延迟误差。传送的信息以一个字符数据为单位，每个字符传送时，前面必须加一个起始位，中间为数据位，接着为校验位、停止位。停止位可以为1位、1.5位、2位，如图7.31所示。

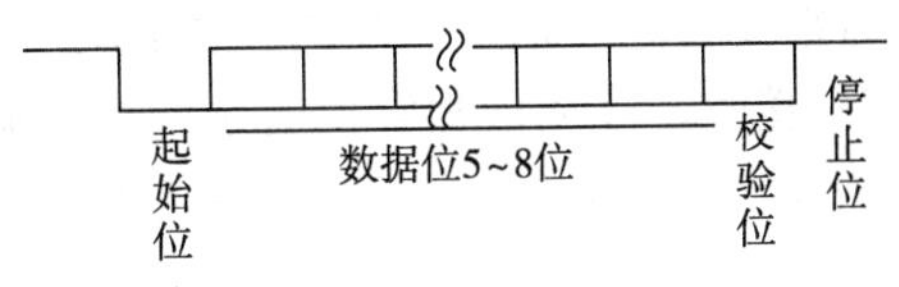

图7.31　异步通信数据帧格式

如传送“C”的ASCII码字符，用偶校验，一个停止位，因“C”的ASCII码是43H，则数据帧如图7.32所示。

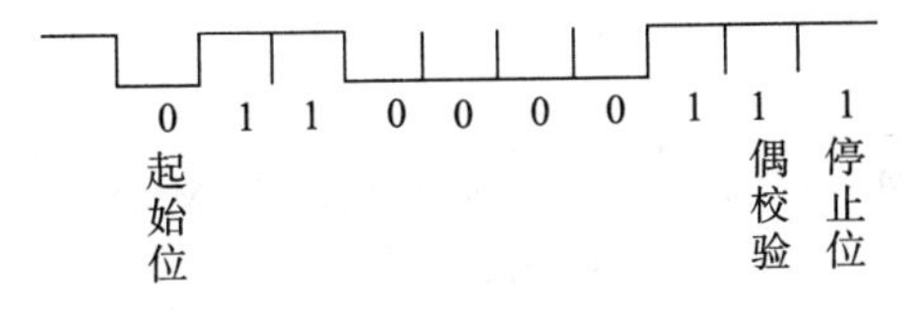

图7.32　字符“C”的数据帧

需要说明的是，在同步通信中，常用波特率来衡量传送速度。波特率是指串行通信时每秒传送的二进制位数，单位为b/s，即1波特＝1 b/s，常用波特率有110、300、600、1 200、2 400、4 800、9 600等。如异步通信中设传送速率为120字符/s，10位/字符，则传送波特率＝10×120＝1 200 b/s＝1 200波特，每位的传送时间＝1 s/1 200＝0.833 ms。

2. 工作方式

1）单工方式

一根线，数据只能从A送往B，单方向传送；每个传送站（设备）只有单功能（发送或接收），如图7.33所示。

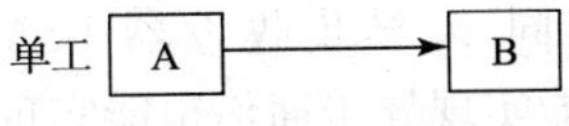

单工　A → B

图7.33　单工方式

2）半双工方式

一根线，数据能从 A 送往 B，也能从 B 送往 A，可交替双向传送；每个传送站（设备）具有双功能（发送或接收），但在某一时刻只能选一种，如图 7.34 所示。

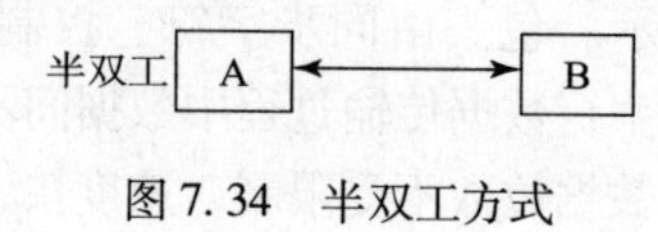

图 7.34　半双工方式

3）全双工方式

两根线，数据能从 A 送往 B，也能从 B 送往 A，两站能同时双向传送；每个站具有双功能，可同时实现，如图 7.35 所示。

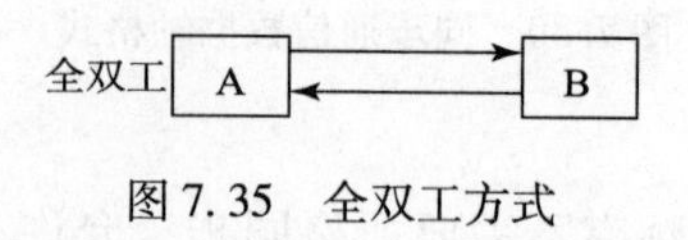

图 7.35　全双工方式

3. 信号的调制与解调

计算机发送的是数字信号，要求传输线的频带很宽，当通过电话线长距离传送时会发生畸变失真，如图 7.36 所示。通常先将数字信号转变为模拟信号，在电话线上发送，再在另一端将模拟信号转变成数字信号接收。完成这种转换的是调制解调器 MODEM（Modulator - Demodulator）。常用的调制方法有调频，0 与 1 用不同的频率信号表示，如图 7.37 所示。除了调频外，还有调幅与调相方法。

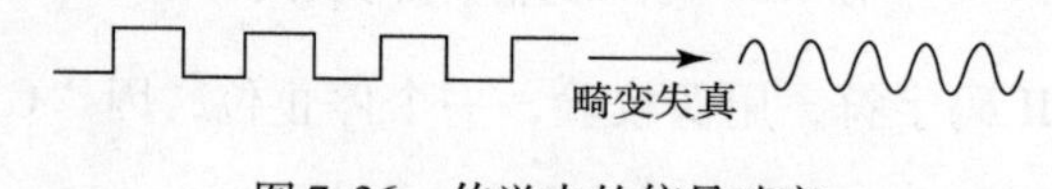

图 7.36　传送中的信号畸变

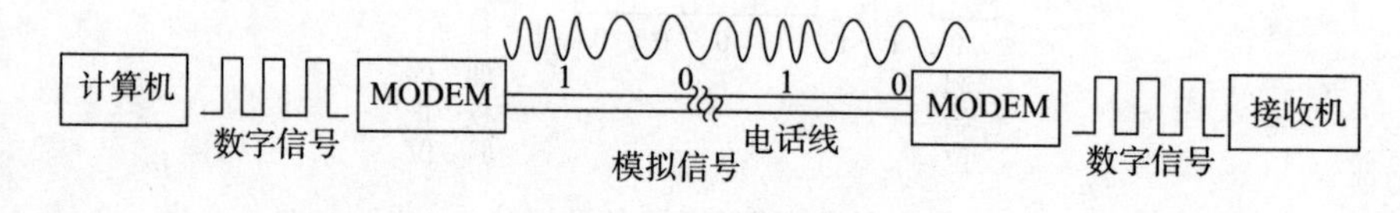

图 7.37　信号调频

4. 串行接口应该具有的功能

（1）设置数据传送格式及有关参数，如波特率、位数等。

（2）把并行码转换成串行码发送出去。

（3）接收串行码，最后转换为并行码保存供 CPU 读取。

（4）监视通信接口状态，判定错误并实现联络同步。

常用的典型接口芯片有 8251（同步/异步）、8250（异步）。

7.4.2　8251 结构及引脚

8251 是 Intel 公司生产的通用同步/异步收发器 USART（Universal Synchronous/Asynchronous Receiver/Transmitter），既能实现异步通信也能实现同步通信，其结构和引脚排列如图 7.38 所示。

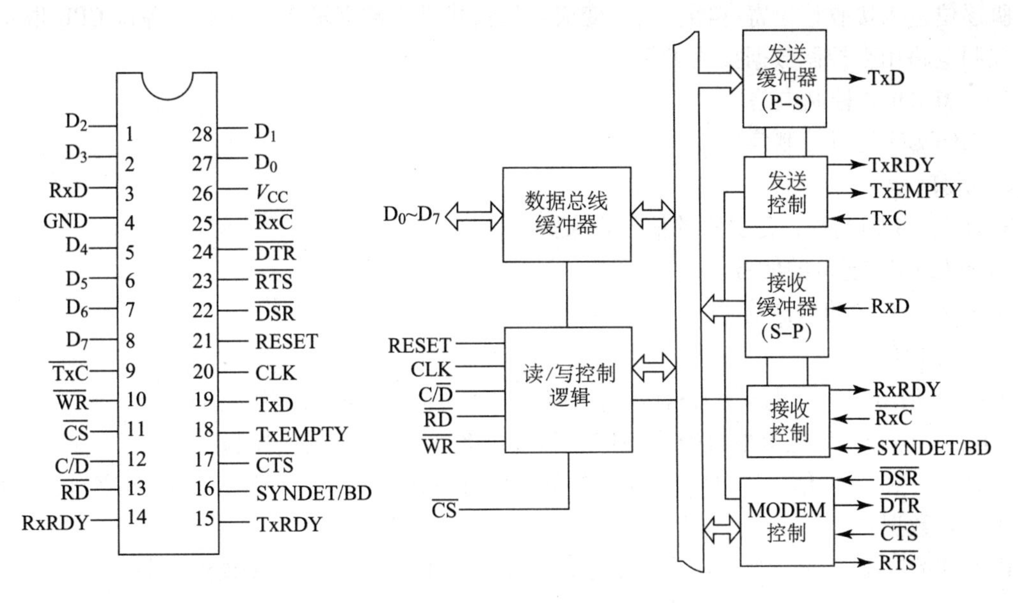

图 7.38 8251 结构及引脚

1. 基本性能

（1）同步波特率为 0 ~ 64 Kb/s，异步波特率为 0 ~ 18.2 Kb/s。

（2）同步方式下，每个字符可为 5、6、7 或 8 位。两种方法实现同步，可进行奇偶校验。

（3）异步方式下，每个字符可定义为 5、6、7 或 8 位，用 1 位作奇偶校验位。时钟频率可用软件定义。

（4）能进行出错校验，带有奇偶、溢出和帧错误等检测电路。

2. 结构

主要有数据总线缓冲器、读/写控制逻辑、发送缓冲器与发送控制电路、接收缓冲器与接收控制电路、MODEM 控制电路。各个模块的功能如下。

（1）数据总线缓冲器。

通过 8 位数据线 $D_7 \sim D_0$ 把接收到的信息送 CPU，接收 CPU 发来的信息给发送端口；把状态信息送 CPU；把方式字送方式寄存器，把控制字送控制寄存器，把同步字送同步字符寄存器。

（2）读/写控制逻辑。

接收与读/写有关的控制信号 $\overline{CS}$、C/$\overline{D}$、$\overline{RD}$、$\overline{WR}$，组合产生出 8251 所执行的操作。

（3）发送缓冲器与发送控制电路。

发送控制电路对串行数据实行发送控制。发送缓冲器包括发送移位寄存器和数据输出寄存器。来自 CPU 中的数据，当发送移位寄存器空时，数据输出寄存器的内容将送给移位寄存器。发送移位寄存器通过 8251 芯片的 TxD 脚将串行数据发送出去。

（4）接收缓冲器与接收控制电路。

接收缓冲器包括接收移位寄存器和数据输入寄存器。串行输入的数据通过 8251 芯片的

RxD 脚逐位进入接收移位寄存器，然后变成并行格式进入数据输入寄存器，等待 CPU 取走。接收控制电路用来控制数据接收工作。

（5）MODEM 控制电路。

为 MODEM 提供控制信号。

3. 引脚

8251 为 28 脚芯片，各引脚的信号定义如下。

（1）与 CPU 连接的信号。

$D_7 \sim D_0$：双向的数据信号。

$\overline{CS}$：片选信号。

$\overline{RD}$：读信号，为低电平且$\overline{CS}$有效时，CPU 从 8251 读取数据或状态信息。

$\overline{WR}$：写信号，为低电平且$\overline{CS}$有效时，CPU 向 8251 写入数据或控制字。

$C/\overline{D}$：控制/数据信号，分时复用。为高电平时写入方式字、控制字或同步字符；为低电平时写入数据。

RESET：复位信号，为高电平时强迫 8251 进入空闲状态，等待接收模式字。

CLK：时钟输入，内部定时用。

TxRDY：发送器准备好，输出，表明 8251 的状态。

TxEMPTY：发送缓冲器空，输出，表明 8251 的状态。

$\overline{TxC}$：接收发送的时钟，一般用同一脉冲源。在异步方式下，此频率为波特率的若干倍（波特率因子）；在同步方式下此频率与波特率相同。

RxRDY：接收器准备好，输出，表明 8251 的状态。

SYNDET/BD：同步检测/断路检测，双向。

$\overline{RxC}$：接收器时钟信号。

（2）与外设之间的接口信号。

TxD：发送数据输出端，CPU 送来的数据经并串转换后通过 TxD 脚输出给外设。

RxD：接收数据输入端，接收外设送来的串行数据，数据进入 8251 后转换为并行数据。

$\overline{RTS}$：请求发送信号，输出，低电平有效。这是 8251 向 MODEM 或外设发送的控制信息，初始化时由 CPU 向 8251 写控制命令字来设置。该信号有效时，表示 CPU 请求通过 8251 向 MODEM 发送数据。

$\overline{CTS}$：发送允许信号，输入，低电平有效，是 MODEM 或外设送给 8251 的信号，是对$\overline{RTS}$的响应信号。只有当$\overline{CTS}$为有效低电平时，8251 才执行发送操作。

$\overline{RTS}$和$\overline{CTS}$是 8251 与通信对方的一对联络信号。

$\overline{DTR}$：本方准备好，输出。

$\overline{DSR}$：本方准备好，输出。

$\overline{DTR}$和$\overline{DSR}$是 8251 与通信对方的另一对联络信号。

7.4.3 8251 的初始化

8251 使用前必须进行初始化，以确定工作方式、传送速率、字符格式以及停止位长度等，改变 8251 的工作方式时必须再次进行初始化编程。8251 初始化主要包括工作方式控制字的写入、命令字的写入和状态字的读出。方式选择控制字用于规定 8251 的工作方式，命令控制字使 8251 处于规定的工作状态，以准备接收或发送数据，状态字用于寄存 8251 的工作状态。

1. 异步方式控制字

如图 7.39 所示，波特率因子用于描述时钟频率与数据波特率之间的关系。如要求 8251 芯片作为异步通信，波特率因子为 64，字符长度为 8 位，奇校验，两个停止位的方式选择控制字为 11011111B。复位后对 $C/\overline{D}=1$ 时写入。

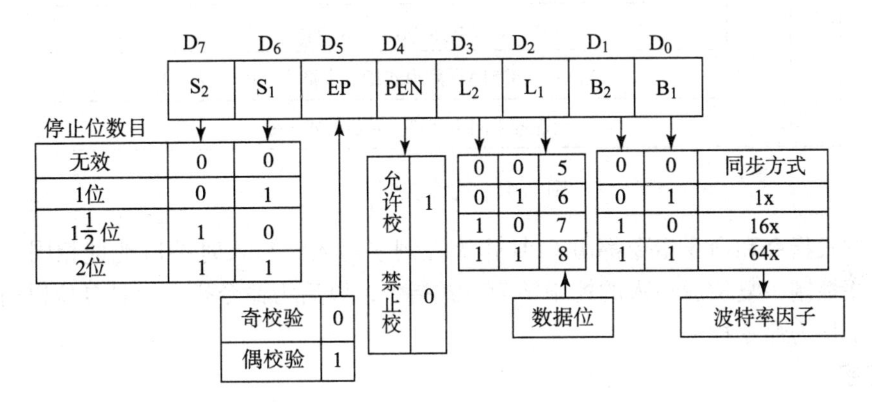

图 7.39 异步方式控制字

2. 同步方式控制字

如图 7.40 所示，如要求 8251 作为外同步通信接口，数据位 8 位，两个同步字符，偶校验，其方式控制字为 01111100B。复位后对 $C/\overline{D}=1$ 时写入。

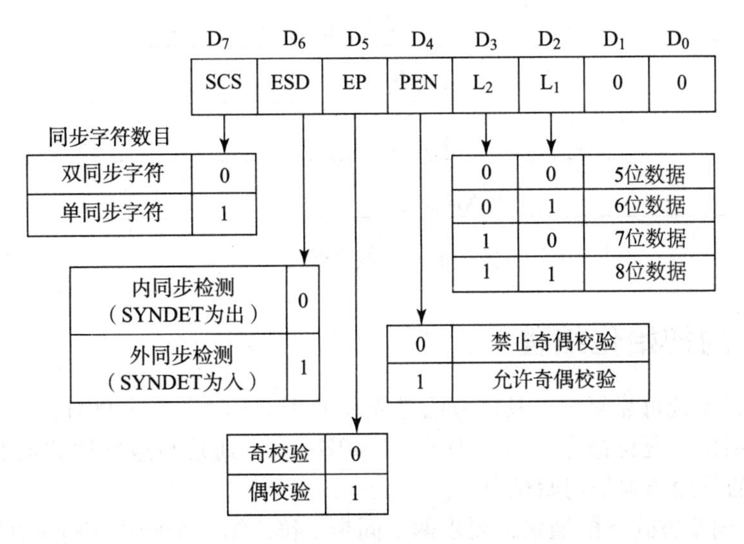

图 7.40 同步方式控制字

3. 命令控制字

如图 7.41 所示，通信过程中 $C/\overline{D}=1$ 时写入。

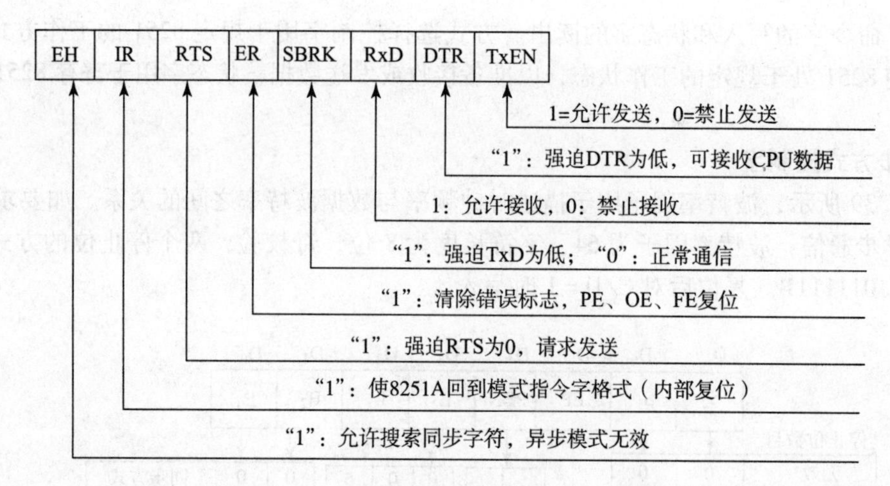

图 7.41　命令控制字

注意：方式指令和命令指令都由 CPU 作为控制字写入，写入时端口地址相同，为避免混淆，用顺序控制，复位后写入的控制字为方式指令，以后为命令指令，且复位以前，所有写入的控制字均为命令指令。

4. 状态字

如图 7.42 所示，$C/\overline{D}=1$ 时读出。

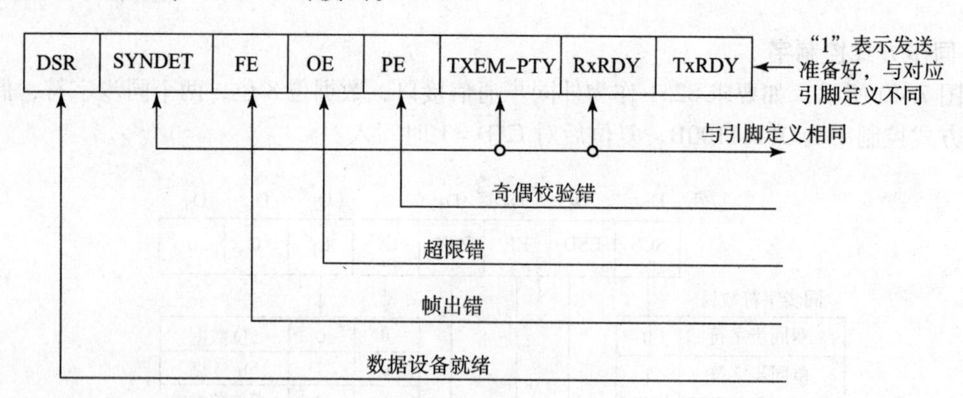

图 7.42　状态字格式

7.4.4　8251 的初始化编程

初始化之前，系统可靠复位，具体方法是先在 $C/\overline{D}=1$ 时送 3 个 00H，再在 $C/\overline{D}=0$ 时送两个 00H。然后发布复位命令，即 $C/\overline{D}=1$ 送 40H，$C/\overline{D}$通常与地址线的最低位连接。复位后对 $C/\overline{D}=1$ 的写操作则是初始化命令。

【例 7.11】　同步方式下的通信，要求两个同步字符，第一个同步字符为 0A5H，第二个同步字符为 0E7H；外同步奇校验，每个字符 8 位，编写相应的程序。

解：方式选择字 = 01011100 = 5CH，控制字 = 10110111 = 0B7H。程序段如下：

```
MOV   AL,40H                    ;内部复位命令
OUT   PORTE,AL                  ;写入奇地址,使 8251 复位
```

```
MOV AL,5CH                    ;方式选择字
OUT  PORTS,AL
MOV  AL,0A5H                  ;第一个同步字符
OUT  PORTS,AL
MOV  AL,0E7H                  ;第二个同步字符
OUT  PORTS,AL
MOV  AL,0B7H                  ;命令字,设置控制源
OUT  PORTS,AL                 ;启动发送器和接收器
```

【例 7.12】 如图 7.43 所示，要求异步方式下，波特率因子为 16，8 位数据，1 位停止位，奇校验。在异步方式下输入 50 个字符，采用查询状态字的方法，在程序中要对状态寄存器的 RxRDY 位进行测试，查询 8251 是否已经从外设接收了一个字符，如果收到，D_1 位 RxRDY 变为有效的“1”，CPU 用输入指令从偶地址取回数据送入数据缓冲区中，当 CPU 读取字符后，RxRDY 自动复位，变为“0”。除检测 RxRDY 位外，还要检测 D_3 位（PE）、D_4 位（OE）、D_5 位（FE）是否出错，如果出错则转错误处理程序，各种状态要求同上例同步方式，编写相应的程序。

解：方式选择字 = 01011110 = 5EH，控制字 = 00110111 = 37H，程序如下：

```
        MOV  AL,40H                 ;复位 8251
        OUT  PORTS,AL
        MOV  AL,5EH                 ;写入异步方式选择字
        OUT  PORTE,AL
        MOV  AL,27H                 ;写入控制字
        OUT  PORTE,AL
        MOV  DI,0                   ;变址寄存器置 0
        MOV  CX,32H                 ;计数初值 50 个字符
INPUT:IN   AL,PORTE                 ;读取状态字
        TEST AL,02H                 ;测试状态字第 2 位 RxRDY
        JZ   INPUT                  ;8251 未收到字符则重新读取状态
        IN   AL,PORTO               ;RxRDY 有效,从偶地址口输入数据
        MOV  DX,BUFFER              ;缓冲区首地址送 DX
        MOV  DI,[DX+DI]             ;将字符送入缓冲区
        INC  DI                     ;缓冲区指针加 1
        IN   AL,PORTE               ;再读状态字
        TEST AL,38H                 ;测试有无 3 种错误
        JNZ  ERROR                  ;有错则转出错处理
        LOOP INPUT                  ;无错,又不够 50 个字符,转 INPUT
        ERROR:…
        EXIT:…
```

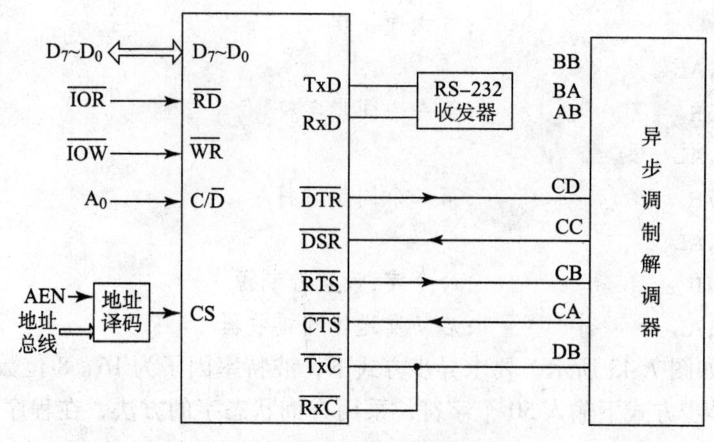

图 7.43 异步外部接口

7.5 实 验

7.5.1 8255 并行接口实验

1. 实验目的

掌握 8255A 的编程原理。

2. 实验设备

MUT Ⅲ型实验箱、8086 CPU 模块。

3. 实验内容

8255A 的 A 口作为输入口，与逻辑电平开关相连。8255A 的 B 口作为输出口，与发光二极管相连。编写程序，使得逻辑电平开关的变化在发光二极管上显示出来。

4. 实验原理介绍

本实验用到两部分电路，即开关量输入输出电路和 8255 可编程并口电路。

5. 实验步骤

（1）实验接线。

CS0↔CS8255；PA_0 ~ PA_7↔平推开关的输出 K_1 ~ K_8；PB_0 ~ PB_7↔发光二极管的输入 LED_1 ~ LED_8。

（2）编程并全速或单步运行。

（3）全速运行时拨动开关，观察发光二极管的变化。当开关某位置于 L 时，对应的发光二极管点亮，置于 H 时熄灭。

6. 实验提示

8255A 是比较常用的一种并行接口芯片，其特点在许多教科书中均有介绍。8255A 有 3 个 8 位的 I/O 端口，通常将 A 端口作为输入用，B 端口作为输出用，C 端口作为辅助控制用，本实验也是如此。实验中，8255A 工作于基本 I/O 方式（方式 0）。

7. 实验结果

程序全速运行后，逻辑电平开关的状态改变应能在 LED 上显示出来。例如，K_2 置于 L

位置，则对应的 LED_2 应该点亮。

8. 程序框图（实验程序名：t8255. asm）

程序框图如图 7.44 所示。

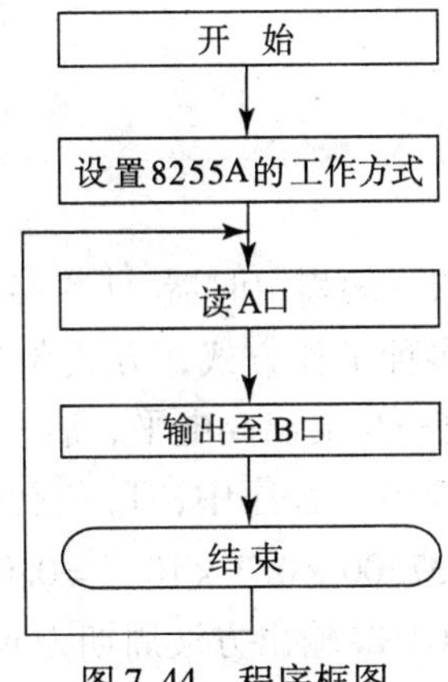

图 7.44　程序框图

9. 实验程序

```
assume   cs:code
code  segment  public
          org      100h
start:    mov      dx,04a6h          ;控制寄存器地址
          mov      ax,90h            ;设置为 A 口输入,B 口输出
          out      dx,ax
start1:   mov      dx,04a0h          ;A 口地址
          in       ax,dx             ;输入
          mov      dx,04a2h          ;B 口地址
          out      dx,ax             ;输出
          jmp      start1
code      ends
end       start
```

7.5.2　8253 定时器/计数器接口实验

1. 实验目的

掌握 8253 定时器的编程原理，用示波器观察不同模式下的输出波形。

2. 实验设备

MUT Ⅲ型实验箱、8086 CPU 模块、示波器。

3. 实验内容

8253 计数器 0、1、2 工作于方波方式，观察其输出波形。

4. 实验原理介绍

本实验用到两部分电路，即脉冲产生电路、8253 定时器/计数器电路。

5. 实验步骤

（1）实验连线。

CS0↔CS8253；OUT_0↔8253CLK_2；OUT_2↔LED_1；示波器↔OUT_1，CLK_3↔8253CLK_0，CLK_3↔8253CLK_1

（2）编程调试程序。

（3）全速运行，观察实验结果。

6. 实验提示

8253是计算机系统中经常使用的可编程定时器/计数器，其内部有3个相互独立的计数器，分别称为T_0、T_1、T_2。8253有多种工作方式，方式3为方波方式。当计数器设好初值后，计数器递减计数，在计数值的前一半输出高电平，后一半输出低电平。实验中，T_0、T_1的时钟由CLK_3提供，其频率为750 kHz。程序中，T_0的初值设为927CH（37500十进制），则OUT_0输出的方波周期为0.05 s（$37500\times4/3\times10^{-6}=0.05$ s）。T_2采用OUT_0的输出为时钟，则在T_2中设置初值为n时，则OUT_2输出方波周期为$n\times0.05$ s。n的最大值为FFFFH，所以OUT_2输出方波最大周期为3 276.75 s（=54.6 min）。可见，采用计数器叠加使用后，输出周期范围可以大幅度提高，这在实际控制中是非常有用的。

7. 实验结果

程序全速运行后，LED_1闪烁（周期为0.25 s），OUT_1示波器观察到的波形为方波，频率为15 kHz。

8. 程序框图

程序框图如图7.45所示。

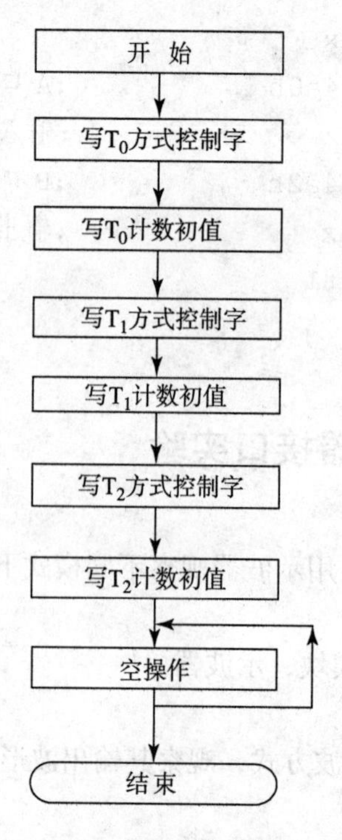

图7.45 程序框图

9. 实验程序

```
assume   cs:code
code   segment public
org  100h
start:  mov   dx,04a6h              ;控制寄存器
        mov   ax,36h                ;计数器 0,方式 3
        out   dx,ax
        mov   dx,04a0h
        mov   ax,7ch
        out   dx,ax
        mov   ax,92h
        out   dx,ax                 ;计数值 927Ch
        mov   dx,04a6h
        mov   ax,76h                ;计数器 1,方式 3
        out   dx,ax
        mov   dx,04a2h
        mov   ax,32h
        out   dx,ax
        mov   ax,0                  ;计数值 32h
        out   dx,ax
        mov   dx,04a6h
        mov   ax,0b6h               ;计数器 2,方式 3
        out   dx,ax
        mov   dx,04a4h
        mov   ax,04h
        out   dx,ax
        mov   ax,0                  ;计数值 04h
        out   dx,ax
next:   nop
        jmp   next
code   ends
    end   start
```

习　题　7

1. 填空题

(1) 8255A 是一个____________接口芯片。

(2) 8255A 的内部包括两组控制电路，其中 A 组控制 __________，B 组控制__________。

(3) 8255A 控制字的最高位为__________时，表示该控制字为方式控制字。

(4) 8255A 端口 C 的按位置位/复位功能是由控制字中最高位为__________来决定的。

(5) 8255A 的端口 A 工作在方式 2 时，使用端口 C 的__________作为与 CPU 和外设的联络信号。

(6) 8251A 工作在异步方式时，每个字符的数据位长度为__________，停止位的长度为__________。

(7) 8251A 从串行输入线上接收好了一个字符后，将信号__________置为有效。

(8) 当 8251A 工作在同步方式时，引脚同步检测 SYNDET 可作为输入或输出信号使用。假如工作在外同步方式，该引脚为__________，假如工作在内同步方式，该引脚为__________。

(9) 如果 8251A 设定为异步通信方式，发送器时钟输入端和接收器时钟输入端都连接频率为 19.2 kHz 的输入信号，波特率为 1200b/s，字符数据长度为 7 位，1 位停止位采用偶校验。则 8251A 的方式控制字为__________。

2. 选择题

(1) 在数据传送过程中，数据由串行变为并行，或由并行变为串行，这种转换是通过接口电路中的（　　）实现的。

A. 数据寄存器　　B. 移位寄存器

C. 锁存器　　D. 缓冲器

(2) 8255A 在方式 0 工作时，端口 A、B 和 C 的输入/输出有（　　）种组合。

A. 4　　B. 8　　C. 16　　D. 6

(3) 8251A 做好发送的准备时，信号 TxRDY 有效。产生此信号有效的条件是（　　）。

A. 发送缓冲器空，信号 TxEN 有效

B. 同步检测信号 SYNDET 有效

C. 数据终端准备好，信号 $\overline{DTR}$ 有效

D. 清除发送信号 $\overline{CTS}$ 有效

(4) 如果 8251A 设定为异步通信方式，发送器时钟输入端和接收器时钟输入端都连接到频率为 19.2 kHz 的输入信号，波特率因子为 16，则波特率为（　　）b/s。

A. 1 200　　B. 2 400　　C. 9 600　　D. 19 200

3. 简答题

(1) 简述并行 I/O 接口的基本工作原理。

(2) 8255A 有哪几种工作方式？各用于什么场合？端口 A、B 和 C 各可以工作于哪几种工作方式？

(3) 8253 有哪些工作方式？各有何特点？

(4) 什么叫波特率？常用的波特率有哪些？

（5）8253 工作方式 1 和工作方式 5 各有什么特点？

（6）说明 8255A 在工作方式 1 下输入时的工作过程。

4. 计算题

（1）如果 8251 的工作方式寄存器内容为 01111011，那么发送的字符格式如何？为了使接收的波特率和发送的波特率分别为 300 b/s 和 1 200 b/s，试问加到 $\overline{RxC}$ 和 $\overline{TxC}$ 上的时钟信号的频率应为多少？

（2）设异步传输时，每个字符对应 1 个起始位、7 个信息位、1 个奇/偶校验位和一个停止位，如果波特率为 9 600 b/s，则每秒钟能传输的最大字符数是多少？

第 8 章

A/D 和 D/A 转换器

8.1　A/D 转换器

8.1.1　概述

在一个以计算机为核心的过程控制系统中，其模拟信号的输入和控制系统如图 8.1 所示。其中，A/D 和 D/A 转换器分别是模拟量输入和模拟量输出的核心部件，并由此构成一个闭环的实时控制系统。

计算机通过 A/D 和 D/A 转换器实现了对物理量的连续处理。若取消 A/D 转换的通路，该系统只是将数字信号转换成模拟信号的一个程序控制系统。如果取消 D/A，那么系统仅将被控对象的模拟信号转换成数字信号传输到计算机，此时的系统仅作为数字采集。在微机应用系统中，数据采集占有一定的比例。这里以数据采集为例，介绍其应该包括的一些基本内容。

1. 传感器

实际应用中，外界输入的各种物理信号，都要经过传感器转换成模拟电流或电压信号才能被进一步处理。目前，传感器的种类很多，在应用时应根据现场要求选择合适的传感器，传感器有温度、压力、位移、流量、液面、生理、光学、色谱、霍尔等不同类型，而使用的材料、制作工艺也不尽相同，相关的内容可参阅有关专业资料。

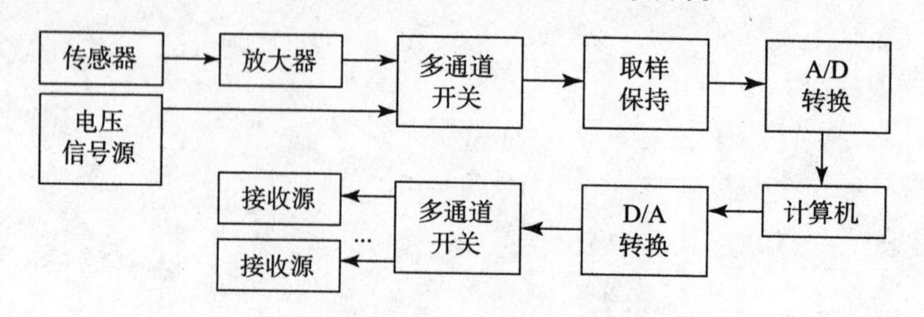

图 8.1　计算机控制的模拟输入和控制系统示意图

2. 放大器

传感器送出的信号往往很微弱，并混有干扰信号，因此必须去除干扰，并将微弱信号放大。这要求所选用的放大器应具有高精度、高开环增益或高共模抑制比。有时，应用现场的信号源与计算机系统的电平不匹配或者不能共地，则还需要进行电的隔离。这些因素在选用放大器时要考虑。

3. 多路模拟开关 MUX

出于某种应用的需求，多个被控对象的信号源要共用一个取样保持器、一个 A/D 转换器，这时就需要使用多路模拟开关 MUX 来切换模拟信号。通过计算机控制，分时地使输入的模拟信号轮流与 A/D 转换器接通。这种分时控制方法，适宜处理速度要求不高的系统。另外，MUX 的使用可有效地减少相应部件的数量，从而达到降低成本的目的。

4. 取样保持器（S/H）

由于 A/D 转换需要一定的时间，因此对高速的模拟信号取样时，会发生 A/D 转换还没有结束取样信号就已变化的现象。为确保 A/D 转换的有效性，必须把取样信号保存下来，这个保存装置被称为取样保持器，简称 S/H。S/H 中的取样信号被保存至 A/D 转换结束，然后由下次取样信号来更新。

5. A/D 转换器和 D/A 转换器

对取样后的信号进行量化，将模拟信号转换成数字信号称为 A/D 转换；反之，将数字信号变成模拟量输出，即为 D/A 转换。

6. 微处理机

控制系统中微处理机作为信息采集、加工处理的核心，它可以是单片机也可以是微机或微处理器。

8.1.2　模拟信号的取样、量化和编码

将模拟信号转换成数字信号，必须经过取样、量化和编码的过程。下面就这个过程涉及的概念加以说明。

1. 取样和保持

在图 8.1 所示的计算机控制过程中，每隔一定的时间进行一次控制循环。每次的循环过程，需要输入模拟量信息，即对模拟信号取样。取样的信号送往 A/D 转换器转换成数字信号输入到计算机中，经数据处理得到控制信息，最后经 D/A 变换输送给被控对象。计算机不断重复上述的循环，计算机每隔一定的时间间隔 T 逐点取样模拟信号的瞬时值，这个过程就是取样，时间间隔 T 称为取样周期。

如图 8.2 所示，被取样的信号是一个连续的时间函数，设为 $f(t)$；周期性地取 $f(t)$ 的瞬时值得到离散信号 $f(nT)$。这个把时间上连续变化的信号变成一系列时间上不连续的脉冲信号的过程，称为取样过程或离散化过程。

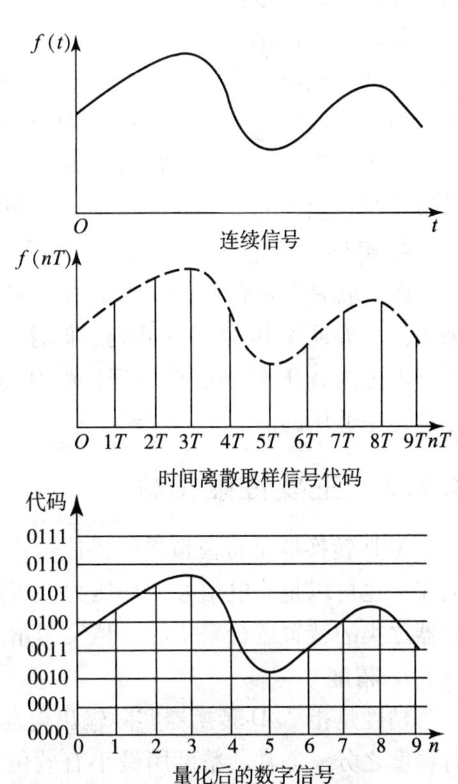

图 8.2　模拟连续信号的取样和量化

取样过程中，将取样时刻 nT 的信号送到 A/D 转

换器，由于 A/D 转换需要一定的时间，那么，取样后的信号就必须保存一段时间，以维持到 A/D 转换结束。这个保存取样信息的装置，称为取样保持器。当连续信号变化较缓慢，在满足精度要求的条件下也可以不使用取样保持器。

2. 取样定理

取样周期 T 是指第 n 次取样时间 $t(n)$ 和第 $n+1$ 次取样时间 $t(n+1)$ 的时间间隔，即 $T=t(n+1)-t(n)$。取样频率是 $f=1/T$。

根据香农（Shannon）定理，设随时间变化的模拟信号的最高频率为 f_{max}，只要使取样频率 $f \geqslant 2f_{max}$，得到的取样信号就不会发生重叠现象。另外，对于混在信号中的其他高频信号，可以用一个理想的低通滤波器将其滤掉。但实际上理想滤波器是不存在的，因此信号的完全复原是不可能的。在工程上只要满足一定要求就可以了。由此可见，取样过程会造成信号的失真。

3. 量化

取样后的信号仍是数字上连续的、时间上离散的模拟量，若用数字上和时间上都是离散的量化数字量来表示，就是用基本的量化电平 q 的个数来表示取样的模拟信号。例如，在图 8.2 中，若取样得到的信号电压幅度范围为 0 ~ 7 V（对应的二进制代码为 000 ~ 111），可分为 8 层，每层为 1 V。每个分层的电压称为量化单位；每个分层的起始电压就是取样的数字量。若 t_0 时刻取样的实际电压为 3.7 V，它处于 3 ~ 4 V 层之间，因此它对应的数字量为 3；依此类推，这个过程称为量化。

很显然，量化单位越小，电压的分层就越多，取样信号与量化信号之间的误差也就越小，精度也相应提高。此外，取样频率越高，量化过程的 T 就越小，同样也能提高量化精度。但是，取样频率越高，对 A/D 转换的品质要求也越高，这会增加相应的成本。

为了便于计算机的接收和处理，分层必须是 2^n，如上例的分层为 2^3。通常，用 n 来表示最小量化信号的能力，也就是 A/D 转换器的分辨率。

4. 编码

编码就是对量化后的模拟信号（它一定是量化单位的整数倍）用二进制的数字量编码来表示，如使用 BCD 码、补码、偏移二进制码（移码）等。

上述为 A/D 转换的全过程，而 D/A 转换则是 A/D 转换的逆过程。其中，量化和编码的原理也是适用的。

8.1.3 主要性能指标

A/D 转换器是将模拟量转换成数字量的电路器件，模拟量信号可以是电信号，如电压、电流；也可以是非电信号，如压力、流量、温度、声音等。通常，这些模拟量信号是通过传感器之类的装置进行采集的。从实用角度看，A/D 转换器的主要性能指标有以下几个。

1. 精度

精度是指 A/D 转换器实际输出电压与理论输出电压之间的误差。精度有绝对精度和相对精度之分。通常，精度用最小有效位（LSB）的分数值来表示。绝对精度是指理想条件，一般用 A/D 转换的数字位数表示，如 $\pm\frac{1}{2}$LSB。若满量程为 10 V，那么 10 位 A/D 转换的绝对精度为$\frac{1}{2}$LSB = $\frac{1}{2}$（10×10^3）$/2^{10}$ = 4.88 mV。相对精度通常用百分数表示，如 10 位的 A/D 转换器，其相对精度是 $1/2^{10} \approx 0.1\%$。

目前，A/D 转换器的精度范围为（1/4 ~ 2）LSB。

2. 分辨率

分辨率是指 A/D 转换器可以转换成数字量的最小模拟电压值，即 A/D 转换最低有效位所具有的数值，如 8 位的 A/D 转换器分辨率为 $1/2^8 = 1/256$。若满量程值为 5 V，对 8 位 A/D 转换器来说，分辨率为 5 V/2^8 = 20 mV，如模拟输入低于此值，转换器是不能识别的。因此，分辨率也被称为对微小输入信号变化的敏感性。实际应用中，人们常用位数来表示分辨率，如 8 位、10 位或 12 位 A/D 转换器，其分辨率也为 8 位、10 位或 12 位。

值得注意的是，分辨率是指 A/D 转换器的最低有效位对最小输入量的影响，精度则是由误差所造成的，两者不是一个概念。如 10 位 A/D 转换器满量程为 10 V，其分辨率为 9.77 mV，但实际上，精度受到温度等因素影响，是达不到这个指标的。

一般 8 位以下的 A/D 转换器为低分辨率，9 ~ 12 位的为中分辨率，13 位以上的为高分辨率。

3. 转换时间

转换时间是指完成一次 A/D 转换所需的时间，即从启动转换命令时刻到转换结束信号（或输出数据就绪信号）时刻的时间间隔。转换时间的倒数称为转换速率。例如，15 位的逐次逼近式 A/D，初始建立时间为 20 μs，每位的转换时间为 2 μs，于是芯片总的转换时间是 50 μs，转换速率为 20 kHz。转换时间也被用来作为 A/D 的执行速度。

目前，A/D 的速度档次划分：毫秒（ms）级转换时间为低速；微秒（μs）级的为中速；纳秒（ns）级的为高速；转换时间小于 1 ns 的为超高速。

4. 电源变化灵敏度

电源变化灵敏度是指 A/D 芯片的电源电压发生变化时，相对模拟输入量产生的转换误差。一般要求电源电压的 3% 的变化所造成的转换误差不应超过 ±$\frac{1}{2}$LSB。

5. 温度系数

温度系数用来表示 A/D 转换受环境的影响，用每摄氏温度变化所产生的相对误差来表示，单位为 ppm/℃（1 ppm 表示百万分之一）。

8.1.4 A/D 转换原理

A/D 转换器在将模拟信号转换成 n 位的数字信号时，实际就是把连续变化的电压量化成 2^n 个不同的数字值，并对每个取样值输出一个 n 位数字值。量化过程是个近似过程，只能从这 2^n 个数字中选取一个作为取样的近似值。因此，几乎所有的 A/D 转换器都有个模拟比较器，以便使转换的数字量更接近实际取样的值。

完成 A/D 转换的方法很多，下面介绍 3 种常用的 A/D 转换方法，即计数器式、逐次逼近式和双积分式。

1. 计数器（或伺服）式

计数器式是 A/D 转换最简单、最廉价的方法。它由一个计数器来控制 A/D 转换，计数器从零开始计数时，A/D 转换器就输出一个逐步上升的梯形电压。这时，输入的模拟电压和 A/D 转换生成的电压都被送到比较器进行比较，当两者一致或基本一致（在允许的量化误差范围内）时，比较器输出一个指示信号，立即停止计数器计数。此时 D/A 转换器的输出值是取样信号的模拟近似值，其相应的数字值由计数器给出。

计数式 A/D 转换器的转换时间长，而且转换时间的长短不一致。

2. 逐次逼近式

逐次逼近式 A/D 转换器由一个比较器、D/A 转换器（比较标准）和一些控制逻辑构成，如图 8.3 所示。其主要思想是：将一个待转换的模拟输入信号与一个“推测”信号进行比较，调节“推测”信号的增减，逐步使“推测”信号向输入信号逼近。当“推测”信号“等于”输入信号时，即得到一个 A/D 转换的输入数字信号。

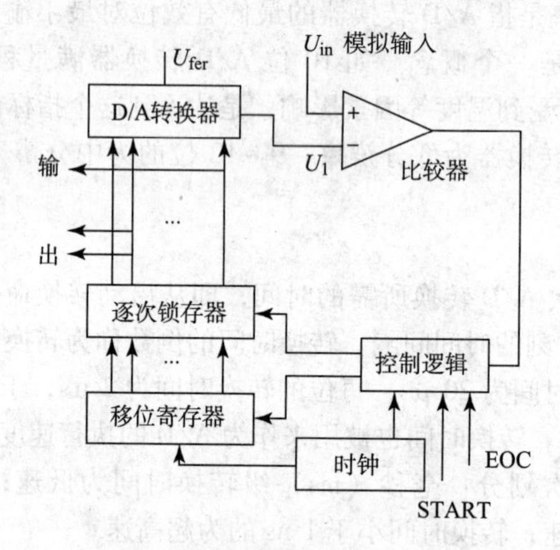

图 8.3　逐次逼近式 A/D 转换

具体做法是从最高位开始逐位试探。转换开始将比较标准（D/A）寄存器各位清 0。转换时，先由最高位置“1”，经 D/A 转换器输出 U_1 值与输入模拟值 U_{in} 比较，如果 $U_{in} > U_1$，该位记 1；若 $U_{in} < U_1$，该位记 0。然后，再将寄存器的下一位置“1”，它和上次所得的结果一起送到 D/A 转换器，转换后得到 U_1 值继续与 U_{in} 比较，由 $U_{in} > U_1$ 还是 $U_{in} < U_1$ 来判断该位的值是 1 还是 0，如此重复，直至最低位完成同一过程。最后，寄存器中从最高位到最低位都试探过一遍的最终值就是 A/D 转换的结果。

计数器式和逐次逼近式都属于反馈式比较型 A/D 转换器。对于 n 位的 A/D 转换器，逐次逼近式只要进行 n 次比较就可完成转换，而计数式的比较次数最多需要 2^n 次。因此，逐次逼近式方式的性能价格比较高，是常用的一种 A/D 转换方法。

3. 双积分（或双斜）式

双积分式 A/D 转换器的特点是转换精度高、抗工频干扰能力强，但转换速度较慢。它由比较器、积分器和控制逻辑等电路构成，如图 8.4（a）所示。双积分式 A/D 转换是对输入的模拟电压 U_x 和参考电压进行两次积分转换成与输入电压 U_x 成比例的时间值来间接测量。因此，也称为 $T-U$（时间—电压）型 A/D 转换器。

首先将模拟输入电压 U_x 取样输入到积分器，积分器从零开始进行固定时间 T 的正向积

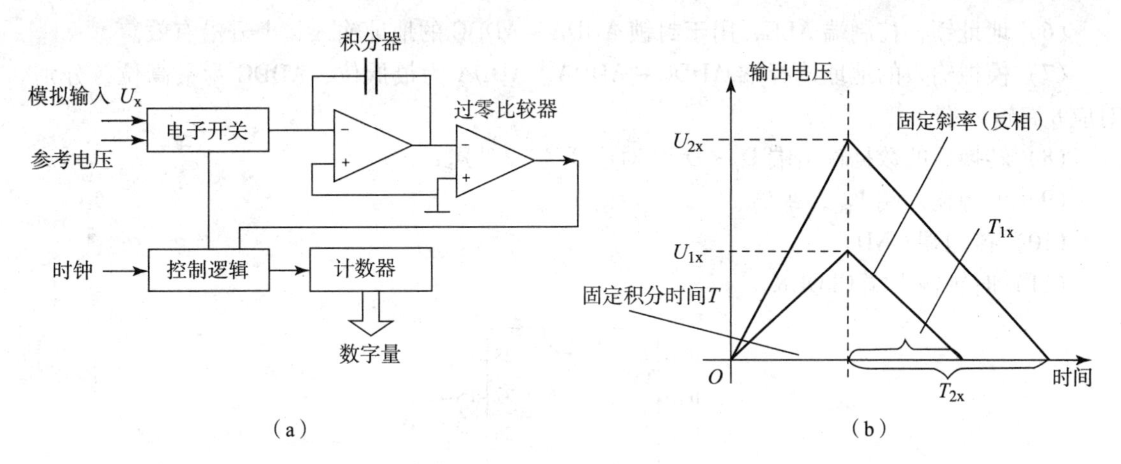

（a）　　　　　　　　　　（b）

图8.4　双积分式A/D转换

（a）原理图；（b）波形图

分。时间到 T 后，电子开关自动切换将与 U_x 极性相反的参考电压输入到积分器进行反相积分，直到输出0 V为止。从图8.4（b）可以看出，反相积分时的斜率是固定的，U_x 越大，积分器的输出电压也越大，反相积分回到起始值的时间也越长。这样，只要用高频时钟来计数反相积分花费的时间加上 U_x 的固定积分时间 T，再求平均值，就可以得到相应的模拟输入电压 U_x 的数字量。

这3种常用的A/D转换方式，其各自的特点如表8.1所列。

表8.1　3种A/D转换方式比较

转换方式	转换精度	转换速度	价格	特点
计数器式	一般	较慢	低	电路简单，但转换时间不一致
逐次逼近式	较高	快	低	采用闭环控制，可靠性高
双积分式	高	慢	较高	每秒的转换频率小于10 MHz

8.1.5　A/D转换器的应用

目前常用的A/D转换器芯片有很多种，为更好地理解A/D转换器的应用，这里举一个ADC0809转换器例子。

1. ADC0809转换器简介

ADC0809采用逐次比较型A/D转换方式，是一个8位八通道的A/D转换器。它的引脚定义如图8.5所示。共28个引脚，功能简述如下。

（1）8路模拟量 $IN_7 \sim IN_0$ 输入端。

（2）转换启动控制端START，下降沿有效。

（3）转换结束状态信号EOC，高电平表示一次转换已经结束。

（4）输出允许控制OE，高电平有效。

（5）参考电压输入端 $V_{REF(+)}$ 和 $V_{REF(-)}$。

（6）地址锁存控制端 ALE，用于封锁 ADDA ~ ADDC 的地址输入，上升沿有效。

（7）模拟输入的地址选择端 ADDC ~ ADDA。ADDA 为最低位，ADDC 为最高位，分别对应 8 路输入端。

（8）转换后的数据输出端 $D_7 \sim D_0$（对应 $2^{-8} \sim 2^{-1}$）。

（9）电源输入端 V_{CC}，+5V。

（10）接地端 GND。

（11）时钟输入端 CLOCK。

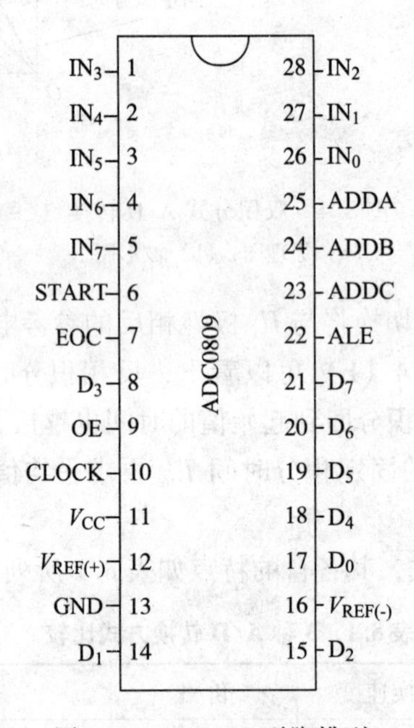

图 8.5　ADC0809 引脚排列

ADC0809 的工作时钟为 10 kHz ~ 1.2 MHz，一次转换时间为 100 μs。在进行转换时，要求模拟量输入地址先送到 ADDA ~ ADDC 输入端，然后在 ALE 端加入一个正跳变脉冲，将输入地址锁存到 ADC0809 内部的通道地址寄存器中。这样所对应的通道就与模拟量输入端接通，在 START 端加载一个负跳变信号，启动 A/D 开始工作。此时，标志信号 EOC 由 1 到 0（闲到忙）状态，一旦一次转换结束，EOC 就由 0 到 1 状态，这时只要在 OE 端给一个高电平，就可以在 $D_7 \sim D_0$ 端读出转换的数字量信息。

2. ADC0809 与 8031 单片机的连接

连接方法可以有两种形式：一种是直接连接法，就是直接把 ADC0809 当作 8031 外部 RAM 来处理；另一种是接口连接法，将 ADC0809 通过并行接口芯片（如 8055 等）与 8031 相连接。

采用直接相连时，应该分配给 ADC0809 一个外部 RAM 单元地址。但是 ADC0809 没有片选输入信号$\overline{CS}$，因此不能单独用地址译码器的输出来选中 ADC0809 芯片。不过，可以用地址译码信号来选通控制，产生 START 信号和 OE 信号，前者用来启动 A/D 转换，后者用来把转换结果读入 8031。一般的控制电路如图 8.6 所示，其中$\overline{WR}$和$\overline{RD}$为 8031 送出的控制信号，它们都是负脉冲，在地址信号有效的前提下（低电平有效）就能产生一个正脉冲给

ADC0809。一般情况下，可用一根信号线来产生ALE和START信号，在ALE=1时，作为锁存模拟通道的选择地址。模拟通道地址取决于ADDA～ADDC与8031的连接。若它们被连接到8031的P_0口，在$\overline{WR}$有效时，P_0口上出现有效数据。此时，ADDA～ADDC上的信号应该是P_0口有效数据的一部分。若ADDA～ADDC连接到P_2口，在MOV指令执行时，P_2口上总是出现高8位RAM地址。在这种情况下，ADDA～ADDC应是P_2口高8位地址的一部分，在使用时或者参考现有的连接图时，还要注意这两种区别。

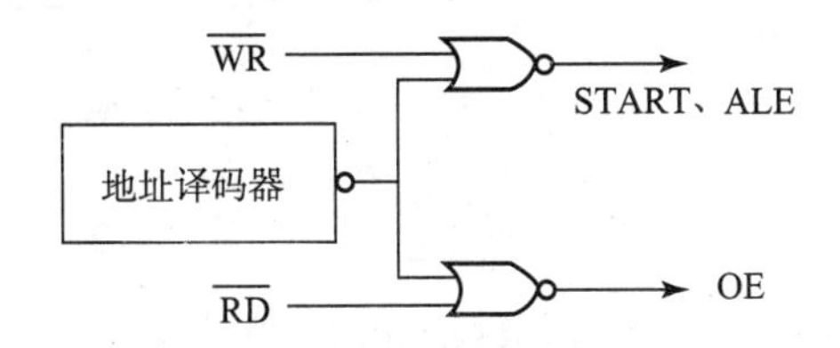

图8.6　ADC0809所需控制信号的产生

图8.7是ADC0809与8031的连接。数据采集采用中断方式，其工作过程如下。

主程序完成对8031中断系统初始化和数据采集的必要准备后，用一条“MOVX　@R0，A”指令启动A/D转换，其中R0为ADC0809的地址，寄存器A则保留所选模拟通道的地址，然后等待A/D转换结束。当ADC0809发出有效的EOC信号后，经反相器送到8031的外中断入口$\overline{INT_1}$申请中断。在中断服务程序中，把转换结果读入8031，执行的是“MOVX　A，@R0”指令。用$\overline{RD}$信号经或非门产生有效的OE信号，打开ADC0809的输出三态门，把转换结果从P_0口读入8031。

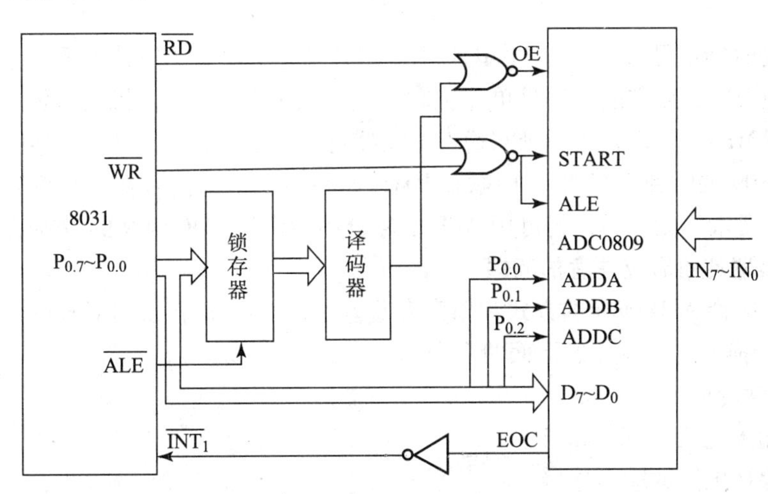

图8.7　8031和ADC0809连接

设数据区的首地址为30H，ADC0809的地址为0F0H，地址线ADDA～ADDC接到$P_{0.0}$～$P_{0.2}$，模拟地址为00H～07H。8路模拟输入经A/D转换后，分别存入存储器的程序如下：

```
    ORG   0013H                     ;外中断入口地址
    AJMP BINT1                      ;转至中断服务程序
```

主程序：

```
    MOV   R0,#30H                   ;数据区首地址
```

```
    MOV  P4,#8                    ;8 路模拟信号
    MOV  R2,#0                    ;模拟通道 IN0
    SETB  EA                      ;中断开放
    SETB  EX1                     ;允许外中断
    SETB  IT1                     ;外中断边沿触发
    MOV  R1,#0F0H                 ;送 ADC0809 地址
    MOV  A,R2
    MOVX  @R0,A                   ;启动 A/D 转换
    SJMP  $                       ;等待中断
```

中断服务子程序：

```
BINT1:MOV  R0,#0F0H           ;ADC0809 地址
     MOVX  A,@R0              ;输入转换结果
     MOV  @R0,A               ;存入内存
     INC  R0                  ;数据区指针加 1
     INC  R2                  ;修改模拟通信地址
     MOV  A,R2                ;下一个模拟通道
     MOV  @R0,A               ;启动转换
     DJNZ R4,LOOP             ;8 路未采集完,循环
     CLR  EX1                 ;关中断
     LOOP RETI                ;中断返回
```

ADC0809 的时钟信号可以由 8031 单片机的 ALE 信号替代。一般情况下，ALE 信号在每个机器周期出现两次，故它的频率是单片机时钟频率的 1/6。若单片机的时钟为 6 MHz，则 ALE 的频率为 1 MHz。这样，用一个双稳态触发器对 ALE 信号作二分频，便可得到 500 kHz 的信号作 ADC0809 的时钟。当然，在执行 MOVX 指令时，ALE 信号在一个机器周期中至少出现一次。但在要求不太高时，仍可用 ALE 信号分频后作为 ADC0809 的时钟信号。

3. A/D 转换器使用时应注意的问题

一般地说，尽管 A/D 转换的方式和精度有些差别，但 A/D 转换器对外的引脚都是类似的。使用 A/D 转换器时，应注意下面两个问题。

1）A/D 正常转换

（1）模拟输入电压的范围和极性。

（2）取样保持电路的输出连接。

（3）参考电压 V_{REF} 的设定。

（4）若 A/D 转换要求时钟输入，时钟频率如何选取。

（5）启动转换有脉冲和电平两种控制方式。脉冲启动方式时，只要在启动端加一个符合要求的脉冲信号，即开始转换。电平启动方式时，在启动端加一个电平，并在整个转换过程中保持这一电平；否则将终止转换。这需要用触发器或可编程并行 I/O 端口来锁存这个电平。

（6）取样频率的选取与取样保持电路时序的配合。

2）A/D 转换器与 CPU 的连接

（1）A/D 转换器有无数据缓冲器、有无三态输出能力。

（2）8 位以上 A/D 转换器与数据总线的连接。

（3）如何分时读取 8 位以上的数据以及判断转换结束数据有效。

（4）读取转换数据的方式，如采用查询方式还是中断方式。

8.2　实现 A/D 转换技术的几种方法

8.2.1　采用现有 A/D 转换器开发

随着集成电路的发展，市场上现有的 A/D 器件品种繁多，其性能可满足不同的应用要求，这为模拟接口设计带来了便利。选择性能价格比高的 A/D 器件直接作为模拟接口，将大大减少系统开发成本和开发周期。对于 A/D 器件来说，选择的依据主要应取决于应用场合、速度、成本、可靠性和开发周期等因素。

1. A/D 转换器的选择

1）根据整个控制系统的控制范围和精度选择分辨率

A/D 转换器的分辨率指标代表了器件能最小量化的能力，而分辨率是精度指标的静态反映。虽然分辨率与精度是两个概念，但选取适当的分辨率同样也能达到所要求的精度。通常的做法是，选取的分辨率比总精度要求的最低分辨率高一位。对于整个控制系统的总精度，往往与多个不同部件或设备的精度相关联，因此，应首先将总精度分解到目标被控对象，然后以此对象的测量范围和精度作为选择依据。

另外，所选的分辨率还应考虑处理机的字长。原因是 A/D 器件与处理机连接时，由数据处理位数的差异可能造成不必要的控制问题。例如，处理机字长 8 位，选用 A/D 的分辨率为 10 位，那么就必须为 A/D 增加数据缓冲器，以便处理机能分两次读取并处理数据。若处理机字长是 16 位，就不会出现这个问题。还要考虑 A/D 器件是否带有与处理机兼容的接口、输出数据是否符合 TTL 标准等，这些对系统连接也会造成一定的影响。

2）根据对被控对象的取样要求选择转换速度

A/D 转换器的转换速度是指完成一次 A/D 转换的时间，即从启动 A/D 到转换结束的这段时间。转换时间也代表 A/D 器件的速度，时间越长其速度也越低。例如，完成一次 A/D 转换用时为 25 μs，其转换速率为 4×10^4/s。也就是说，一个周期的波形需要取样 40 次。同时，要求处理机必须在 25 μs 时间内，完成 A/D 转换以外的数据处理工作，以便连续地处理 A/D 转换的数据。显然，如果选取过高的转换速度，除了增加 A/D 成本外，也要增大对处理机的压力。因此，A/D 转换速度的选取与整个系统性能和成本密切相关。

A/D 转换速度与被控物理量有关。一般地讲，对于变化较缓慢的模拟量，即以毫秒为单位变化的模拟量，如温度、压力、流量等，可采用低速 A/D 器件。对那些以微秒为单位变化的模拟量，如生产过程控制、语音处理等，可采用中速 A/D 器件。对于数字通信、实时光谱分析、视频数字转换等变化快的模拟量，应采用高速或超高速 A/D 器件。

3）根据 A/D 转换速度和模拟信号的速度选择取样保持器

如果 A/D 转换速度比模拟信号变化慢，则造成 A/D 还没有完成一次转换下一个模拟信号又来了。为保证 A/D 转换的有效性，就必须在 A/D 转换器之前加上一个取样保持器，使得它在 A/D 转换期间输入的模拟信号保持不变。一般说来，对那些变化缓慢的模拟信号，在满足精度的情况下可不使用取样保持器。

2. A/D 转换器的引脚处理

A/D 转换器有几个特殊引脚与使用有直接联系，如参考电压、模拟输入量程和输入极性偏置等。在实际使用中应注意以下 3 个方面的问题。

1）A/D 器件的不同电压

（1）工作电压是确保 A/D 器件正常工作的电压源。

（2）基准电压是为确保转换精度的基本条件而设立的与工作电压源分开的高精度电源。

（3）参考电压与基准电压相似，主要是为转换量程提供对称参考电压，以提高对模拟量的测量精度。例如，某些 A/D 器件提供 $V_{REF(+)}$ 和 $V_{REF(-)}$ 两个参考电压，通常将 $V_{REF(+)}$ 接 A/D 器件的工作电压，$V_{REF(-)}$ 接地。

2）模拟输入量程

A/D 器件提供的不同模拟输入量程，对应不同幅度模拟信号的输入。如 AD574 等提供的 $10U_{in}$ 和 $20U_{in}$ 两个模拟输入端。

3）输入极性偏置

有的 A/D 器件的输入端还提供输入极性偏置，使得输入端的量程由此得到改变。该偏置端若接地，则为单极性；若接参考电压，则为双极性。例如，AD574 的 $10U_{in}$ 和 $20U_{in}$ 两个模拟输入，若处于单极性偏置时，其输入量程为 0 ~ 10 V、0 ~ 20 V；双极性偏置的量程为 −5 ~ +5 V、−10 ~ +10 V。

3. A/D 转换器的应用

在 A/D 转换器的应用中，应注意以下 3 个方面的工作。

1）A/D 器件的电源

A/D 器件对电压是特别敏感的，若发生瞬间断电、电压波动等不稳定情况，都直接影响其正常工作。

2）A/D 器件的电气特性

（1）A/D 转换工作速度与被控对象的变化不协调，如外接的工作频率的选取。

（2）与相连部件的电气特性不匹配，如 A/D 器件的负载。

（3）电源布线尽可能单独构成回路。对需要预防外来干扰的信号线，可采用屏蔽隔离线。

（4）电路布线中，应尽可能减少长线、平行线，防止线间的相互干扰。

（5）现场环境对 A/D 器件的影响，如电磁场、温度等。

3）选择保护措施

（1）在 A/D 器件的工作电压输入端，添加退耦电容要适当，一般为 0.01 ~ 0.047 μF。

（2）增设限流电阻，串接在 A/D 器件的 V_{DD} 电源正端（如 MC14433、ICL7135 等），电阻取值为 100 ~ 200 Ω，以防止输入信号电平高于工作电源电压时出现的过流发热造成的门锁现象。

8.2.2　选用模拟接口插件卡

目前，在微机系统上设计有模拟接口插件卡，即电路板。这是直接利用总线技术，将模拟接口作为通用插件卡，自如地被选用。模拟接口的标准化，使得模拟信号的取样和处理更加方便和实用。这是模拟技术应用的重大突破，是应用的主流。

这里介绍在微机系统中供选用的模拟接口插件卡，如图 8.8 所示，这是用于语音信号采集及其数字化的电路板。在图中没有画出由话筒输出的语音信号，经前置放大器和 300 Hz ~ 3.4 kHz 的低通滤波器后送至取样保持器的部分。图示仅包括 AD574A 和一些控制电路。AD574A 是一个 12 位 A/D 转换器，内部包含有与微机接口兼容的逻辑电路、参考电压源和时钟电路，转换精度较高、转换速度为 25 μs。

语音信号的频率范围为 300 Hz ~ 3.4 kHz。根据取样定理，选取取样频率为 8 kHz，那么取样时间间隔为 125 μs。转换时间 25 μs 加上取样保持的时间，仍远小于取样间隔时间，即选用 AD574A 的工作速率满足取样频率的要求。

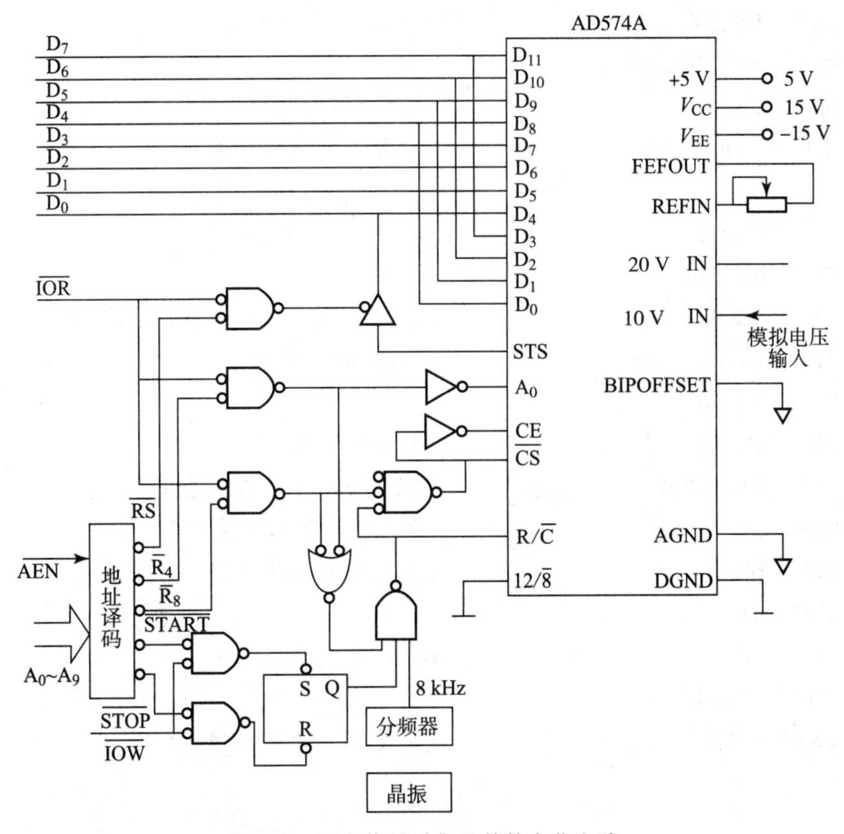

图 8.8　语音信号采集及其数字化电路

下面介绍该电路板的基本工作情况。

1. AD574A 以 125 μs 的时间间隔连续地取样转换

当启动 AD574A 转换后，RS 触发器置为“1”；若没有读取 8 位或 4 位数据的操作，则 8 kHz 的方波信号经“与非”门送至 $R/\overline{C}$端，此时 A_0 端的输入为低电平，于是 $R/\overline{C}$为低电平时启动一次 12 位的转换。由于没有读取 8 位或 4 位数据的操作，当 $R/\overline{C}$为高电平时，CE、$\overline{CS}$端均为无效，故转换结果并未读至数据总线，对其他总线操作无影响。

处理器在读取 12 位的转换结果数据时，与非门暂时关闭，8 kHz 的方波信号不能送至 $R/\overline{C}$端，此时 $R/\overline{C}$为高电平，$12/\overline{8}$端已固定接数字地。读操作期间 CE、$\overline{CS}$端均有效，分两次读取 8 位数据总线上的数据（12 位）。先置 A_0 端为“0”，读取高 8 位数据，然后再置 A_0 端为“1”，读取低 4 位数据。

2. I/O 控制采用查询方式

STS 状态输出端经一个三态门接至数据总线的 D_0 位，处理器执行读状态操作时，三态门打开。当然，除了用查询方式，也可采用中断控制方式。中断控制方式这里就不再介绍了。

下面是读取 512 次转换结果存入 1 KB 的 BUF 内存缓冲区的程序段。假定状态端口$\overline{RS}$、8 位端口$\overline{R_8}$、4 位端口$\overline{R_4}$、启动端口$\overline{START}$、停止端口$\overline{STOP}$均是可直接寻址的端口。

```
BEGIN:MOV  AX,BUT_SEG               ;DS:BX 指向 BUF 缓存
      MOV  DS,AX
      MOV  BX,OFFSET BUF
      MOV  CX,0                     ;字计数器清零
      OUT  START,AL                 ;启动 ADC 连续转换
      …
LOOP: IN   AL,RS                    ;读 STS 状态输出
      TEST AL,01H                   ;只测试 D0 位
      JNZ  LOOP                     ;为“1”,说明仍在转换,循环等待
      IN   AL,R8                    ;否则,先读高 8 位
      MOV  AH,AL
      IN   AL,R4                    ;再读低 4 位
      AND  AL,0F0H                  ;AX 高 12 位为转换结果
      MOV  [BX],AX                  ;存入缓冲区一个字
      INC  BX                       ;存入地址指针加 2
      INC  BX
      INC  CX                       ;计数值加 1
      CMP  CX,512
      JNZ  LOOP                     ;未满 512 个取样值,继续
      …
```

8.3 D/A 转换器

D/A 转换器可接收数字信息，输出一个与数字值成正比例的电流或电压信号。与 A/D 转换器相比，D/A 转换器的一个明显的优点是：它接收、保持和转换的是数字信息，不存在随温度、时间的漂移问题。因而，D/A 转换器的电路简单。

8.3.1　D/A 转换器的工作原理

D/A 转换器的任务就是将二进制数字信息转换成为正比例的电流或电压信号。被转换的数字量是由数位构成的，每个数位代表一定的权。如 8 位二进制的最高位权值为 $2^7=128$，若该数位等于 7，那么就表示 128。将数字量转换成模拟量，就是把每一位上的代码对照的权值转换成模拟量，再把各位所对应的模拟量相加，这个总模拟量就是转换得到的数据。为了了解 D/A 转换器的工作原理，先分析一个四路输入加法器，图 8.9 所示为权电阻网络 D/A 转换器。

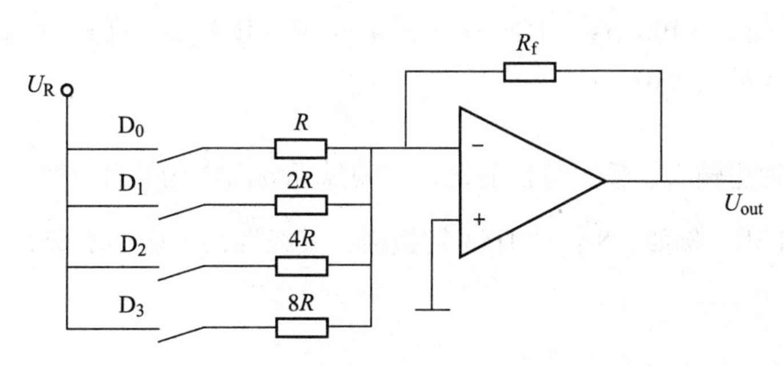

图 8.9　简单的 4 位 D/A 转换器

图中，$D_0 \sim D_3$ 是数位，R、$2R$、$4R$ 和 $8R$ 是二进制加权电阻。运算放大器的同相输入端接地，由于输入阻抗很高，流入反相输入端的电流几乎为 0；同相输入端和反相输入端之间的电流很小，因此，反相输入端的输入电压也为 0 V。这样，将反相输入端当作相加点。当某个开关闭合时，电流就从 U_R 经过相应的电阻流入相加点，使运算放大器输出对应的模拟电压。

运算放大器的输出电流 I_o 等于每个支路上电流（I_1、I_2、I_3、I_4）的总和，即

$$\begin{aligned}I_o &= D_0I_1 + D_1I_2 + D_2I_3 + D_3I_4 \\ &= D_0U_R/R + D_1U_R/(2R) + D_2U_R/(4R) + D_3U_R/(8R) \\ &= 2U_R/R\,(D_0\times2^{-1} + D_1\times2^{-2} + D_2\times2^{-3} + D_3\times2^{-4})\end{aligned}$$

运算放大器的输出电压为：$U_{out} = -I_oR_f$。

例如，图 8.9 所示电路的参数为 $U_R=5$ V、$R_f=10\ \Omega$、$R=100$ kΩ，若输入的数字量 $D_0D_1D_2D_3=1000$，则其对应的输出电压 $U_{out}=-0.5$ V。若 $D_0D_1D_2D_3=1100$，那么输出电压 $U_{out}=-0.75$ V。

U_R 为权电阻支路提供权电流，是依据各支路中的权电阻产生所对应的二进制权电流，电阻与电流大小成反比关系。运算放大器对各支路的权电流求和，产生相应的输出电压 U_{out}，就是得到的模拟量。

可见，D/A 转换器的核心是一组按输入二进制数字控制开关产生二进制加权电流的部件，而这些部件被集成在 D/A 芯片中。D/A 转换方式还有多种，但加权电阻法是最基本的。

8.3.2　D/A 转换器的性能和指标

D/A 转换器的性能和指标与 A/D 转换器基本相似，主要的性能指标有分辨率、精度、

建立时间和线性误差等。其中，分辨率、精度等概念与 A/D 转换器的相应概念相似，不再详细介绍。

(1) 精度。

精度是指 D/A 转换器实际输出电压与理论输出电压之间的误差。

(2) 分辨率。

分辨率是指输入的二进制数的位数。如 8 位 D/A 转换器，分辨率为 $1/2^8=1/256$。

(3) 建立时间。

建立时间是指从数字量输入到建立稳定的输出信号的这段时间，故可称为稳定时间，用 t_s 表示。低速 D/A 的 $t_s>100$ μs，中速 D/A 的 $t_s=10\sim100$ μs，高速 D/A 的 $t_s=10$ μs ~ 100 ns，超高速 D/A 的 $t_s<100$ ns。

(4) 线性误差。

线性误差是用理想输入、输出特性的偏差与满量程输出之比的百分数来表示的。一般要求线性误差小于$\frac{1}{2}$LSB。例如，8 位的 D/A 转换器，其线性误差应小于 0.2%。12 位 D/A 转换器应小于 0.1%。

8.3.3 D/A 转换器的应用

D/A 转换器有许多种类型，这里以常用的 DAC0832 转换器作为介绍实例。

DAC0832 是电流型输出的 8 位数/模转换器件，带参考电压和两个数据缓存器，分别是输入寄存器和 ADC 寄存器，建立时间为 1 μs。其引脚如图 8.10 所示，20 条引脚信号含义如下。

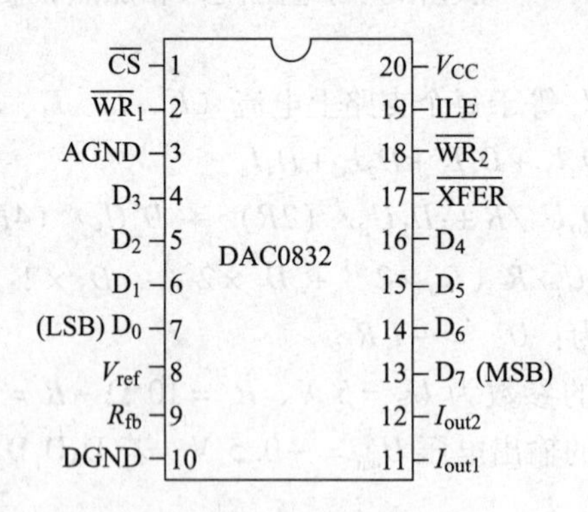

图 8.10 DAC 0832 引脚排列

(1) $D_7\sim D_0$：数字量输入端，D_7 为最高位，D_0 为最低位，它们可以直接与 CPU 数据总线相连接。

(2) I_{out1} 和 I_{out2}：模拟电流输出端。

(3) $\overline{CS}$：片选端（低电平有效）。

(4) ILE：允许数据输入锁存。

(5) $\overline{WR}_1$：输入寄存器写信号（负脉冲有效）。

(6) $\overline{WR}_2$：ADC 寄存器写信号（负脉冲有效）。

（7）$\overline{\text{XFER}}$：传送控制信号（低电平有效）。

（8）R_{fb}：反馈电阻接出端（电阻的另一端与I_{out1}端相连，电阻R_{fb}约为15 kΩ）。

（9）V_{ref}：参考电压，为 -10 ~ +10 V。

（10）V_{CC}：电源电压，为5 ~15 V。

（11）AGND：模拟量的地。

（12）DGND：数字量的地。

如图8.11所示，DAC0832内部有两个数据缓冲寄存器：8位输入寄存器和8位DAC寄存器。8位输入寄存器的D_7 ~ D_0输入端可直接与CPU数据总线相连接，其时钟输入端$\overline{\text{LE}}_1$由门1进行控制。当$\overline{\text{CS}}$和$\overline{\text{WR}}_1$为低电平、ILE为高电平时，$\overline{\text{LE}}_1$为高电平，此时输入寄存器的输出Q跟随输入D。这3个控制信号任一个无效，如$\overline{\text{WR}}_1$由低变高，则$\overline{\text{LE}}_1$变低，输入数据立刻被锁存。8位DAC寄存器的时钟输入端$\overline{\text{LE}}_2$由门3进行控制，当$\overline{\text{XFER}}$和$\overline{\text{WR}}_2$两者都有效时，DAC寄存器的输出Q跟随输入D，此后若$\overline{\text{XFER}}$和$\overline{\text{WR}}_2$中任意一个信号变高时，输入数据被锁存。

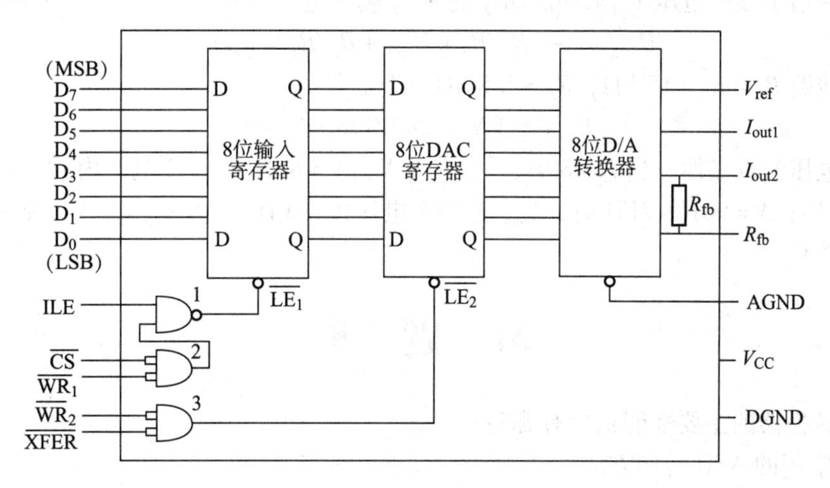

图8.11　DAC0832内部结构

DAC0832的输出是电流，在实际应用中一般需要接运算放大器，来完成电流与电压之间的转换。在图8.12中，若不接第二个运算放大器OA_2及有关的电阻R_1、R_2、R_3，那么在第一个运算放大器的U_{out1}输出端，就可以得到单极性模拟电压为

$$U_{out1} = -I_{out1} \times R_{fb} = -\left(\frac{N}{256}\right) \times \left(\frac{V_{ref}}{3R}\right) \times R_{fb}$$

由于电路的负反馈电阻就是芯片内的电阻R_{fb}（15 kΩ），于是有

$$U_{out1} = -(N/256) \times V_{ref}$$

即模拟输出电压的大小与输入二进制数字量的大小成比例。输出电压的极性是单一的，和V_{ref}的极性相反。若V_{ref} = +5 V，则U_{out1}的输出在0（N=0）~4.98 V（N=FFH）范围内变动。1LSB位的输出为（1/256）× $|V_{ref}|$ = 0.004 × $|V_{ref}|$。若$|V_{ref}|$ = 5 V，则1LSB位的输出为0.02V。

为了得到双极性电压输出，在运算放大器OA_1后面加了反相比例求和电路OA_2，使OA_1

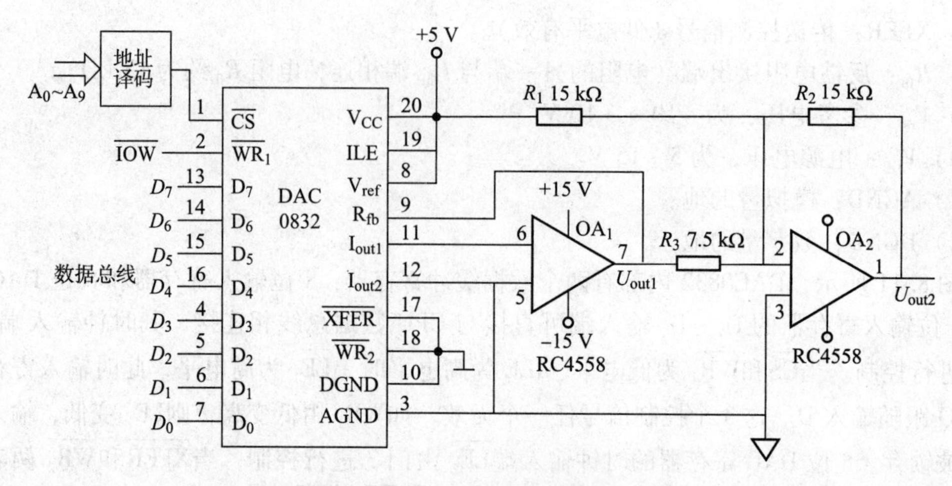

图 8.12 DAC 0832 组成的输出电路

的输出电压两倍于参考电压 V_{ref} 求和。OA_2 的 U_{out2} 输出电压为：

$$U_{out2} = -(R_2/R_3 \times U_{out1} + R_2/R_1 \times V_{ref})$$

由于本线路 $R_1 = R_2 = 15\ k\Omega$，$R_3 = 7.5\ k\Omega$，于是有

$$U_{out2} = (N-128)/128 \times V_{ref}$$

即模拟输出电压为双极性。当 $N = 80H$，$U_{out2} = 0\ V$，$N = 81H \sim FFH$ 范围内时，U_{out2} 与参考电压 V_{ref} 同极性；$N = 00H \sim 7FH$ 时，U_{out2} 与参考电压极性相反。若 $V_{ref} = 5\ V$，则 1LSB 位的输出为 0.039 V。

习　题　8

1. A/D 转换器的主要性能指标有哪些？
2. 简述常用的 A/D 转换方法。
3. A/D 转换器使用时应注意哪些问题？
4. 简述 D/A 转换器的性能和指标。

第 9 章

常用外围设备及接口

9.1　常用外围设备及接口基本知识

外围设备在计算机技术发展和应用中起着重要的作用，是计算机系统的重要组成部分，一般认为，把除 CPU 和主存储器以外的计算机系统或应用系统的其他部件都视为外围设备。

9.1.1　外围设备的功能

外围设备是计算机系统不可缺少的组成部分，也是高性能计算机技术的体现，其功能主要有以下几个方面。

1. 信息格式转换

在人机对话交换信息时，外围设备将文字、图形、图像和声音等信息转换为计算机能够处理的用电信号表示的二进制代码，然后再输入计算机；同样，计算机处理的结果必须变换成人们所熟悉的表示方式，这也需通过外围设备来实现。

2. 人机交互功能

通过外围设备实现人和计算机之间建立联系、交换信息等功能，即通过外围设备把数据、程序等送入计算机或把计算机的计算结果及各种信息传送出来。外围设备是人机对话的通道。

3. 保存信息

存储器是典型的外围存储设备，计算机主存储器存储容量有限，不能长期保存数据，而通过外部存储器，可实现长期保存各种信息。

4. 与各个应用领域结合

计算机技术得到广泛的应用，各种外围设备已经结合各个应用领域，同时也推动了外围设备的发展，各种新型的外围设备如雨后春笋般出现在人们生活中，如数字摄像机为输入输出图形、图像提供了方便；多媒体语音系统为现代教育、办公等领域提供了强有力的支持；计算机网络外围设备使计算机网络、通信技术得到迅猛发展。

9.1.2　外围设备的分类

外围设备种类繁多，功能各异，根据外围设备在计算机系统中的作用，可分为输入/输出设备、外存设备、通信设备和其他设备等。

1. 输入设备

输入设备是人们向计算机输入信息的设备，包括键盘、鼠标、光笔、条形码、磁卡、IC 卡阅读器、触摸设备、数字化仪、扫描仪、光学字符识别器、图形识别器、商业收款机、轨迹球等。

2. 输出设备

输出设备是直接向人们提供输出信息的设备，包括显示器、绘图仪、打印机微缩胶卷输出系统等。

3. 外存设备

外存设备是存储各种信息的设备，包括磁带存储器、软盘存储器、硬盘存储器、光盘存储器、刻录设备等。

4. 通信设备

通信设备是在网络中用于传输各种信息的设备，包括终端、调制解调器、中继器、集线器、交换机、路由器、网关等。

5. 其他设备

其他设备如语音设备、数码相机、数据采集系统、过程控制系统等，应用于特殊的环境和场合。

随着计算机技术的发展，外围设备种类将会越来越多，并向智能化、功能复合化方向发展。例如，多功能一体机，将打印、传真、复印、扫描等功能集于一体，随着网络和多媒体计算机的发展，如信息家电、可视电话、视频点播等设备纷纷应运而生，将使外围设备的分类发生变化。

9.2 键盘及其接口

9.2.1 键盘

键盘是传统的输入设备。人们通过击键，将数字、字母及一些特定的符号或命令送入计算机，通过接口电路把表示键位的编码送给计算机，实现信息的输入操作。

键盘上的每个按键起一个开关的作用，故又称为键开关。键开关分为接触式和非接触式两大类。接触式键开关当键帽被按下时，两个触点被接通；当释放时，弹簧恢复原来触点断开的状态。接触式键将击键动作转化为电信号的机制简单、直接、使用方便且广泛。图 9.1 所示为 3 种接触式键的基本结构。非接触式键将击键动作引起的其他物理变化间接转换成电

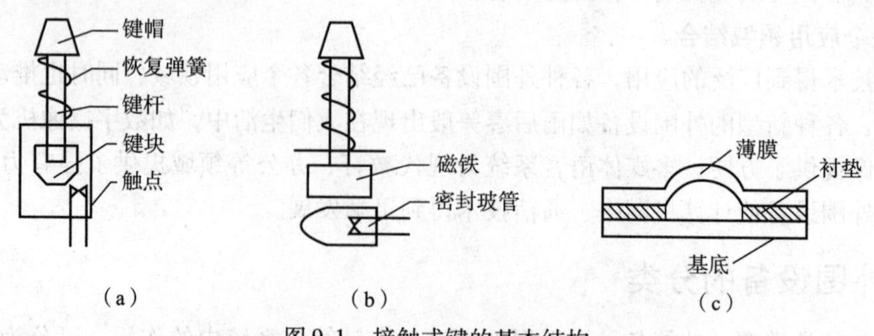

图 9.1 接触式键的基本结构

(a) 机械键；(b) 干簧键；(c) 短行程触摸键

信号，可避开接触式键盘存在的触点导通可靠性问题。非接触式键开关内部没有机械接触，只是利用按键动作改变某些参数或利用某些效应来实现电路的通、断转换。这种键开关无机械磨损，不存在触点抖动现象，性能稳定，寿命长。

按获取编码的方式，可把键盘分成两类，即编码键盘和非编码键盘。

1. 编码键盘

编码键盘采用硬件编码电路来实现键的编码，每按下一个键，键盘便能自动产生按键代码。编码键盘主要有 BCD 码键盘、ASCII 码键盘等类型。编码键盘的响应速度快，但它以复杂的硬件结构为代价，并且其硬件的复杂程度随着键数的增加而增加。

2. 非编码键盘

非编码键盘仅提供按键的通或断状态，按键代码的产生与识别由软件完成，即当按某键以后并不给出相应的 ASCII 码，而提供与按下键相对应的中间代码，然后再把中间代码转换成对应的 ASCII 码。其硬件部分比编码键盘要简单得多，可非编码键盘的响应速度不如编码键盘，但它通过软件编程可为键盘中某些键的重新定义提供更大的灵活性，因此得到广泛使用。常用的非编码键盘有线性键盘和矩阵键盘。线性键盘就是一个按键对应一根输入线，每根输入线接到微机输入口的一位上，有多少个按键就需要有多少根输入线。显然，这只适合需要键不多的简单应用场合。通常要为每一键编一段相应子程序以定义解释此键的含义，每次只允许一个键按下并被识别。

9.2.2 键的识别

一个键盘由多个键排列而成，在大多数键盘中，键开关被排列成 M（行）$\times N$（列）的矩阵结构，每个键开关位于行和列的交叉处。非编码键盘常用的键盘扫描方法有逐行扫描法和行列扫描法。

1. 逐行扫描法

图 9.2 是采用逐行扫描识别键码的 8 × 8 键盘矩阵，在接口电路中有 8 位输出端口和 8 位输入端口，其中输出端口的 8 条输出线接键盘矩阵的行线（$X_0 \sim X_7$），输入端口的 8 条输入线接键盘矩阵的列线（$Y_0 \sim Y_7$）。通过执行键盘扫描程序对键盘矩阵进行扫描，以识别被按键的行、列位置。

键盘扫描程序处理的步骤如下。

（1）查询按键。

首先由 CPU 对输出端口的各位置 0，即使各行全部接地，然后 CPU 再从输入端口读入数据。若读入的数据全为 1，表示无键按下；只要读入的数据中有一个不为 1，表示有键按下。接着要查出按键的位置。

（2）查询按键位置。

CPU 首先使 $X_0 = 0$，$X_1 \sim X_7$ 全为 1，读入 $Y_0 \sim Y_7$，若全为 1，表示按键不在这一行；接着使 $X_1 = 0$，其余各位为全 1，读入 $Y_0 \sim Y_7$……直至 $Y_0 \sim Y_7$ 不全为 1 为止，从而确定了当前按下的键在键盘矩阵中的位置。

（3）确定位置码。

得到的行号和列号表示按下键的位置码。

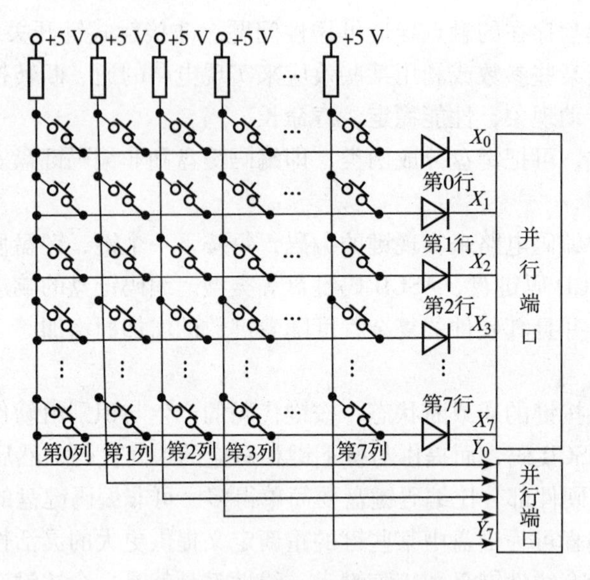

图 9.2 逐行扫描 8×8 键盘

2. 行列扫描法

在扫描每一行时，读列线，若读得的结果为全 1，说明没有键按下，即尚未扫描到闭合键；若某一列为低电平，说明有键按下，而且行号和列号已经确定。然后用同样的方法，依次向列线扫描输出，读行线。如果两次所得到的行号和列号分别相同，则键码确定无疑，即得到闭合键的行列扫描码。

3. 抖动干扰的消除

由于机械触点的弹性振动，按键在按下时不会马上稳定地接通，而在弹起时也不能一下子完全断开，因而在按键闭合和断开的瞬间均会出现一连串的抖动，这称为按键的抖动干扰，其产生的波形如图 9.3 所示，按键按下时会产生前沿抖动，按键弹起时会产生后沿抖动。这是所有机械触点式按键在状态输出时的共性问题，抖动的时间长短取决于按键的机械特性与操作状态，一般为 10~100 ms，此为键处理设计时要考虑的一个重要参数。

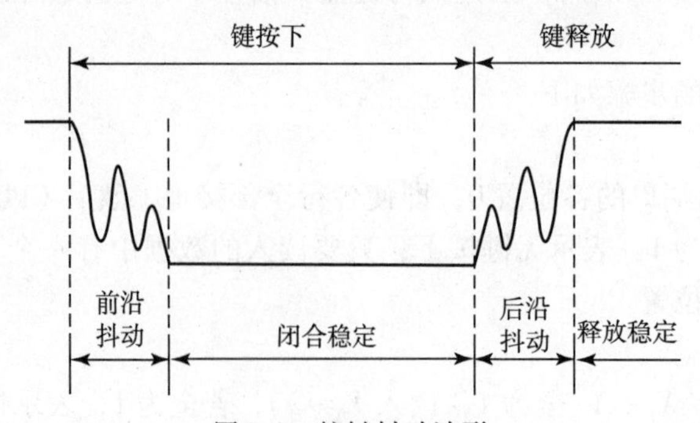

图 9.3 按键抖动波形

按键的抖动会造成按一次键产生的开关状态被 CPU 误读几次。为了使 CPU 能正确地读取按键状态，必须在按键闭合或断开时消除产生的前沿或后沿抖动，去抖动的方法有硬件方法和软件方法两种。

1）硬件方法

硬件方法是通过设计一个滤波延时电路或单稳态电路等硬件电路，从而避开按键的抖动时间。图9.4所示为电阻 R_1 和电容 C 组成的滤波延时消抖电路，位于按键K与CPU数据线 D_i 之间。若按键K未按下，电容 C 两端电压为0，即与非门输入 U_i 为0，输出 U_o 为1。若K按下，由于电容 C 两端电压不能突变，充电电压 U_i 在充电时间内未达到与非门的开启电压，门的输出 U_o 不会改变，直至充电电压 U_i 大于与非门的开启电压时，与非门的输出 U_o 才变为0，这段充电延迟时间取决于 R_1、R_2 和 C 值，电路设计时只要使之不小于100 ms即可避开按键抖动的影响。同理，按键K断开时，即使出现抖动，由于 C 的放电延迟过程，也会消除按键抖动的影响。

在图9.4中，U 为未加滤波电路有前沿抖动、后沿抖动的波形，U' 为加滤波电路后消除抖动的波形。

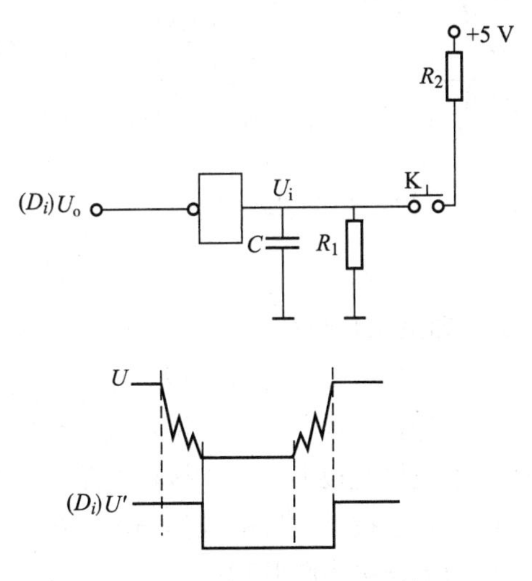

图9.4　滤波延时消抖电路

2）软件方法

软件方法是指编制一段时间大于100 ms的延时程序，在第一次检测到有键按下时，执行这段延时子程序，使按键前沿抖动消失后再检测该键状态，若该键仍保持闭合状态电平，则确认该键已稳定按下；否则无键按下。从而消除了抖动的影响。同理，在检测到按键释放后，也同样要延迟一段时间，以消除后沿抖动，然后转入对该按键的处理。

另外，除抖动外还有重键问题。重键是指由于误操作，有两个或两个以上的键被同时按下，此时行列扫描码中就会产生错误的行列值。处理重键的方法有联锁法和顺序法。联锁法是不停地扫描键盘，仅承认最后一个闭合键。顺序法是识别到一个闭合键后，直到该键被释放后再去识别其他按键。

4. 扫描式键盘接口芯片8279

8279是一种集成电路芯片，其核心是单片机，能够构成8×8扫描式键盘，具有去抖逻辑、多种重键处理方式、中断逻辑、总线接口逻辑，编程方便。一般在设计小型键盘时常采用8279，使用8279无须编写扫描程序，电路简单，扫描速度和去抖时间较好。

9.2.3 微机键盘及接口

微机键盘通常通过设在主板上的键盘接口连到主机上，人们通过键盘输入的数据是在主机的 BIOS 程序的控制下，传送到主机的 CPU 中进行处理的。在图 9.5 中，用虚线标明了 PC 键盘和位于主机板上的接口两部分。

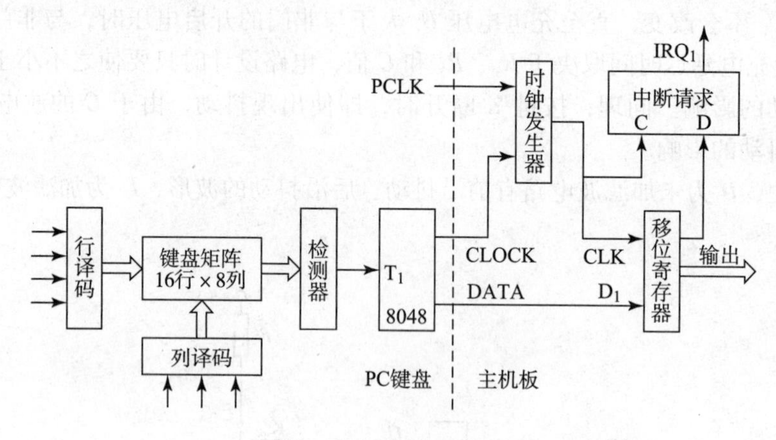

图 9.5 PC 键盘及接口

1. 键盘控制电路

PC 系列键盘一般由键盘矩阵和以单片机或专用控制器为核心的键盘控制电路组成，主要由单片机、译码器、键盘矩阵和串行接口 4 部分组成。单片机通过执行固化在 ROM 中的键盘管理和扫描程序，对键盘矩阵进行扫描，发现、识别按下键的位置，形成与按键位置对应的扫描码，并以串行的方式送给微机主板上的键盘接口电路，供系统使用。键盘内部的单片机根据按键位置向主机发送的仅是该按键位置的键扫描码。当键按下时，输出的数据称为接通扫描码；当键松开时，输出的数据称为断开扫描码。

PC 键盘采用 16 行 ×8 列矩阵结构，由 8048 单片机完成键盘的扫描、消抖和生成扫描码等功能，可缓冲存放 20 个扫描键码。8048 通过执行扫描程序以读取键盘扫描键码，扫描方式采用行列扫描法，即先逐列为 1 地进行列扫描，矩阵检测器输出送 8048 测试端 T_1，可判断是否有行线输出 1，从而得到闭合键的列号。然后采用同样的方法，逐行为 1 地进行行扫描，得到闭合键的行号。8048 将列号和行号拼成一个 7 位的扫描码（列号为前 3 位，行号为后 4 位）。例如，第 6 列第 8 行键被按下，则得到闭合键的扫描码为 68H。

2. 键盘接口电路

键盘接口电路一般在微型计算机的主板上，通过电缆与键盘连接，其中包括一种串行移位寄存器，它将键盘传来的串行键码转换为并行键码，然后向主机发出中断请求，现在的这些功能由主机板上的键盘微处理器 8042 实现。键盘微处理器 8042 接收到键盘扫描码后，向键盘发出应答信号，允许键盘送来下一键码，并将键盘扫描码转换成系统扫描码，放入 8042 的内部并行输出缓冲器中，同时产生硬件中断 1，PC BIOS 的硬件中断 1 对应服务程序 INT 09H，通过 I/O 口 60H 将该扫描码读入，转换成 ASCII 码存到 PC 的内部键盘缓冲区，供应用程序中的软中断程序 INT 16H 读取，主机可向键盘发出控制命令。

在 INT 16H 调用中，功能号为 10H 时表示等待键盘字符输入。当有一个按键被按下后，字符码被送到 AL，而该字符的扫描码则传送到 AH 中。例如，下面程序段可以检测不同按键的字符码和扫描码：

```
LOP:MOV  AH,10H
    INT  16H
    JMP  LOP
```

利用 DEBUG 的 P 命令，通过观察 AX 中的数据变化，检测不同按键的字符码和扫描码。

9.3　显示器及其接口

显示设备是将电信号转换成视觉信号的一种装置。在计算机系统中，显示设备被用作输出设备和人机对话的重要工具。按显示器件的不同，可分为发光二极管（LED）、阴极射线管（CRT）、液晶显示器（LCD）、等离子显示器（PD）、场致发光显示器（ELD）、电致变色显示器（ECD）和电泳显示器（EPID）等。本节主要介绍 LED、CRT、LCD 显示器及其接口。

9.3.1　LED 显示器及其接口

1. LED 基本工作原理

最简单的数字显示采用 7 段 LED 数码管，单片机、单板机、控制系统及数字化仪表等都常用 LED 作为显示输出，LED 的主要部分是发光二极管，如图 9.6 所示。

7 段数码管实际共 8 段，a、b、c、d、e、f、g 共 7 段用来显示十进制或十六进制数字和字符，另一段 DP 用来显示小数点。当发光二极管导通时，相应的段就会发光。只要控制不同组合的段发光，就能显示出各种数字与字符。加到各发光段上的代码称为段码。

LED 可以分为共阳极和共阴极两种结构。组成 LED 管 7 个段的二极管，其阴极连在一起，而阳极分别受控的这种结构称为共阴极式，数码显示端（a ~ g）高电平有效；把 7 个阳极连在一起作为公共极，而让阴极分别受控的结构称为共阳极式，数码显示端低电平有效，如图 9.7 所示。其段码表见表 9.1 和表 9.2。

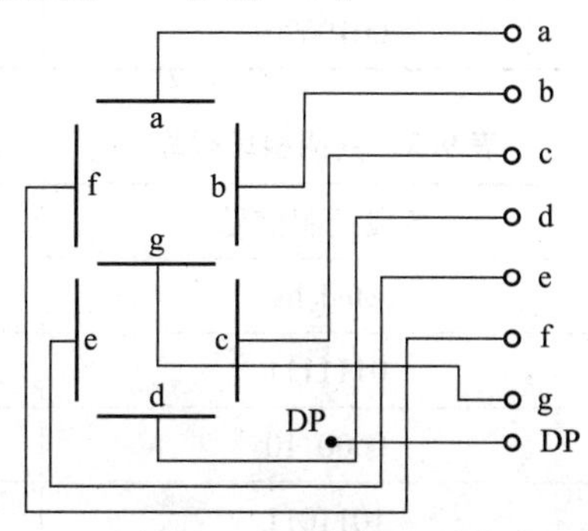

图 9.6　LED 数码管

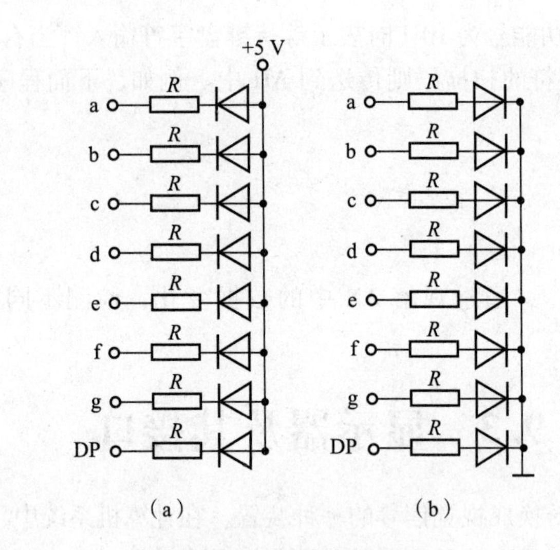

图 9.7　两种类型 LED

(a) 共阳极 LED；(b) 共阴极 LED

表 9.1　共阳极段码表

显示数字	各段控制信号	段码
	gfedcba	
0	1000000	40H
1	1111001	79H
2	0100100	24H
3	0110000	30H
4	0011001	19H
5	0010010	12H
6	0000010	02H
7	1111000	78H
8	0000000	00H
9	0010000	10H

表 9.2　共阴极段码表

显示数字	各段控制信号	段码
	gfedcba	
0	0111111	3FH
1	0000110	06H
2	1011011	5BH
3	1001111	4FH

续表

显示数字	各段控制信号	段码
	gfedcba	
4	1100110	66H
5	1101101	6DH
6	1111101	7DH
7	0000111	07H
8	1111111	7FH
9	1101111	6FH

若为共阳极结构，要显示数字2，则a、b、g、e、d为低电平，其他段为高电平，即段码为24H；若为共阴极结构，显示数字2，则a、b、g、e、d为高电平，其他段为低电平，段码为5BH。

2. LED显示器接口

LED显示器可通过8255A连接到系统总线，完成接收来自CPU的7段代码，如图9.8所示。由于8255A端口为8位，故悬空一位。一般LED某段发光时通过的电流在10～20 mA之间，在采用共阴极结构时，阴极接地，阳极加驱动电路。驱动电路可由三极管构成，也可由小规模集成电路构成，如芯片7407。

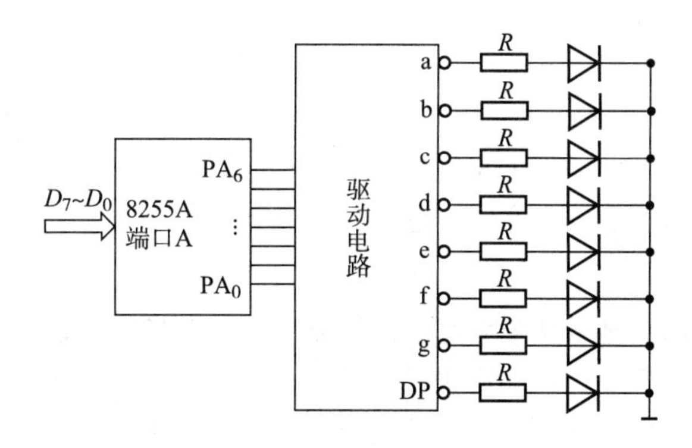

图9.8　一位LED显示器接口

1）译码方法

当把一位十六进制数或BCD码在LED上显示时，需将其转换为LED段码，这就需要译码。常用的译码方法有两种，即硬件译码和软件译码。

（1）硬件译码。

硬件译码采用专用芯片（如7447）实现对BCD译码。7447有4位输入、7位输出，译码过程如图9.9所示。

（2）软件译码。

利用汇编语言的XLAT指令，实现对段码的译码。程序如下：

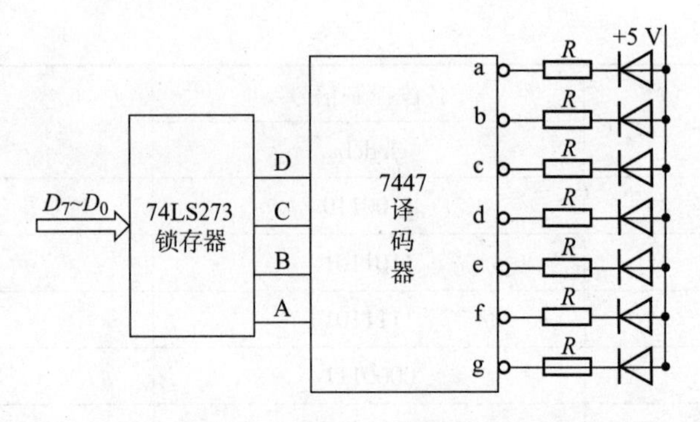

图 9.9　采用 7447 译码的 LED

```
DATA   SEGMENT
VAR    DB  9                               ;要显示的数字
LEDTABLE  DB  40H,79H,24H,30H,19H
          DB  12H,02H,78H,00H,10H          ;段码表
DATA   ENDS
……
DISP:MOV   BX,OFFSET VAR
MOV   AL,[BX]                              ;取要显示的数字
MOV   BX,OFFSET LEDTABLE                   ;段码表首地址
XLAT                                       ;将数字转换成要显示的段码
MOV   DX,PROT
OUT   DX,AL
……
```

2）显示器接口

LED 显示器有静态显示和动态显示两种接口。

（1）静态显示。

静态显示指当前显示器显示某个字符时，该显示器的发光二极管恒定地导通或截止，直到送入新的显示码为止。例如，在共阴极结构下，显示字符 1，则 b、c 恒定导通，其余各段恒定截止。此种显示方式的每一位数字都需要一个 8 位的触发器来驱动，图 9.10 所示为 LED 数码显示电路。

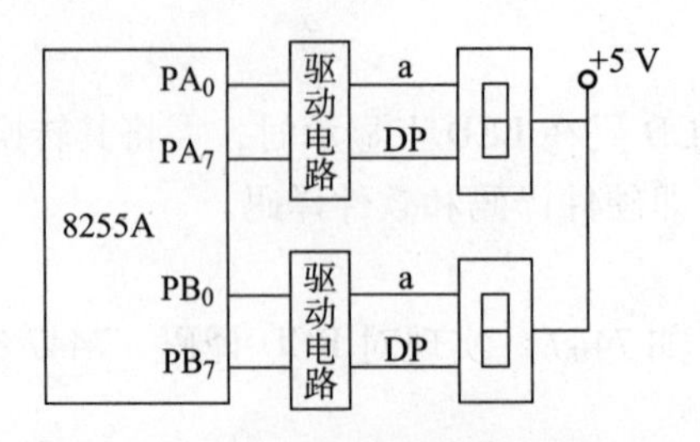

图 9.10　LED 静态驱动电路

静态显示各位相互独立，显示字符一经确定，相应锁存的输出将维持不变，所以静态显

示器的亮度较高。静态显示编程容易，管理简单，但I/O端口利用效率低，一般适用于显示位数较少的场合。

【例9.1】 根据图9.10所示的LED静态驱动电路，编写程序实现在LED上显示00～0F字符。设8255片选地址范围是218H～21BH。

程序设计如下：

```
DATA      SEGMENT
LEDTABLE   DB 40H,79H,24H,00H,19H
           DB 12H,02H,78H,00H,10H
           DB 08H,03H,46H,21H,0CH,0EH     ;段码表
DATA      ENDS
CODE      SEGHENT
ASSUME    CS:CODE,DS:DATA
START:   MOV   AX,DATA
MOV   DS,AX
MOV   AL,80H                      ;8255 控制字 10000000B,A、B 口方式 0,输出
MOV   DX,21BH
OUT   DX,AL                       ;写 8255 控制字
MOV   BX,OFFSET LEDTABLE
MOV   CX,10H
MOV   SI,0
LOP:     MOV   AL,3FH
         MOV   DX,218H
         OUT   DX,AL              ;通过 A 口向第一个 LED 送 0 的段码
         MOV   AL,[BX][SI]
         MOV   DX,219H
         OUT   DX,AL              ;通过 B 口向第二个 LED 送 0～F 的段码
         INC   SI
         LOOP LOP
         CODE      ENDS
         END       START
```

（2）动态显示。

动态显示是指按位轮流点亮各位显示器。实际上是轮流扫描显示器的各位。只要扫描的频率合适，就能得到稳定的显示。动态显示适合多位LED显示，通过两个并行口即可实现，方法是将各个显示位的段选线并联在一起，可由一个8位I/O口控制，而各个显示位的公共端分别由对应位选线控制，并接入另一个I/O口，实现各个位分时选通。

图9.11是6位共阴极LED动态驱动电路。其中8255A的A口作为段数据口，经相位驱动器7407连接至LED的各个段，B口作为扫描口，经反相驱动器连接到LED的公共端。只有与B口相连公共端为低电平，与A口相连的段码才能在LED上显示。

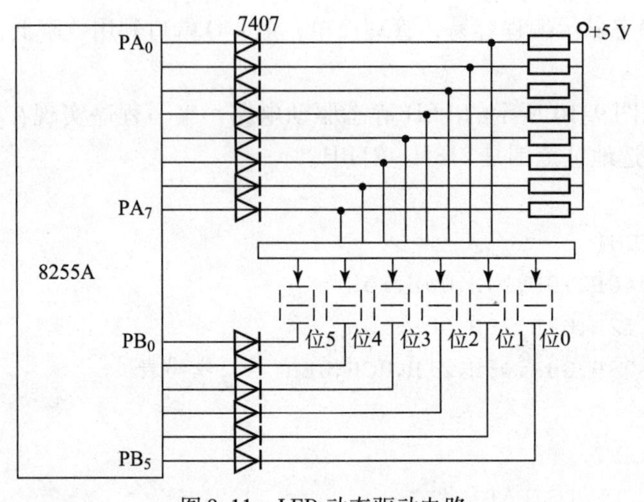

图 9.11 LED 动态驱动电路

9.3.2 CRT 显示器及其接口

CRT 显示器因技术成熟、成本较低、寿命较长，所以是目前计算机系统中最常用的输出设备之一，但其体积大、能耗大。

1. CRT 显示器的主要性能指标

(1) 点距。

点距是指屏幕上两个相邻的同色荧光点之间的距离。点距越小，显示的画面就越清晰、自然和细腻。用显示区域的宽和高分别除以点距，即得到显示器在垂直和水平方向上最高可以显示的点数（即极限分辨率）。

(2) 行频和场频。

行频又称为水平扫描频率，是电子枪每秒在屏幕上扫描过的水平线条数，以 kHz 为单位。场频又称为垂直扫描频率，是每秒屏幕重复绘制显示画面的次数，以 Hz 为单位。

(3) 视频带宽。

视频带宽是表示显示器显示能力的一个综合性指标，以 MHz 为单位。它指每秒钟扫描的像素个数，即单位时间内每条扫描线上显示的点数的总和。带宽越大，表明显示器显示控制能力越强，显示效果越佳。

$$视频带宽 > 水平分辨率 \times 垂直分辨率 \times 刷新率$$

(4) 最高分辨率。

最高分辨率是定义显示器画面解析度的标准，由每帧画面的像素数决定，以水平显示的像素个数×水平扫描线数表示。

(5) 刷新率。

刷新率是指显示器每秒钟重画屏幕的次数，刷新率越高，意味着屏幕的闪烁越小，对人眼睛产生的刺激越小。行频、场频、最高分辨率和刷新率这 4 个参数息息相关。一般来说，行频、场频的范围越宽，能达到的最高分辨率也越高，相同分辨率下能达到的最高刷新率也越高。

(6) 屏幕尺寸。

屏幕尺寸指屏幕对角线长度。

2. CRT 显示原理

（1）CRT 显示器扫描方式。

CRT 显示器的扫描方式有光栅扫描和矢量扫描。

光栅扫描是在 CRT 控制电路的作用下把屏幕划分为像素网格，显示器控制电子束左右、上下移动时通过控制每个像素的亮与不亮来产生图形。电子束移动的轨迹就是扫描线。光栅扫描又分为隔行扫描方式和逐行扫描方式。隔行扫描是把屏幕各行以奇偶分开，在扫描时，若规定先扫描偶数行，则扫描完所有偶数行之后，再扫描奇数行，从而完成显示一帧信息。逐行扫描指电子束从屏幕的第一行逐行扫描到最后一行，完成一帧（屏）信息的显示，如图 9.12 所示。微机系统多采用光栅扫描的 CRT 显示器。

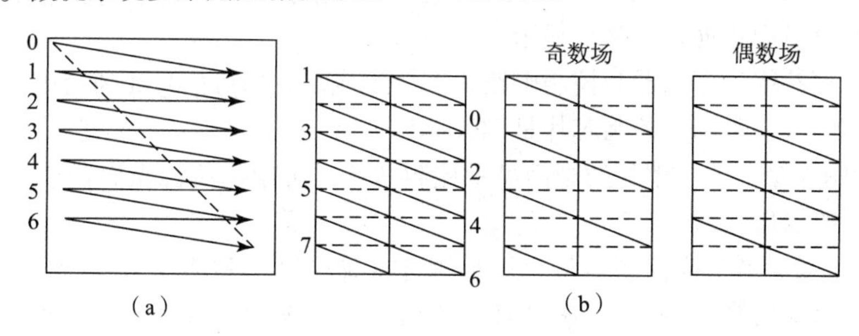

图 9.12 光栅扫描示意图

（a）逐行扫描；（b）隔行扫描

矢量扫描是通过在显示器上画各种线来组成图形，其控制方法是通过指定一条线的两个端点，由显示器产生两点之间的连线。矢量扫描适合于复杂图形的显示。

（2）显示器的显示模式。

显示模式从功能上可分为两大类，即字符模式和图形模式。字符模式的显示缓冲区中存放着显示字符的代码（ASCII 码）和属性。显示屏幕被划分为若干个字符显示行和列，如 80 列 ×25 行。图形模式对所有点均可寻址。屏幕上的每个像素都对应显示缓冲区中的一位或多位，常常把它称为位图化的显示器。

（3）显示缓冲区。

为了不断提供刷新画面的信号，必须把字符或图形信息存储在一个显示缓冲区中，这个缓冲区又称为视频存储器（VRAM）。显示器一方面对屏幕进行光栅扫描，另一方面同步地从 VRAM 中读取显示内容，送往显示器件。因此，对 VRAM 的操作就是对显示器工作的软硬件界面的显示。

VRAM 的容量由分辨率和灰度级决定，分辨率越高，灰度级越高，VRAM 的容量就越大。同时，VRAM 的存取周期必须满足刷新率的要求。

分辨率由每帧画面的像素数决定，而像素具有明暗和色彩属性。黑白图像的明暗程度称为灰度，明暗变化的数量称为灰度级，所以在单色显示器中，仅有灰度级指标。彩色图像是由多种颜色构成的，不同的深浅也可算作不同的颜色，所以在彩色显示器中能显示的颜色种类称为颜色数。

3. 显示器的分类

CRT 显示器可分为字符显示器、字符/图形显示器。从本质上来看，字符和图形显示信息的方法是一致的，均采用点阵方式。在电子束扫描显像管时，对应在荧光屏上那些构成字符或图形的点，被电子束激励发光。所以，无论是字符显示还是图形显示，都是在显示器上产生图形信息。

另外，CRT 显示器根据颜色可分为单色和彩色两大类。当前使用的主要是彩色显示器。CRT 显示器根据其显示原理又分为荫罩式 CRT 和电压穿透式 CRT，其中荫罩式 CRT 最常见。

4. 显示接口卡

在 PC 系列微机中，显示系统包括显示器和显示接口卡两部分。显示接口卡也称为图形适配卡、视频适配卡、显示适配卡等。显示适配卡用作中央处理器与显示器之间的接口电路，它们都以插件板的形式安装在 I/O 通道插座上，完成从 CPU 数据到屏幕图形信息的转换工作，显示器只是简单地显示来自显示卡的信号。

显示卡由寄存器组、存储器和控制电路 3 部分组成。它通过信号线的输出，控制显示器显示各种字符和图形。常用的控制芯片是 MC6845。

MC6845 控制器是一个可编程的画面显示控制芯片，可用作执行光栅扫描和存储变换控制功能的显示器的接口。

MC6845 产生显示器扫描控制信号、显示缓冲区地址和字符发生器 ROM 地址。扫描控制信号包括垂直同步信号 VS 和水平信号 HS；显示缓冲区地址由 MC6845 中的线性地址发生器产生；字符发生器地址由列控制逻辑产生。

MC6845 是可编程接口芯片，其可编程内容包括指定每个字符的点阵和光栅数、每行字符数、光标的形式等。

MC6845 控制器由水平定时发生器、垂直定时发生器、线性地址发生器和光标控制逻辑等组成。因此，在 PC 系列中，显示器接口是以 MC6845 为核心器件，再附加一定的逻辑电路构成的，称为显示适配器（显卡）。

9.3.3 LCD 显示器简介

液晶显示器（Liquid Crystal Display，LCD）是一种非发光性的显示器件，是通过对环境光的反射或对外加光源加以控制的方式来显示图像。

液晶显示器以液晶材料为基本组件。液晶是介于固体与液体之间，具有规则性分子排列的有机化合物。分子按一定方向整齐排列的液晶，在有电流通过或者电场有改变时，晶体会改变排列方式从而产生透光度的差别，依此原理控制每个像素，便可构成所需图像。

1. 液晶显示器的分类

根据驱动方式可分为静态驱动、无源矩阵驱动（又称为被动式矩阵）和有源矩阵驱动（又称为主动式矩阵）。

无源矩阵驱动又分为扭曲向列阵（Twisted Nematic，TN）、超扭曲向列阵（Super TN）、双层超扭曲向列阵（Double Layer STN）。

有源矩阵驱动一般以薄膜晶体管型（Thin Film Transistor，TFT）为主。

根据显示方式可分为：正向显示方式，在浅色背景上显示深色内容；负向显示方式，在深色背景上显示浅色内容；透过型显示，通过背光改变光线透射能力，在光源另一侧显示；反射型显示，通过改变光线反射能力，显示面和光源同侧；半透过型显示，背后的反射膜有网状孔隙透过约 30% 的背照明光，白天为反射型显示，夜间为透过型显示；单色显示，只有黑白色；彩色显示，实现单彩色和多彩色显示，其中又有伪彩色和真彩色，伪彩色只能显示 8 ~ 32 色彩色，真彩色可以显示 256 至几十万种颜色。

2. 液晶显示器的特点

（1）显示质量高。

CRT 显示器需要不断刷新亮点，而液晶显示器每一个点在收到后信号色彩和亮度会一直保持不变，恒定发光，不会闪烁，画质高。

（2）没有电磁辐射。

CRT 显示器的电子束在打到荧光粉上的一刹那会产生强大的电磁辐射，虽然进行了比较有效的处理，但彻底消除是很困难的，而液晶显示器密封技术好，不存在辐射。

（3）可视面积大。

液晶显示器可视面积与它的对角线尺寸相同。

（4）应用范围广。

液晶显示器目前已经广泛应用在电子表、计算器、液晶电视、摄像机、游戏机、台式计算机、笔记本电脑等。

（5）画面效果好。

液晶显示器显示效果是平面直角，在小面积屏幕上实现高分辨率。

（6）数字式接口。

液晶显示器是数字的，显示卡可不需要把数字信号转换成模拟信号输出，同时使色彩和定位都更加准确。

（7）“身材”匀称小巧。

无论是在重量上还是在体积上，液晶显示器都要比同尺寸 CRT 显示器小得多。即使屏幕再大，其体积也不会成正比增加。

（8）功率消耗小。

液晶显示器的功耗在其内部电极和驱动 IC 上，耗电量比 CRT 小得多。

9.4　打印机及其接口

打印机是计算机系统常见的重要输出设备之一，打印机的功能是将计算机的处理结果以字符或图形的形式印制到纸上，转换为书面信息，便于人们阅读和保存。由于打印输出结果能长期保存，故称其为硬拷贝输出设备。

9.4.1　打印机的分类

在打印技术发展过程中，出现了各种打印的方式，从机械式到电子式，从打印字符到打印图形，从击打式发展到非击打式，向着打印质量高、速度快、噪声低方向发展。

1. 串行与并行打印机

打印机按照输出工作方式可分为串行打印机和并行打印机。串行打印机是单字锤的逐字打印，在打印一行字符时，不论所打印的字符是相同还是不同，均按顺序沿字行方向依次逐个字符打印，因此打印速度较慢。并行打印机是多字锤的逐行打印，又称为行式打印机，一次能同时打印一行（多个字符）或可以输出一页，打印速度快。

2. 字模式与点阵式打印机

打印机按印字机构不同，可分为固定字模（活字）式打印机和点阵式打印机两种。字模式打印机是将各种字符塑压或刻制在印字机构的表面上，印字机构如同印章一样，可将其上的字符在打印纸上印出，字模式打印的字迹清晰，但字模数量有限，组字不灵活，不能打印汉字和图形，基本上已被点阵式打印机取代；点阵式打印机则借助于若干点阵来构成字符，无须固定字模，它组字非常灵活，可打印各种字符（包括汉字）和图形、图像等。

3. 击打式与非击打式打印机

按照打印的工作原理不同，打印机分为击打式和非击打式两大类。击打式打印机是通过机械力的打击，将字符印在纸上，它的工作速度不可能很高，而且不可避免地要产生工作噪声，但是设备成本低。非击打式打印机是通过非机械力作用方式来实现打印的，即采用电、磁、光、喷墨等物理或化学方法印制出文字和图形的，由于印字过程没有击打动作，因此印字速度快、噪声低。

9.4.2 打印机的主要性能指标

1. 打印分辨率

分辨率指在单位长度内能实现的可分辨出的点数，单位为每英寸（1 英寸 =2.54 厘米）打印点数（Dots Per Inch，DPI）。它是决定打印质量的主要指标，决定打印字符的清晰度和美观程度。

2. 打印速度

打印速度是表示打印效率的主要指标，打印速度用每分钟的页数（Pages Per Minute，PPM）表示。

3. 打印幅面

打印幅面指可以打印的纸张的最大幅面。办公用喷墨打印机和激光打印机一般为 A4 幅面（也有 A3 幅面），针式打印机最大可以达到 A3 幅面，而专业的工程打印机还可以打印更大幅面。

4. 工作噪声

针式打印机的工作噪声应低于 65 dB，非击打式打印机的工作噪声不能超过 55 dB。

5. 拷贝数

拷贝数是对击打式打印机而言的，指在多层打印时，打印机所能打印的份数，常用原件加复印件的数量来表示。

6. 工作寿命

工作寿命指的是打印机前后两次出现故障的时间间隔，常用平均无故障时间来描述。

7. 接口方式

打印机都需要具备某种接口和计算机相连以便用来交换数据，其主要接口方式多为并行接口，另外还有两种常用外部打印机接口方式，分别为 IEEE 1394 接口和 USB 接口。

8. 缓冲区大小

打印机的缓冲区相当于计算机的内存，单位也是 KB 或 MB。在当前 CPU 不断升级的情况下，为了解决计算机和打印机速度的矛盾，必须扩大打印机的缓冲区。缓冲区越大，一次输入数据就越多，打印机处理打印的内容就越多。因此，与计算机的通信次数就可以减少，打印机效率就提高。

9.4.3　针式打印机

针式打印机属于击打式打印机，由若干根打印针印出 $m \times n$ 个点阵组成字符或汉字、图形。这里 m 表示打印的列数，n 表示打印的行数。点阵越密，印字的质量就越高。字符由 $m \times n$ 个点阵组成，但不一定打印头就装有 $m \times n$ 根打印针。串式针打的打印头上一般只装有一列 n 根打印针（也有的分为两列）。针式打印机结构如图 9.13 所示，主要由机械和电气两部分组成。机械部分主要由走车电机、走纸电机、打印头、色带传动等组成。电气部分一般由控制电路、驱动电路、DIP 开关读入电路、检测电路、操作面板电路、接口电路和电源电路组成。

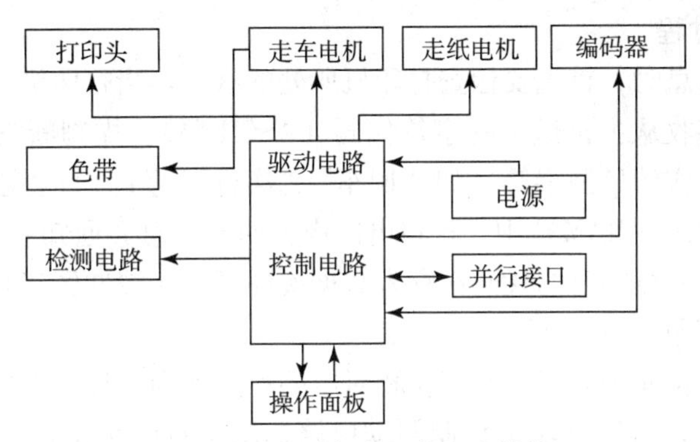

图 9.13　针式打印机的组成结构

针式打印机是依靠打印头上的打印针动作，通过色带把字符印在打印纸上，如图 9.14 所示。打印头上有一个环形衔铁，打印针在环形衔铁圆周上均匀排列，通过导向板在打印头端部形成两列平行排列的打印针。不打印时，使用永久磁铁将衔铁簧片吸住，不使打印针撞向色带，当要打印时，小车载着打印头运行到相应的打印位置，字符发生器产生的打印命令信号使某些消磁线圈通过电流，产生与永久磁铁的磁场方向相反的磁场，抵消永久磁铁对簧片的吸引，使簧片释放，与簧片垂直相连的打印针便被弹出，通过色带打到打印纸上。

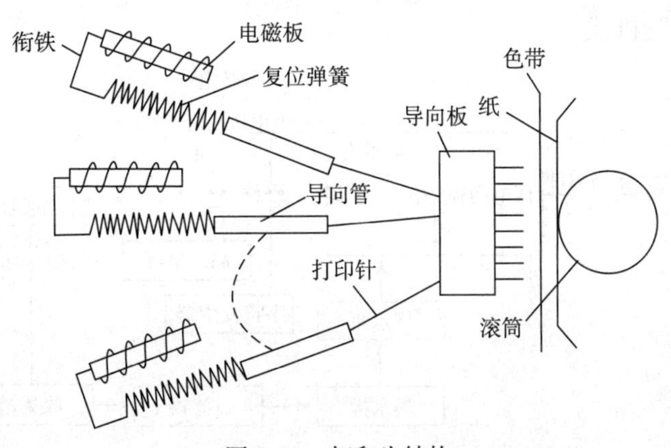

图 9.14　打印头结构

1. 文本模式和图形模式

针式打印机有两种工作模式，即文本模式（字符模式）和图形模式。

（1）文本模式。

在这种方式中，主机向打印机输出字符代码（ASCII 码）或汉字代码（国标码），打印机则依据代码从位于打印机上的字符库或汉字库中取出点阵数据，在纸上“打”出相应字符或汉字。与图形模式相比，文本模式所需传送的数据量少，占用主机 CPU 的时间少，因而效率较高，但所能打印的字符或汉字的数量受到字库的限制。

（2）图形模式。

在图形模式中，主机向打印机直接输出点阵图形数据，有一个 1 就“打”一个点。在这种模式下，CPU 能灵活控制打印机输出任意图形，从而可打印出字符、汉字、图形、图像等。但图形模式所需传送的数据量大，占用主机大量的时间。

2. 打印机的工作过程

主机要输出打印信息时，首先要检查打印机所处的状态。当打印机空闲时，允许主机发送字符。打印机开始接收从主机送来的字符代码（ASCII 码），先判断它们是可打印的字符还是只执行某种控制操作的控制字符（如“回车”“换行”等）。如果是可打印的字符就将其代码送入打印行缓冲区（RAM）中，接口电路产生回答信息，通知主机发送下一个字符。如此重复，把要打印的一行字符的代码都存入数据缓冲区。当缓冲区接收满一行打印的字符后，停止接收，转入打印。

打印时，首先从字符库中寻找到与字符相对应的点阵首列地址，然后按顺序一列一列地找出字符或图形的点阵，送往打印头控制驱动电路，激励打印头出针打印。一个字符打印完，字车移动几列，再继续打印下一个字符。一行字符打印完后，请求主机送来第二行打印字符代码，同时输纸机构使打印纸移动一个行距。

9.4.4 喷墨打印机

喷墨式打印机也属于点阵式打印的一种，它的印字原理是使墨水在压力的作用下，从孔径或狭缝尺寸很小的喷嘴喷出，成为飞行速度很高的墨滴，根据字符点阵的需要，对墨滴进行控制，使其在记录纸上形成文字或图形，其组成如图 9.15 所示。喷墨打印机的喷墨技术有两种，即连续式和随机式。

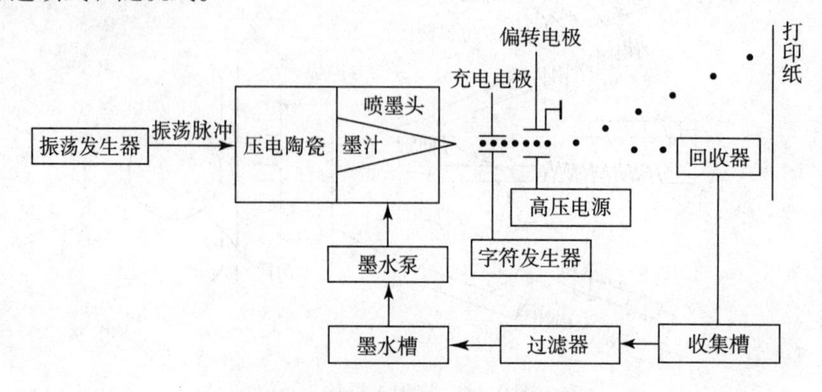

图 9.15 喷墨打印机的组成结构

1. 连续式喷墨技术

连续式是指连续不断地喷射墨水，首先给墨水加压，使墨水流通过喷嘴连续喷射而粒子化。因为墨水带有正离子，当粒子化的墨水穿过高压电场时，就发生偏转，故可用高压电场控制印字。

2. 随机式喷墨技术

随机式喷墨打印机的墨滴只有在需要打印时才从喷嘴中喷出（又称按需式），因而不需要过滤器和复杂的墨水循环系统。由于受射流惯性的影响，墨水的喷射速度低于连续式。为了提高喷射速度，喷头一般由多个喷嘴组成，其结构和排列与针式打印机的打印头相似。随机式喷墨打印机又可分为气泡式和压电式。

气泡喷墨技术的工作原理是通过喷墨打印头上的电加热元件，在3 μs内急速加热到300 ℃，使喷嘴底部的液态油墨汽化并形成气泡，该蒸汽膜将墨水和加热元件隔离，避免将喷嘴内全部墨水加热。加热信号消失后，加热陶瓷表面开始降温，但残留余热仍促使气泡在8 μs内迅速膨胀到最大，由此产生的压力压迫一定量的墨滴克服表面张力快速挤压出喷嘴。随着温度继续下降，气泡开始呈收缩状态。喷嘴前端的墨滴因挤压而喷出，后端因墨水的收缩使墨滴开始分离，气泡消失后墨水滴与喷嘴内的墨水就完全分开，从而完成一个喷墨的过程。喷到纸上墨水的多少可通过改变加热元件的温度来控制，最终达到打印图像的目的。

压电喷墨技术是将许多小的压电陶瓷放置到喷墨打印机的打印头喷嘴附近，利用它在电压作用下会发生形变的原理，适时地把电压加到它的上面。压电陶瓷随之产生伸缩使喷嘴中的墨汁喷出，在输出介质表面形成图案。

9.4.5　激光打印机

激光打印机是一种集光、机、电于一体的高度自动化的计算机输出设备，其成像原理与静电复印机相似，结构比针式打印机和喷墨打印机都复杂得多。它主要由激光器、激光扫描系统、以炭粉与感光鼓为主的炭粉盒、字形发生器、电子照相转印机构和电路部分组成，如图9.16所示。

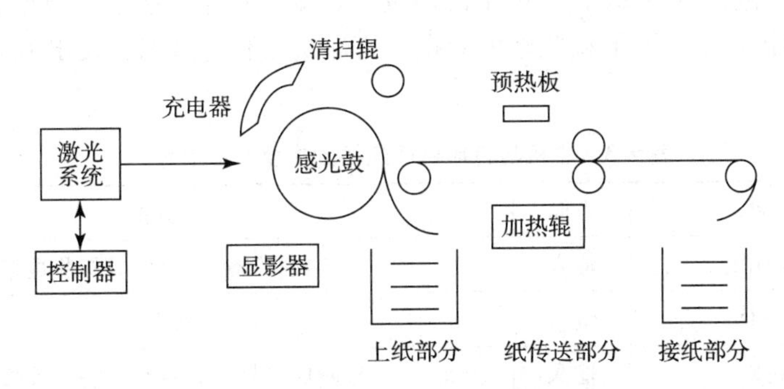

图9.16　激光打印机组成结构

感光鼓是激光打印机的核心，这是一个用铝合金制成的圆筒，其表面镀有一层半导体感光材料，通常是硒，所以又常将它称为硒鼓。激光打印机的打印过程中的6个步骤，即充电、扫描曝光、显影、转印、定影和清除残像都是围绕感光鼓进行的。

当使用者在应用程序中下达打印的指令后，首先感光鼓上充上负电荷或正电荷，计算机送来的数据信号控制激光发射器，激光发射器发射的激光照射在一个棱柱形的反射镜上，随着反射镜的转动，光线从硒鼓的一端到另一端依次扫过，形成静电潜像。接着让炭粉匣中的炭粉带电，此时转动的感光鼓上的静电潜像表面，经过炭粉匣时，便会吸附带电的炭粉，并“显影”出图文影像。然后再将打印机进纸匣牵引进来的纸张，透过“转印”的步骤，让纸面带相反的电荷，由于异性相吸的缘故，使感光鼓上的炭粉吸附到纸张上。为使炭粉更紧附在纸上，接下来则以高温高压的方式，将炭粉“定影”在纸上。然后再以刮刀将感光鼓上残留的炭粉“清除”。最后的动作即为“除像”，也就是除去静电潜像，使感光鼓表面的电位回复到初始状态。

9.4.6 打印机接口

打印机接口有串行和并行两种。这里以并行接口为例。打印机并行接口通常采用 Centronics 并行接口标准，在这个标准中定义了 36 芯，与主机连接示意如图 9.17 所示。

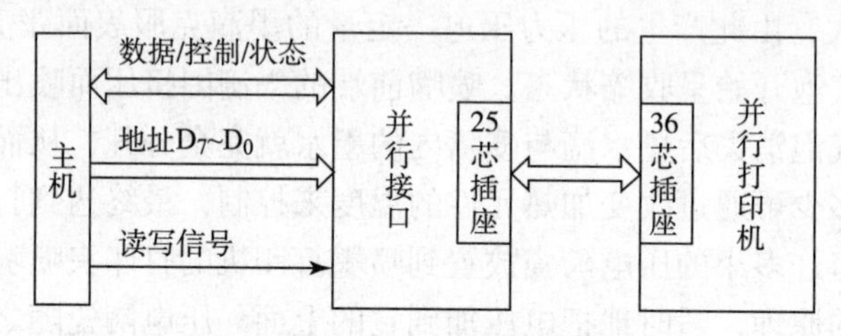

图 9.17 打印机接口连接示意图

1. 接口信号

表 9.3 列出了主机和打印机之间按 Centronics 标准连接涉及的引脚信号和功能。在 Centronics 标准定义的信号线中，最主要的是 8 位并行数据线，两根握手联络信号线$\overline{STROBE}$和$\overline{ACK}$以及 BUSY 信号线。当主机要求打印机工作时，首先测试 BUSY 信号是否为低电平，若 BUSY 为低，则表示打印机空闲，主机可以向打印机输出数据。主机发送一个数据，并产生$\overline{STROBE}$信号，打印机在$\overline{STROBE}$信号的下降沿读取数据。打印机接收到数据后，置 BUSY 为高电平，表示打印机不空，不能接收新的数据。打印机接收完数据，发出$\overline{ACK}$应答信号，通知主机数据已取走。

表 9.3 主机与打印机间连接的主要引脚信号

引脚	名称	方向	功能
1	$\overline{STROBE}$	输入	数据选通，有效时接收数据
2~9	D_1 ~ D_8	输入	数据线
10	$\overline{ACK}$	输入	响应信号，有效时准备接收数据
11	BUSY	输出	忙信号，有效时不能接收数据
12	PE	输出	纸用完
13	SLCT	输出	选择联机，指出打印机不能工作
14	$\overline{AUTOLF}$	输入	自动换行

续表

引脚	名称	方向	功能
31	$\overline{\text{INIT}}$	输入	打印机复位
32	$\overline{\text{ERROR}}$	输出	出错
36	$\overline{\text{SLCTIN}}$	输入	有效时打印机不能工作

2. 并行接口逻辑

PC的芯片组都提供一个并行打印机接口，接口占用3个端口地址，分别是数据端口378H、状态端口379H、控制端口37AH。控制端口的各位定义如图9.18所示，状态端口的各位定义如图9.19所示。

D_7	D_6	D_5	D_4	D_3	D_2	D_1	D_0
			IRQEN	$\overline{\text{SLCTIN}}$	$\overline{\text{INIT}}$	$\overline{\text{AUTOLF}}$	$\overline{\text{STROBE}}$
			允许中断位	输入选择位	初始化位	自动换行位	选通位

图9.18　控制字格式

- D_7、D_6、D_5：未用。
- D_4：为1时，打印机才可以向8259A提出中断请求。
- D_3：为1时输出数据才能送往打印机。
- D_2：输出0持续50 μs以上将初始化打印机。
- D_1：为1时，打印机收到回车符自动加上换行符；为0时，收到换行符才换行。
- D_0：本位输出1后，CPU将送至接口的数据送入打印机。

D_7	D_6	D_5	D_4	D_3	D_2	D_1	D_0
BUSY	$\overline{\text{ACK}}$	PE	SLCT	$\overline{\text{ERROR}}$			
忙位	确认位	纸尽位	联机位	出错位			

图9.19　状态字格式

- D_7：为0时，打印机处于忙状态，不能接收数据。
- D_6：为0时，打印机向接口发出了回执信号，即打印机已接收了一个数据。
- D_5：为1时，打印机无纸。
- D_4：为1时，主机与打印机处于联机状态。
- D_3：为0时，当前打印机没有通电、打印机未联机、无纸等错误。
- D_2、D_1、D_0：未用。

下面程序实现将AL中的字符送打印机打印：

```
……
MOV  DX,378H
OUT  DX,AL                     ;送打印字符到数据端口
MOV  DX,379H
```

```
WAIT:IN  AL,DX
     TEST AL,80H
     JZ   WAIT                    ;查询打印机是否空闲
     MOV  DX,37AH
     MOV  AL,0DH
     OUT  DX,AL                   ;输出控制信号 00001101B
     MOV  AL,0CH
     OUT  DX,AL                   ;输出控制信号 00001100B,选通有效
     ……
```

9.5 交互式人机接口

目前，计算机系统常用的外围设备还有鼠标器（鼠标）、扫描仪、光笔、数字化仪等，其中，鼠标主要输入矢量信息和坐标数据，扫描仪主要输入图形、图像信息。

9.5.1 鼠标器

鼠标器是控制显示器光标移动的输入设备，能够快速定位，完成屏幕编辑、菜单选择及屏幕作图，是计算机图形界面人机交互必备的外部设备。鼠标器的类型和型号很多，但都是把鼠标在平面移动时产生的移动距离和方向的信息以脉冲的形式送给计算机，计算机将收到的脉冲转换成屏幕上光标的坐标数据，就达到指示位置的目的，实现对计算机的操作。

1. 鼠标的分类

根据鼠标按键数目可以分为两键鼠标和三键鼠标。

根据鼠标的内部结构则分为光电机械式、光电式、轨迹球式和无线遥控式鼠标。

（1）光电机械式鼠标。

光电机械式鼠标是目前最常用的一种鼠标。鼠标内部有 3 个滚轴，其中 1 个是空轴，另外两个各接 1 个码盘，分别是 X 方向和 Y 方向的滚轴。这 3 个滚轴都与一个可以滚动的橡胶球接触，并随着橡胶球一起转动，从而带动 X、Y 方向滚轴上的码盘转动。码盘上均匀地刻有一圈小孔，码盘两侧各有一个发光二极管和光电晶体管。码盘转动时，发光二极管射向光电晶体管的光束会被阻断或导通，从而产生表示位移和移动方向的两组脉冲。

（2）光电式鼠标。

光电式鼠标利用发光二极管与光敏传感器的组合测量位移，但需要在专用鼠标板上使用。鼠标板上印有均匀的网格，发光二极管发出的光照射到鼠标板上时产生强弱变化的反射光，经过透镜聚焦到光敏屏，晶体管上产生电脉冲。光电式鼠标内部有测量 X 方向和 Y 方向的两组测量系统，可以对光标精确定位。

（3）轨迹球式鼠标。

轨迹球的结构像一个倒置的鼠标，好像在小圆盘上镶嵌一颗圆球。轨迹球朝着指定的方向转动小球，光标就在屏幕上朝着相应的方向移动。

（4）无线遥控式鼠标。

无线遥控式鼠标包括 *X*、*Y* 位置传感部分以及无线发射部分和无线接收部分。其连接方式为位置传感部分与无线发射部分相连接，而无线发射部分则用无线信号的方式与无线接收部分相连接，无线接收部分与计算机接口相连，无拖线，使用方便，应用范围可以扩大。无线遥控式鼠标主要有红外无线型鼠标和电波无线型鼠标。

按接口的类型分类，还可以分为 MS 串行鼠标器、PS/2 鼠标器、总线鼠标器和 USB 鼠标器。

2. 鼠标器接口

（1）串行鼠标器接口。

串行鼠标器是通过 9 针或 25 针接口和计算机相连，一般连接到主机的 COM1 和 COM2 口，采用 RS232C 标准通信，如图 9.20（a）所示。

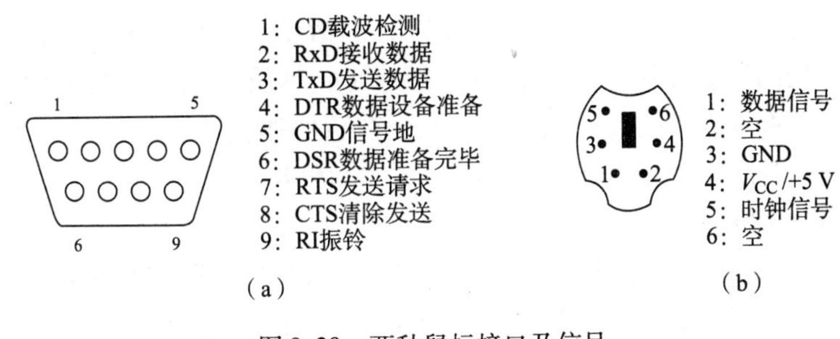

图 9.20　两种鼠标接口及信号

（a）串行通信鼠标接口；（b）PS/2 鼠标接口

（2）PS/2 鼠标器接口。

PS/2 鼠标器接口实际上也是一种串行接口，只是占用了不同的中断和 I/O 地址。PS/2 鼠标通过一个 6 针的微型 DIN 接口与计算机相连，如图 9.20（b）所示。

（3）USB 鼠标器接口。

USB 是新一代的传输接口标准。采用 USB 接口的鼠标可以在开机状态下直接拔下或插入使用，即可以热插拔。

所有的鼠标操作都是由 INT 33H 功能实现的。其功能号装在 AX 寄存器中。INT 33H 的功能号为 03H 时，表示获取鼠标指针的按键状态和指针位置。返回的信息如下：

BX = 按键的状态，位 0（左键未按为 0，按下为 1）

　　　　　　　　　位 1（右键未按为 0，按下为 1）

　　　　　　　　　位 2（中键未按为 0，按下为 1）

CX = 水平（*X*）坐标，像素表示

DX = 垂直（*Y*）坐标，像素表示

例如，执行下面程序语句，通过查看 BX、CX、DX 返回的值（用 DEBUG 的 P 命令）来测试按下鼠标不同按键时的结果：

```
LOP:MOV  AX,03H
    INT  33H
```

```
JMP LOP
```

9.5.2 扫描仪

扫描仪是一种集光、机、电于一体化的高科技产品，它是将各种形式的图像信息输入计算机的重要工具，是继键盘和鼠标之后的第三代计算机输入设备，也是功能极强的一种输入设备。

1. 扫描仪的组成部分及工作原理

扫描仪在工作时会发出强光照射在稿件上，没有被吸收的光线将被反射到光学感应器上。光学感应器接收到这些信号后，再将这些信号传送到数模转换器，数模转换器再将其转换成计算机能够读取的信号，然后通过驱动程序转换成显示器上能看到的正确图像。

扫描仪的光学读取装置有两种，即 CCD 和 CIS。

（1）CCD（Charge Coupled Device）。

CCD 的中文名称为电荷耦合装置，它采用 CCD 的微型半导体感光芯片作为扫描仪的核心。CCD 与日常使用的半导体集成电路相似，在一片硅单晶上集成了几千到几万个光电三极管，这些光电三极管分为 3 列，分别用红、绿、蓝色的滤色镜罩住，从而实现彩色扫描。光电三极管在受到光线照射时可以产生电流，经放大后输出。

（2）CIS（Contact Image Sensor）。

CIS 的中文名称为接触式图像感应装置。它采用一种触点式图像感光元件（光敏传感器）来进行感光，在扫描平台下 1 ~2 mm 处，300 ~600 个红、蓝、绿三色 LED（发光二极管）传感器紧密排列在一起产生白色光源，取代了 CCD 扫描仪中的 CCD 阵列、透镜、荧光管和冷阴极射线管等复杂结构，把 CCD 扫描仪的光、机、电一体变为 CIS 扫描仪的机、电一体。

2. 扫描仪的主要性能指标

1）分辨率

扫描仪的分辨率又可细分为光学分辨率和最大分辨率两种。

（1）光学分辨率。

光学分辨率直接决定了扫描仪扫描图像的清晰程度。扫描仪的光学分辨率用每英寸长度上的点数（即 dpi）来表示。如分辨率为 1 200 dpi 的扫描仪，往往其光学部分的分辨率只占 400 ~600 dpi。

（2）最大分辨率。

最大分辨率又叫作软件分辨率，通常是指利用软件插值补点的技术模拟出来的分辨率。这实际上是通过软件在真实的像素点之间插入经过计算得出的额外像素，从而获得的插值分辨率。

若某台扫描仪的分辨率为 4 800 dpi（4 800 dpi 是光学分辨率和软件插值处理的总和，即最大分辨率），是指用扫描仪输入图像时，在 1 平方英寸的扫描幅面上，可采集到 4 800 × 4 800 个像素点（Pixel）。1 平方英寸的扫描区域，用 4 800 dpi 的分辨率扫描后生成的图像大小是 4 800 像素 ×4 800 像素。在扫描图像时，扫描分辨率设得越高，生成图像的效果就越精细，生成图像文件也越大，但插值成分也越多。

2）色彩深度值

色彩深度值（或称为色阶，也叫作色彩位数）指的是扫描仪色彩识别能力的大小。扫描仪是利用 R（红）、G（绿）、B（蓝）三原色来读取数据的，如果每一个原色以 8 位数据来表示，总共就有 24 位，即扫描仪有 24 位色阶；如果每一个原色以 12 位数据来表示，总共就有 36 位，即扫描仪有 36 位色阶，它所能表现出的色彩将会有 680 亿（2^{36}）色以上。

3）灰度值

灰度值是指进行灰度扫描时对图像由纯黑到纯白整个色彩区域进行划分的级数，又称为灰度动态范围。灰度值越高，扫描仪能够表现的暗部层次就越细。灰度值的大小对于扫描仪正负片通常会有较大的影响。

3. 扫描仪的分类

扫描仪的种类很多，常见有以下 3 种。

（1）手持式扫描仪。

手持式扫描仪是 1987 年推出的技术形成的产品。手持式扫描仪绝大多数采用 CIS 技术，光学分辨率为 200 dpi，有黑白、灰度、彩色多种类型，其中彩色类型一般为 18 位彩色。也有个别高档产品采用 CCD 作为感光器件，可实现 24 位真彩色，扫描效果较好。

（2）小滚筒式扫描仪。

小滚筒式扫描仪是手持式扫描仪和平台式扫描仪的中间产品，绝大多数采用 CIS 技术，光学分辨率为 300 dpi，有彩色和灰度两种，彩色型号一般为 24 位彩色。也有极少数小滚筒式扫描仪采用 CCD 技术，扫描效果明显优于 CIS 技术的产品，但由于结构限制，体积一般明显大于 CIS 技术的产品。小滚筒式的设计是将扫描仪的镜头固定，而移动要扫描的物件通过镜头来扫描，运作时就像打印机那样，要扫描的物件必须穿过机器再送出，因此，被扫描的物体不能太厚。这种扫描仪最大的好处就是体积很小，但是由于使用起来有多种局限，如只能扫描薄的纸张、范围还不能超过扫描仪的大小等。

（3）平台式扫描仪。

平台式扫描仪又称平板式扫描仪、台式扫描仪，目前在市面上大部分的扫描仪都属于平板式扫描仪，是现在的主流。这类扫描仪光学分辨率在 300 ~ 8 000 dpi 之间，色彩位数从 24 位到 48 位，扫描幅面一般为 A4 或者 A3。平板式扫描仪的好处在于像使用复印机一样，只要把扫描仪的上盖打开，不管是书本、报纸、杂志还是照片底片都可以放上去扫描，而且扫描出的效果也是所有常见类型扫描仪中最好的。

其他还有大幅面扫描仪、笔式扫描仪、条码扫描仪、底片扫描仪、实物扫描仪，还有主要用于印刷排版领域的滚筒式扫描仪等。

4. 扫描仪接口

扫描仪的常用接口类型有以下 3 种。

（1）SCSI 接口（小型计算机标准接口）。

SCSI 接口速度较快，一般连接高速的设备。SCSI 设备的安装较复杂，在 PC 上一般要另加 SCSI 卡，容易产生硬件冲突，但是功能强大。

（2）EPP 接口（增强型并行接口）。

EPP 接口是一种增强双向并行传输接口，最高传输速度为 1.5 Mb/s。优点是无须在 PC 中用其他卡，不限制连接数目（只要有足够的端口），设备的安装及使用容易。缺点是速度比 SCSI 慢。此接口因安装和使用简单方便而在中低端对性能要求不高的场合取代 SCSI 接口。

（3）USB 接口（通用串行总线接口）。

USB 接口具有热插拔功能，即插即用。此接口的扫描仪随着 USB 标准在 Intel 的力推之下的确立和推广而逐渐普及。

9.5.3 光笔

光笔是最先出现的一种手持接触式条码阅读器，它也是最为经济的一种条码阅读器。

使用光笔时，操作者需将光笔接触到条码表面，通过光笔的镜头发出一个很小的光点，当这个光点从左到右划过条码时，在“空”部分光线被反射，在“条”部分光线被吸收。因此在光笔内部产生一个变化的电压，这个电压通过放大、整形后用于译码。

光笔的优点是：与条码接触阅读，能够明确哪一个是被阅读的条码；阅读条码的长度可以不受限制；与其他阅读器相比成本较低；内部没有移动部件，比较坚固；体积小，重量轻。

使用光笔会受到各种限制，如只有在比较平坦的表面上阅读指定密度的、打印质量较好的条码时，光笔才能发挥它的作用；阅读速度、阅读角度以及使用的压力不当都会影响它的阅读性能；光笔必须接触阅读，当条码在因保存不当而产生损坏，或者上面有一层保护膜时，光笔都不能使用。

9.5.4 数字化仪

数字化仪能将各种图形根据坐标值，准确地输入计算机，并能通过屏幕显示出来。

数字化仪的工作过程：定位装置在数字板的表面上移动时，通过电磁、静电感应，将数字板上的图形坐标信息数字化（“数字化仪”一名的来历），并传送到计算机之中，再经过计算机的处理，就能在屏幕上还原为一幅原来的图形，完成了图形的数字化和输入过程。汉字输入时，其输入速度相对键盘较慢，正确率也低于键盘输入。

数字化仪大量地用于工程中设计图纸的输入，用于计算机辅助设计（CAD）。近年来，数字化仪也用于非键盘方式（手写）输入汉字，如用于个人数字助理（简称 PDA），无须学习任何汉字输入方法，就能自然、方便地输入汉字，输入汉字时，不会影响人的思维，而且还有键盘无法比拟的功能，即手迹签名。

习 题 9

1. 填空题

（1）外围设备种类繁多，功能各异，根据外围设备在计算机系统中的作用，可分为__________、__________、__________、其他设备等。

（2）__________是人们向计算机输入信息的设备，__________是直接向人们提供输出信息的设备，__________是存储各种信息的设备，__________是在网络中用于传输各种信息的设备。

（3）按获取编码的方式，可把键盘分成两类：____________和____________。

（4）非编码键盘常用的键盘扫描方法有____________和____________。

（5）按键的抖动会造成按一次键产生的开关状态被 CPU 误读几次，去抖动的方法有____________和____________两种。

（6）LED 显示器有____________和____________两种接口。

（7）CRT 显示器的扫描方式有____________和____________。

（8）打印机按照输出工作方式可分为____________和____________。

2. 选择题

（1）使 7 段 LED 显示器显示数字的编码称为（　　）。

A. 字形码　　B. ASCII 码　　C. 区位码　　D. BCD 码

（2）按键的抖动是由于（　　）造成的。

A. 电压不稳定　　B. 电流不稳定

C. 机械运动抖动和接触不稳定　　D. 按键速度太慢

（3）PC 键盘向主机发送的代码是（　　）。

A. 扫描码　　B. ASCII 码　　C. BCD 码　　D. Unicode 码

（4）能将各种形式的图像信息输入计算机的是（　　）。

A. 光笔　　B. 扫描仪　　C. 声音识别仪　　D. 绘图仪

（5）下面打印机中，（　　）属于击打式打印机。

A. 激光打印机　　B. 喷墨打印机　　C. 点阵打印机　　D. 高速打印机

（6）下面显示设备中，（　　）是通过发光二极管发光显示出各种数字与字符。

A. LED　　B. LCD　　C. CRT　　D. PD

（7）下面显示设备中，（　　）是通过对环境光的反射或对外加光源加以控制的方式来显示图像。

A. LED　　B. LCD　　C. CRT　　D. PD

（8）LCD 显示器比 LED 显示器（　　）。

A. 耗电　　B. 省电　　C. 亮度高　　D. 屏幕大

（9）下面是计算机系统常用的外围设备，其中不是输入设备的选项是（　　）。

A. 鼠标器　　B. 扫描仪　　C. 数字化仪　　D. 绘图仪

3. 简答题

（1）外围设备的功能主要有哪几个方面？

（2）简述键盘扫描程序处理的步骤。

（3）CRT 显示器的主要性能指标有哪些？

（4）简述打印机的主要性能指标。

（5）鼠标是如何分类的？

（6）简述扫描仪的主要性能指标。

参 考 文 献

［1］彭虎，周佩玲，傅忠谦. 微机原理与接口技术（第三版）［M］. 北京：电子工业出版社，2007.

［2］胡蕾，王祥瑞. 微机原理及接口技术［M］. 北京：机械工业出版社，2013.

［3］黄玉清，刘双虎，杨胜波. 微机原理与接口技术（第二版）［M］. 北京：电子工业出版社，2011.

［4］马义德，张在峰，汤书森. 微型计算机原理及应用［M］. 北京：高等教育出版社，2001.

［5］丁新民. 微机原理及其应用［M］. 北京：高等教育出版社，2001.

［6］杨帮华，马世伟，刘廷章. 微机原理与接口技术实用教程（第二版）［M］. 北京：清华大学出版社，2008.

［7］任向民，王克朝，宗明魁. 微机接口技术实用教程（第二版）［M］. 北京：清华大学出版社，2011.

［8］孔庆云，秦晓红. 微机原理与接口技术例题及习题详解［M］. 北京：电子工业出版社，2015.

［9］周佩玲，彭虎，傅忠谦. 微机原理与接口技术学习指导［M］. 北京：电子工业出版社，2005.